教育部高职高专规划教材

U0296825

食品营养学

SHIPIN YINGYANGXUE

第三版

王莉 主编

化学工业出版社

·北京·

《食品营养学》(第三版)是按照教育部对高职高专教育人才培养的指导思想,在广泛吸取近几年高职高专教育成功经验的基础上编写的。

本书主要内容包括食品的消化吸收、各种营养素的生理功能及食品加工对营养素的影响、营养与能量平衡、营养与膳食平衡、不同人群的营养、各类食品的营养价值、功能性食品、食品营养强化及食品新资源的开发与利用等营养学基础知识。本书注重实际应用环节,并在传统教材的基础上,融入一些新型的营养保健知识,以使读者了解食品营养学的最新发展动态。

本书不仅适用于高职高专食品科学与工程专业的学生,也可作为成人教育教材、非食品专业的学生公共选修课教材,还可作为营养普及用书。

图书在版编目 (CIP) 数据

食品营养学/王莉主编. —3 版. —北京:化学工业
出版社,2018.4 (2023.3重印)
教育部高职高专规划教材
ISBN 978-7-122-31735-3

Ⅰ.①食⋯ Ⅱ.①王⋯ Ⅲ.①食品营养-营养学-高
等职业教育-教材 Ⅳ.①TS201.4

中国版本图书馆 CIP 数据核字 (2018) 第 049783 号

责任编辑:于　卉　　　　　　　　文字编辑:李　瑾
责任校对:边　涛　　　　　　　　装帧设计:王晓宇

出版发行:化学工业出版社 (北京市东城区青年湖南街 13 号　邮政编码 100011)
印　　装:北京科印技术咨询服务有限公司数码印刷分部
787mm×1092mm　1/16　印张 11　字数 265 千字　2023 年 3 月北京第 3 版第 8 次印刷

购书咨询:010-64518888　　　　　　售后服务:010-64518899
网　　址:http://www.cip.com.cn
凡购买本书,如有缺损质量问题,本社销售中心负责调换。

定　　价:29.50 元

前　　言

本教材为"教育部高职高专规划教材"，2006年第一次出版，2010年第二次出版，该教材发行以来，深受广大读者欢迎，被多所高职院校采用作为教材。依照高职高专学生对基础理论知识"必需、够用"的原则，突出应用能力培养的指导思想。本教材第三版基本保持第一版、第二版的风格，突出强调食品加工贮藏对各类营养素的影响及合理膳食的重要性，并通过改善膳食条件和食品组成，发挥食品本身的生理调节功能，以提高人类健康水平。内容处理上，食品营养学知识随着时代的发展内容在不断更新，第三版内容更加注重实际应用环节，对各章内容进行了必要的增删，并融入新的营养保健知识，尤其对营养素和健康的生理作用，以及疾病与营养知识进行增补，使其具有科学性、先进性、突出应用能力培养的特点。

本教材由王莉主编。参加编写和修改的人员分工如下：第一章、第五章、第十三章由王莉编写和修改；第三章、第四章、第七章、第八章由陈郁编写和修改；第六章、第九至十一章由谢骏编写和修改；第二章、第十二章由王辉编写和修改。

希望广大读者在使用本书过程中，对不足之处提出修改意见，以便本教材能在普及食品营养学知识中发挥更大作用。对此，编者将致以深切谢意。编者的电子邮箱为：wl8675@sohu.com。

编　者
2018年1月

第一版前言

本教材是根据高职高专教育专业人才的培养目标和规格编写的。全书共分 13 章，内容主要包括营养学基础知识，各种营养素的生理功能及食品加工对营养素的影响，营养与能量平衡，营养与膳食平衡，不同人群的营养特点，各类食品的营养价值，功能性食品，强化食品及食品新资源的开发与利用等。其中特别突出了食品营养与人体健康、与食品加工贮藏的关系。本书面向高职高专类学生，注重实际应用环节，并在传统教材的基础上，融入一些新的营养保健知识，以使读者了解食品营养学的最新发展动态。

本教材由王莉主编。参加编写的人员分工如下：第一章、第五章、第十三章由王莉编写；第二章、第十二章由王辉编写；第三章、第四章、第七章、第八章由陈郁编写；第六章、第九章、第十章、第十一章由谢骏编写；全书由王莉统稿与整理。本书由朱珠主审，并提出了许多宝贵意见，在此谨致以衷心的感谢。

鉴于编者水平和能力所限，书中不妥之处恳请读者指正。

编　者
2006 年 3 月

第二版前言

本教材自 2006 年出版以来，深受广大读者欢迎，被多所高校采用作为教材。依照高职高专学生对基础理论知识"必需、够用"的原则，突出应用能力培养的指导思想，本教材第二版基本保持第一版的风格，突出强调食品加工贮藏对各类营养素的影响及合理膳食的重要性，并通过改善膳食条件和食品组成，发挥食品本身的生理调节功能，以提高人类健康水平。内容处理上，更加注重实际应用环节，对各章内容进行了必要的增删，并融入新的营养保健知识，具有科学性、先进性、突出应用能力培养的特点。

本教材由王莉主编。参加编写和修改的人员分工如下：第一章、第五章、第十三章由王莉编写和修改；第三章、第四章、第七章、第八章由陈郁编写和修改；第六章、第九章、第十章、第十一章由谢骏编写，王改芳修改；第二章，第十二章由王辉编写和修改。

希望广大读者在使用本书过程中，对所发现的问题和不足之处能不吝赐教，提出进一步的修改意见，以便本教材能在普及食品营养学知识中发挥更大作用。对此，编者将致以深切谢意。编者的电子邮箱为：wl8675@sohu.com。

编　者

2010 年 3 月

目 录

第一章 绪 论

学习目标

1. 掌握食品营养学的概念、研究内容和研究方法。
2. 理解营养素和人体健康的关系。
3. 了解国内外食品营养工作的发展现状、未来任务及营养学和其他学科的关系。

在人从胚胎发育到衰老死亡的整个生命过程中，营养自始至终都起着重要作用，它是维持生命与健康和决定人体素质的物质基础。中国古代就有"食药同源""药膳同功"之说，早在二千多年前《黄帝内经·素问》中就曾提及"五谷为养、五果为助、五畜为益、五菜为充"。这既符合现代营养平衡膳食的原则，又有"谷肉果菜，食养尽之、无使过之、伤其正也"。不仅说明平衡膳食的多样性，更强调食物要适量搭配、互相补益。合理营养是人们的健康、智力和身体潜力得以充分发挥的先决条件。营养学专门研究人类的营养过程，即人类的营养需要和来源、营养代谢、营养评价及其食物搭配、互补和平衡，是一门将食物和营养知识应用于人类健康的学科。

第一节 食品营养学概述

一、食品营养学的基本概念

1. 食品

根据中国 1995 年通过的《中华人民共和国食品卫生法》的规定："食品是指各种供人食用或者饮用的成品和饮料，以及按照传统既是食品又是药品的物品，但是不包括以治疗为目的的物品。"

食品是人类赖以生存、保持健康和从事劳动的物质基础。人体需要的多种营养素都是从食品中获取的。食品的作用主要有以下三点。

① 营养功能 即用来提供人体需要的各种营养素。

② 感官功能 满足人们的不同嗜好和要求，主要指食品的色、香、味、形态、质地等。

③ 生理调节功能 在前两项功能的基础上，同时对人体具有生理调节功能，即"功能性食品"。

2. 营养学

营养学是研究人体营养规律及其改善措施的科学。营养定义为人体如何将食物进行消化、吸收、利用和排泄等所有过程，即人类从外界摄取食物满足自身生理需要的过程。良好的营养就是指从食物中获取为保持机体正常活动和维持最佳健康状况所需的全部营养素。它研究人们应该"吃什么""吃多少""如何吃"的问题。

3. 营养素

营养素是指维持机体正常生长发育、新陈代谢所必需的物质。目前已知有 40～45 种人体必需的营养素。根据人体需要量的不同，营养素可分为两大类：需要量较大的称为"常量营养素"，主要包括碳水化合物、脂类、蛋白质和水；需要量较小的称为"微量元素"，如矿物质和维生素。机体利用这些营养素在体内分解提供能量和营养物质。因此，从营养学和食品科学加工的角度，尽量减少营养素的损失。

4. 营养价值

食品的营养价值是指食品中所含营养素和能量能满足人体营养需要的程度。食品营养价值的高低，取决于食品中所含营养素的种类是否齐全、数量的多少及其相互比例是否适宜。在自然界，除母乳能满足 4～6 个月以内婴儿的全部营养需要外，还没有另外一种食品含有人体所需要的全部营养素。为了满足机体需要，最好的方法是将多种食品搭配食用构成均衡膳食。均衡膳食能使膳食中的营养素互补，从而保证人体正常的生长发育与健康；相反，食品搭配不合理容易造成某些营养素不足或缺乏从而引起营养缺乏病。

5. 健康和亚健康

世界卫生组织提出的健康概念是健康并非仅仅局限于不生病，还应包括心理健康、社会交往方面的健康，健康应讲究精神、躯体、社交等完整又健全的活动能力及适应能力。为了进一步完整、准确地理解健康的概念，世界卫生组织又规定了衡量一个人是否健康的十大标准，即精力充沛、积极乐观、善于休息、应变能力强、抗疾病能力强、体重适当、眼睛明亮、牙齿正常、头发有光泽、运动感到轻松等。

亚健康指人群中机体无明显疾病，却呈现活力降低、反应能力减退、适应力下降等生理状态，主要表现为疲劳、乏力、头晕、腰酸背痛、易感染疾病等。与健康人相比，其工作、学习效率低，有的还食欲不振、睡眠不佳等。据世界卫生组织报道，人群中有 60％以上处于这一状态，尤以中年人为甚。

通过改善饮食条件和食品组成，发挥食品本身的生理调节功能，以确保身体健康，减少亚健康的概率是食品营养学的一个重要研究内容。

6. 食品加工

食品加工是指将食物经过不同的加工、处理、调配，制成形态、色泽、风味、质地以及营养价值等各不相同的加工食品。食品在加工过程中通常伴随有一定的营养损失，从而降低其营养价值。现代食品加工技术应最大限度地保持食品中的营养成分，必要时还可以添加一定的营养素，制成所谓的强化食品、疗效食品、功能性食品等制品，满足不同人群在不同环境条件下对营养的需求。

二、食品营养学的研究内容

食品营养学是研究食品与人体健康关系的一门学科。它除了研究如何使人类在最经济的条件下，取得最好的健康外，还主要研究以下几方面的内容。

① 食物的消化、吸收、代谢过程及其影响因素。
② 食品中所含的营养成分。
③ 食物中营养素的功能、作用机制及它们之间的相互关系。
④ 合理膳食与健康的关系。
⑤ 食品加工对营养素的影响。
⑥ 食品营养强化及食品新资源的开发与利用。

三、食品营养学的研究方法

研究和解决食品营养学的理论和实际问题所应用的主要方法有食品分析技术和生物学实

验方法，尤其是运用动物代谢实验评价食品营养价值的基本方法，营养调查方法，生物化学、食品化学和食品微生物学方法，食品毒理学方法以及医学研究方法等。

第二节 国内外食品与营养情况

随着科学的发展，人们逐渐掌握了生、老、病、死的规律，更加明确营养在生命过程中的重要性。认识到合理营养不仅可提高一代人的健康水平，而且关系到民族素质，造福子孙后代；相反，营养失去平衡、营养过度或营养不良都会给健康带来不同程度的危害。

一、世界营养学的发展状况

当今世界的营养问题，按照不同地区的经济和社会发展状况分为两类：对于发展中国家，由于贫困、战争和灾荒导致粮食短缺，造成人们营养不足、营养缺乏；而发达国家，大量营养过剩导致的肥胖病、高血压、冠心病、糖尿病等严重影响身体健康，甚至缩短寿命。

无论是发达国家，还是发展中国家都非常重视国民营养教育和食物营养知识的普及。早在半个多世纪以前，一些欧美、日本等发达国家就意识到"科学的营养搭配、均衡的膳食可以改变一个人、一个家庭乃至一个民族的前途"。世界营养大会1992年在罗马召开，全球159个国家的领导人参加了会议，并发布了《世界营养宣言》和《营养行动计划》，号召各国政府保障食品供应、控制营养缺乏病、加强宣传教育，并制订国家营养改善行动计划。西方发达国家有营养立法，国家将国民的营养教育和咨询纳入政府的工作范畴，也具有完善的营养教育体系。美国、日本等国家规定，医院、幼儿园、食堂、餐馆以及食品工厂等，都必须设营养师，负责膳食营养或给病人开营养处方等，许多大学还设有营养学系和食品工程系。有些国家还设有国家及地方的营养研究所，从事营养学的研究。在一些发达国家，来自营养师的健康饮食选择、营养菜谱制定、营养素补充、保健食品消费指导等，形成了一个庞大的就业与市场需求产业链。

日本在第二次世界大战后的1947年，就已经意识到营养对青少年健康发育和国家未来发展的重要性，制定《营养师法》，1948年发布《营养师法实施规则》，1952年又制定并推行了《营养改善法》。日本法律规定，为100人以上供餐的食堂必须设置至少1名营养师，当每日餐份达到750人次或一次餐份超过300人次时，还要增设主管营养师。学校供餐法规定，所有实行义务教育的学校都要实行由营养师管理的供餐。学校的营养师负责监测学生营养状况，指定膳食食谱及其监督制作，由营养师按照标准制作和规定饭量。营养立法对营养师的教育、培养、考核、使用范围都做了严格规定，学校、医院、单位的职工食堂及餐馆、饭店都必须配备营养师。日本1亿多人口中营养师总数达到40万人，相当于各科临床医生总数的2.4倍多。专门培养营养人才的学校有200多所。营养师与全国人口的比例达到1：300。营养师广泛分布在医院、学校、食堂、宾馆、食品加工企业和政府部门等，为全国民众及时提供营养指导。这些措施对增强日本国民体质，提高劳动效率与促进经济发展发挥了决定作用。目前，日本青少年的身高、体重和胸围等指标皆超过了中国，实现了通过营养立法，建立营养师制度，改进国民体质的目标。

美国是一个营养科学比较发达的国家，早在1946年就颁布了《国家学生午餐法》，接着《儿童营养法》相继出台，对提高国民素质起到了决定性作用。美国政府非常重视国民营养教育和食物营养知识的普及以及营养师的培养，并积累了许多经验。美国2亿多人口，营养学会会员5万余人，注册营养师6万人，每4200人中就有一名注册营养师。美国的大学还普遍开设食品与营养学课程，用以普及营养学知识。为配合营养师的工作，美国食品药品管理局（FDA）的法律规定：所有食品、营养品都需在食品标签上详细地说明食物所含营养成分，如能量、蛋白质、矿物质多少等。美国对食品标签的要求极为严格，1992年，FDA就制定（修订）了22个食品标签法规。在此之后，FDA又根据食品标签的发展状况对标签法规做了多次修改补充。

近年来，发达国家的食品工业设置营养师成为通行的惯例，食品都向着营养设计、精制加工的方向发展，即按合理的营养构成来配制食品，或制成某种专用食品，以提高其营养价值。

二、中国居民营养与健康状况

我国政府对居民的营养状况一直高度重视：1997年4月由中国营养学会常务理事会通过，正式公布《中国居民膳食指南》，而后相继公布了《特定人群膳食指南》和《中国居民平衡膳食宝塔》。1997年12月5日颁布了《中国营养改善行动计划》，2001年又提出《中国食物营养与发展纲要》，通过广大科技工作者、营养学会及政府的共同努力，不仅在营养学研究方面取得了许多重要成果，而且还为改善、提高和促进我国居民健康作出了重要贡献。2007年1月1日，《公共营养师国家职业标准（实行）》颁布实施；同年12月18日原卫生部印发了关于《食品营养标签管理规范的通知》，以指导和规范食品营养标签的标示，引导消费者合理选择食品，促进膳食营养平衡，以保护消费者的知情权和身体健康。2016年由国家计生委疾控局发布《中国居民膳食指南（2016）》，提出了我国居民营养健康状况和基本要求。2017年7月，国务院办公厅印发了《国民营养计划（2017～2030年）》，从我国国情出发，立足我国人群营养健康现状和需求，明确了今后一段时期内国民营养工作的指导思想、基本原则、实施策略和重大行动。

随着我国经济社会发展和卫生服务水平的不断提高，居民人均预期寿命逐年增长，健康状况和营养水平不断改善，疾病控制工作取得了巨大的成就。与此同时人口老龄化、城镇化、工业化的进程加快，以及不健康的生活方式等因素也影响着人们的健康状况。为了进一步了解十年间我国居民营养和慢性病状况的变化，根据中国疾病预防控制中心、国家心血管病中心、国家癌症中心近年来监测、调查的最新数据，结合国家统计局等部门人口基础数据，国家卫生计生委组织专家综合采用多中心、多来源数据系统评估、复杂加权和荟萃分析等研究办法，编写了《中国居民营养与慢性病状况报告（2015年）》。

（一）我国居民膳食营养与体格发育状况

一是膳食能量供给充足，体格发育与营养状况总体改善。十年间居民膳食营养状况总体改善，2012年居民每人每天平均能量摄入量为2172kcal，蛋白质摄入量为65g，脂肪摄入量为80g，碳水化合物摄入量为301g，三大营养素供能充足，能量需要得到满足。全国18岁及以上成年男性和女性的平均身高分别为167.1cm和155.8cm，平均体重分别为66.2kg和57.3kg，与2002年相比，居民身高、体重均有所增长，尤其是6～17岁儿童青少年身高、体重增幅更为显著。成人营养不良率为6.0%，比2002年降低2.5%。儿童青少年生长迟缓率和消瘦率分别为3.2%和9.0%，比2002年降低3.1%和4.4%。6岁及以上居民贫血率为9.7%，比2002年下降10.4%。其中6～11岁儿童和孕妇贫血率分别为5.0%和17.2%，比2002年下降了7.1%和11.7%。

二是膳食结构有所变化，超重肥胖问题凸显。过去10年间，我国城乡居民粮谷类食物摄入量保持稳定。总蛋白质摄入量基本持平，优质蛋白质摄入量有所增加，豆类和奶类消费量依然偏低。脂肪摄入量过多，平均膳食脂肪供能比超过 30％。蔬菜、水果摄入量略有下降，钙、铁、维生素 A、维生素 D 等部分营养素缺乏依然存在。2012 年居民平均每天烹调用盐 10.5g，较 2002 年下降 1.5g。全国 18 岁及以上成人超重率为 30.1％，肥胖率为 11.9％，比 2002 年上升了 7.3％和 4.8％，6～17 岁儿童青少年超重率为 9.6％，肥胖率为 6.4％，比 2002 年上升了 5.1％和 4.3％。

（二）我国居民慢性病状况

一是关于重点慢性病患病情况。2012 年全国 18 岁及以上成人高血压患病率为 25.2％，糖尿病患病率为 9.7％，与 2002 年相比，患病率呈上升趋势。40 岁及以上人群慢性阻塞性肺病患病率为 9.9％。根据 2013 年全国肿瘤登记结果分析，我国癌症发病率为 235/10 万，肺癌和乳腺癌分别位居男、女性发病首位，十年来我国癌症发病率呈上升趋势。

二是关于重点慢性病死亡情况。2012 年全国居民慢性病死亡率为 533/10 万，占总死亡人数的 86.6％。心脑血管病、癌症和慢性呼吸系统疾病为主要死因，占总死亡的 79.4％，其中心脑血管病死亡率为 271.8/10 万，癌症死亡率为 144.3/10 万（前五位分别是肺癌、肝癌、胃癌、食道癌、结直肠癌），慢性呼吸系统疾病死亡率为 68/10 万。经过标化处理后，除冠心病、肺癌等少数疾病死亡率有所上升外，多数慢性病死亡率呈下降趋势。

三是关于慢性病危险因素情况。我国现有吸烟人数超过 3 亿，15 岁以上人群吸烟率为 28.1％，其中男性吸烟率高达 52.9％，非吸烟者中暴露于二手烟的比例为 72.4％。2012 年全国 18 岁及以上成人的人均年酒精摄入量为 3L，饮酒者中有害饮酒率为 9.3％，其中男性为 11.1％。成人经常锻炼率为 18.7％。吸烟、过量饮酒、身体活动不足和高盐、高脂等不健康饮食是慢性病发生、发展的主要行为危险因素。经济社会快速发展和社会转型给人们带来的工作、生活压力，对健康造成的影响也不容忽视。

慢性病的患病、死亡与经济、社会、人口、行为、环境等因素密切相关。一方面，随着人们生活质量和保健水平不断提高，人均预期寿命不断增长，老年人口数量不断增加，我国慢性病患者的基数也在不断扩大；另一方面，深化医药卫生体制改革的不断推进，城乡居民对医疗卫生服务需求不断增长，公共卫生和医疗服务水平不断提升，慢性病患者的生存期也在不断延长。慢性病患病率的上升和死亡率的下降，反映了国家社会经济条件和医疗卫生水平的发展，是国民生活水平提高和寿命延长的必然结果。当然，我们也应该清醒地认识到个人不健康的生活方式对慢性病发病所带来的影响，综合考虑人口老龄化等社会因素和吸烟等危险因素现状及变化趋势，我国慢性病的总体防控形势依然严峻，防控工作仍面临着巨大挑战。

党中央、国务院高度重视居民营养改善与慢性病防治工作，国家卫生计生委和有关部门采取有力的措施，积极遏制慢性病高发态势，不断改善居民营养健康状况。

一是始终坚持政府主导、部门协作，将营养改善和慢性病防治融入各项公共政策。多部门在环境整治、烟草控制、体育健身、营养改善等方面相继出台了一系列公共政策。

二是着力构建上下联动、防治结合、中西医并重的慢性病防治体系和工作机制。国家层面相继成立了中国疾病预防控制中心慢性病中心、营养与健康所和国家心血管病中心、国家癌症中心，协同指导全国营养改善与慢性病防治工作。地方层面强化了疾控机构、医院和基层医疗卫生机构的分工合作，建立防治结合、中西医结合、双向转诊等协作机制，积极地探索慢性病全程防治管理服务模式，推进分级诊疗制度，整体提升慢性病的诊疗能力，夯实慢性病的公共卫生服务均等化和有效地诊疗服务。

三是积极推进慢性病综合防治策略。广泛开展健康宣传教育，全民健康生活方式行动覆盖全国近80％的县区，积极实施贫困地区儿童和农村学生营养改善、癌症早诊早治、脑卒中、心血管病、口腔疾病筛查干预等重大项目，以及中医"治未病"健康工程。

四是不断提高慢性病防治决策的科学性。国家卫生计生委不断完善营养与慢性病监测网络，扩展监测内容和覆盖范围，相继开展居民死因监测、肿瘤随访登记、营养与慢性病监测等工作，为掌握我国居民营养与慢性病状况及其变化趋势，评价防治效果、制定防治政策提供科学依据。

营养与慢性病防控工作关系到千家万户的健康和幸福，而公众营养改善事业是一项综合性很强、涉及面很广的工作，它的发展要依靠于政府、企业、社会团体、科研开发单位等方方面面的努力，通过不断的沟通、对话、协商，以取得共识和行动上的紧密协作。只有通过全民参与，高度重视，自觉养成健康的生活方式和理念素养，不断开创营养和慢性病防控工作新局面，我们才能做到提高人民健康水平，实现全面建成小康社会的宏伟蓝图。

第三节　营养学与其他学科的关系

营养学在发展的过程中，与其他相关学科互相渗透，派生出许多新的各具特色的学科，如人体营养学、人群营养学、医学营养学、特殊营养学、临床营养学、应用营养学、饮食治疗学、运动营养学、护理营养学等。目前方兴未艾的还有分子营养学、营养药物学、免疫营养学等。

食品营养学涉及许多学科，如研究营养素的化学性质、结构特点就涉及有机化学；研究营养素在人体内的变化情况涉及生物化学、生理学和疾病营养学；研究食品加工对营养素的影响，涉及食品科学、食品工艺学等学科，除此以外，本学科还涉及食品微生物学、食品卫生学、烹饪学，以及食品的商品学与经济学等学科，是一门综合性强，具有实际指导意义的学科。

一、食品营养与食品科学的关系

食品加工一方面可使某些营养素更易被人体消化、吸收和利用，并使食品中营养素供应更为合理；另一方面，食品中的某些成分会发生各种各样的理化反应，导致营养素损失或降低其利用率等。食品加工的主要任务是保存营养素，提高营养素的利用率。随着社会和经济的发展，加工食品在饮食中的比重也越来越大，因此加工食品对食品营养成分的影响、对食品营养价值和功能性成分的影响、对人体健康的影响，食品的强化、食品营养的安全等问题越来越受到食品科学、营养学、预防医学等领域的关注，营养学在食品科学与工程科学中也越来越受到重视。

食品加工总的原则如下。

① 选择优质而适合加工的原料，只有营养素含量充足、结构性状良好的原料，才能生产出高质量的食品。

② 应用科学合理的加工工艺以及实现工艺的现代化设备，这是最大限度地保存营养素的根本保证。目前，国内外采用的先进食品加工技术，如真空冷冻技术、流态化技术、膜分离技术、超临界流体萃取技术等，可显著改善食品的感官性状和提高食品的营养水平。

③ 采用科学与美学相结合的食品包装，提高食品的商品价值。

二、食品营养与烹饪学的关系

食品原料在烹饪加工过程中，由于受温度、渗透压、酸碱度、空气中的氧，以及酶活力改变等因素的影响，可使原料发生一系列的物理或化学变化。通过这些变化，既可改善食品的色、香、味、形态和质地等感官质量，也可以提高某些成分的营养价值及消化吸收率，破坏或杀灭生原料中的有毒成分及微生物和寄生虫卵等，有利于人体的需要；同时，食品在烹调（水洗、浸泡、切割、蒸煮、油炸等）时，也会使一些营养素受到损失破坏，而导致营养价值降低，某些原料在特殊的烹调加工方法（烟熏、不合理地使用添加剂）的作用下，还可能产生对人体健康有毒有害的物质。

因此，合理烹饪是保证膳食质量和提高营养水平的重要环节之一。分析研究烹调方法对烹饪原料营养成分的影响及营养素在烹饪中有可能发生的物理和化学变化，对进一步推广合理的烹调加工方法，有一定的指导意义。

三、食品营养与农业科学的关系

中国是农业大国，在占世界可耕地 1/7 的土地上要养活占世界 1/4 的人口，而且自然资源不断恶化，人口过快增长，要改善中国居民的膳食结构，提高食物消费水平，要比其他国家做出更大的努力。首先在未来十几年甚至几十年的时间里，粮食短缺是一个非常严重的问题，解决中国粮食短缺问题的出路只有两条：一是发展农业和畜牧业生产，提高单位面积的粮食产出率；二是提高粮食的利用率和使用价值，开发新的营养素资源。这是世界各发达国家和一些发展中国家正在着力走的一条道路，也是解决目前所面临的营养问题的主要方法。

中国居民多以植物性食品为主，动物性食品的比例尚小，由动物性食品摄入的热量大大低于世界水平，而且城乡差别较大。此外，由食品提供的多种营养素虽已基本满足人体需要，但还有待进一步提高。

所以，按照食品营养科学的原则，调整农业结构，提高食物质量。在稳定提高粮食生产能力的基础上，着力优化食物品种、优化食物品质、优化食物布局，促进食物生产效益大幅度增长。合理和充分利用草地、农作物秸秆等资源，建立规模养殖场，加快牛、羊、禽特别是奶畜发展，生产优质畜禽食品。在合理保护渔业资源和水域生态环境的前提下，加快发展水产养殖业，积极开发大洋性渔业资源。发展食品加工业，把传统加工食品和现代加工食品结合起来，走多样化、科学化、方便化的路子，逐步形成适合中国国情的合理的膳食结构。

除上述学科之外，食品营养学还与经济学有关，人们应以最经济的手段取得最充分、最适当的营养。但经济又束缚着个人和家庭选购食物的种类和数量，这将影响到人体获得营养素的质和量。

此外由于社会文化发展的不同，营养问题还可能与某些宗教、信仰等涉及心理学的内容有关，个人的文化传统又常常决定是否进食某种特殊食品而不注意它的营养价值，如素食主义者如果严格不吃动物性食品，会给身体营养状况带来一定影响。然而不同文化及饮食习惯能使人学习到经验，也从中获得吃的趣味和享受。最后，考虑到营养知识的普及和食品的国际贸易等问题，还应将食品标准化。

思 考 题

1. 营养学的基本概念有哪些？
2. 根据《中国居民营养与健康现状》的调查报告结果，总结中国居民的营养健康状况。
3. 通过了解营养学和其他学科之间的关系，思考应该从哪些方面提高人类的营养状况？

第二章 食品的消化吸收

第一节 人体消化系统概况

人体进行生命活动的过程，需要消化吸收不断从外界摄取的各种营养物质，以供新陈代谢的需要。食品中天然的营养物质如碳水化合物、脂类、蛋白质，一般都不能直接被人体利用，必须先在消化道内分解，变成小分子物质如葡萄糖、甘油、脂肪酸、氨基酸等小分子物质，才能透过肠壁细胞进入血液循环和淋巴循环而被利用。食物在消化道内进行分解的过程叫消化，消化后的小分子物质透过消化道黏膜的上皮细胞进入血液循环的过程叫吸收，不能被吸收的食物残渣、水和代谢最终产物则由消化道末端排出体外。食物的消化、吸收、排泄是食物满足人体生长发育、能量需要、构成机体组织等不可缺少的三个重要生理过程。

消化一般包括物理性消化、化学性消化和微生物消化。物理性消化是指消化道对食物的机械作用，包括咀嚼、吞咽和各种形式的蠕动来磨碎食物，使消化液与食物充分混合，并推动食团或食糜下移等。化学性消化是指消化腺分泌的消化液对食物进行化学分解，如把蛋白质分解为氨基酸、淀粉分解为葡萄糖、脂肪分解为脂肪酸和甘油，这些分解后的营养物质被小肠黏膜吸收，进入血液和淋巴系统，残渣通过大肠排出体外。微生物消化指消化道内共生的微生物对食物中的营养物质进行发酵的过程，主要发生在人体大肠部位。

一、人体消化系统的组成

消化系统由消化道和消化腺两大部分组成。消化道是一条自口腔延至肛门很长的管道，包括口腔、咽、食管、胃、小肠（十二指肠、空肠、回肠）、大肠（盲肠、结肠、直肠）和肛门，全长 8～10m。消化腺有小消化腺和大消化腺两种，小消化腺如胃腺和小肠腺，分散在消化道的管壁内；大消化腺有 3 对唾液腺（腮腺、下颌下腺、舌下腺）、肝和胰，它们均借导管将分泌物排入消化管内（图 2-1）。

1. 口腔

口腔对食物的消化作用是接受食物并进行咀嚼，咀嚼过程包括物理的研磨、撕碎和唾液的掺和。唾液对食物起着润滑作用，同时浆液状唾液中的淀粉酶开始降解淀粉。唾液中大量的碳酸氢盐起一定的缓冲剂的作用，唾液溶解了食物中的各种化学成分，从而舌头上的味蕾能够辨认出食物的甜、酸、苦、辣、咸等滋味。口腔中最后一个简单动作是吞咽，在进行吞咽食物动作时，由条件反射将通向喉头的路被会咽软骨所关闭，这样使食物只能进入食道，而避免进入呼吸道。

2. 食道

食道又称食管，是一条又长又直的肌肉管，食物借助重力作用和食道肌肉的收缩作用从咽部输送到胃中，食道长约25cm，有3个狭窄部，这3个狭窄部易滞留食物。也是食道癌的好发部位。食物经过食道约需7s。

3. 胃

胃是消化道最膨大的部分，总容量约1000～3000ml，上接食管，下通十二指肠，形状和大小随其内容物的多少而有所不同，充满时胀大，空虚时可缩成管状。胃像一个有弹性的口袋。有两个口，入口叫贲门，出口叫幽门。

胃的作用有3个，即贮存食物、使食物与胃液相混合、以适当的速度向小肠排出食糜。这3个作用都是胃蠕动的结果，胃的蠕动是从胃的中部开始，有节律地向幽门方向进行的收缩活动。一方面使食物与胃液充分混合，以利于胃液的消化作用；另一方面，还可以搅拌和粉碎食物，并推动胃内容物通过幽门向十二指肠移动。

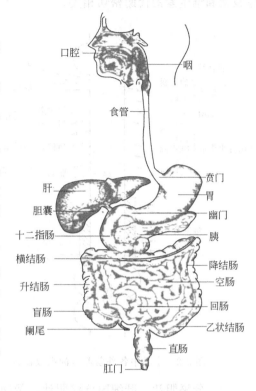

图2-1　消化系统概况

胃液的作用很多，主要是消化食物、杀灭食物中的细菌、保护胃黏膜以及润滑食物，使食物在胃内易于通过等。胃黏膜有很好的自我保护作用，胃液内含有高浓度盐酸和胃蛋白酶，但胃黏膜并不被损害，就是因为胃黏膜表面黏液细胞之间的紧密连接和分泌的黏液起了重要的保护作用。

食物通过胃的速度取决于食物的营养成分，如碳水化合物通过胃的速度要比蛋白质和脂肪的快些，水可以直接通过胃到达小肠，这决定了不同食物具有不同的饱腹感。正常人胃排空的时间为4～6h。

4. 小肠

小肠长约5～7m，是消化道最长的一段。小肠上端起于胃的幽门，下端经回盲瓣连接大肠，可分为十二指肠、空肠和回肠三部分，小肠在腹腔与盆腔内形成许多环状迂曲，是食物消化和吸收的最重要场所（图2-2）。

小肠黏膜上具有环状皱褶并拥有大量绒毛及微绒毛，构成了巨大的吸收面积（总吸收面积可达200～550m²），小肠的不断蠕动使食物和分泌物混在一起，再加上食物在小肠内停留的时间较长，约3～8h，使大量营养物质在小肠里消化吸收（见图2-3）。

5. 胰脏

胰脏是一个大的小叶状腺体，位于小肠的十二指肠处。胰脏分泌的消化液及胰腺内的胰岛细胞可产生胰岛素、胰高血糖素、通过胰脏直接进入小肠。

6. 肝

肝区包括肝、胆囊和胆管。肝的功能很复杂，主要有以下三点。

(1) 参与物质代谢　肝几乎参与体内的一切代谢过程，人们称为物质代谢的"中枢"。它是体内糖、脂类、蛋白质等有机物合成与分解、转化与运输、贮存与释放的重要场所，也与激素和维生素的代谢密切相关。

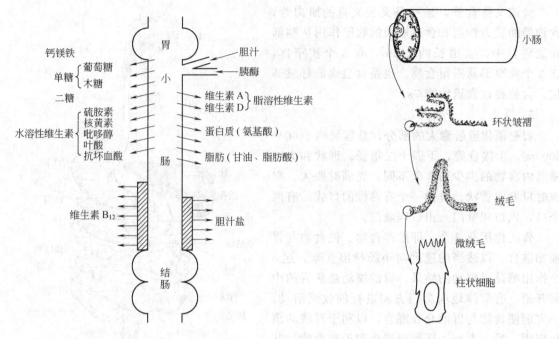

图 2-2 小肠中各种营养素的吸收位置   图 2-3 小肠的皱褶、绒毛及微绒毛模式

（2）分泌胆汁 肝细胞分泌胆汁，帮助肠道内脂肪的消化和吸收，并促进脂溶性维生素的吸收。成人的肝每日可分泌胆汁 500～1000ml。

（3）排泄、吞噬功能 肝脏可以通过生物转化作用对非营养性物质（包括有毒物质）进行排泄；对进入人体内的细菌、异物进行吞噬，以保护机体。

7. 大肠

大肠长约 1.5m，在空肠、回肠的周围形成一个方框。根据大肠的位置和特点，分为盲肠和阑尾、结肠、直肠、肛管。大肠在外形上与小肠有明显的不同，一般大肠口径较粗，肠壁较薄。食物从胃移动到小肠末端大约需要 30～90min。而通过大肠则需 1～7d。在结肠中有三种类型的运动。

（1）收缩 为食物提供一个混合作用，促进水分的吸收。

（2）蠕动 通过慢而强的蠕动推进食物从结肠中通过。

（3）排便 当有力的蠕动移动粪便进入直肠时，产生一种排便作用。

大肠中含有以大肠杆菌为主的大量细菌，这些细菌影响粪便的颜色和气味。在消化道中没有被充分消化吸收的成分可通过细菌作用进一步发生改变，如大豆及豆制品中含有一定量的水苏糖或棉籽糖，人体中没有分解它们的酶，故不能被消化，但它们可被肠道微生物发酵产气，转化成氢气、二氧化碳和短链的脂肪酸等，称为"胀气因子"。大豆加工成豆腐、豆浆等制品时，胀气因子被去除。没有消化的蛋白质残渣也可被细菌转化为有气味的化合物。此外，大肠内细菌还可以合成维生素 K、生物素和叶酸等营养素。

二、人体消化道活动的特点

消化道的运动主要靠消化道肌肉层的活动来完成，消化道中除了咽、食管上端和肛门的肌肉是骨骼肌外，其余均由平滑肌组成。消化道平滑肌具有肌肉组织的共同特性，如兴奋性、自律性、伸展性和收缩性等，但这些特性的表现均有其自己的特点。

1. 兴奋性

消化道平滑肌收缩的潜伏期、收缩期和舒张期所占的时间一般较长，而且变异很大。所以消化道兴奋性低、收缩缓慢。

2. 伸展性

消化道平滑肌能适应实际的需要而做很大的伸展。作为中空的容纳器官，这一特性具有重要生理意义，如消化道中的胃，可容纳几倍于自己初始体积的食物。

3. 紧张性

消化道平滑肌经常保持在一种微弱的持续收缩状态，即具有一定的紧张性。消化道各部分，如胃、肠等之所以能保持一定的形状和位置，同平滑肌的紧张性有重要的关系，紧张性还使消化道的管腔内经常保持着一定的基础压力。平滑肌的各种收缩活动也就是在紧张性的基础上发生的，如胃壁平滑肌通常处于持续性缓慢收缩状态，称为紧张性收缩。

4. 节律性

消化道平滑肌在离体后，置于适宜的环境内，仍能进行良好的节律性运动，但其收缩很缓慢，节律性远不如心肌规则。

食物进入消化道后，依靠肠和胃壁肌肉有节律地运动，分泌消化液、酶和胆碱，将食物充分混合、消化后被肠壁细胞吸收。如果没有这种蠕动，食物便无法消化和吸收。当体内缺乏钾、纤维素等营养素时肠的收缩会明显地减慢，导致肠内消化过的废物积存太久，水分就会重新被大肠吸收，造成大便秘结，引发便秘、痔疮、结肠癌等。

5. 敏感性

消化道平滑肌对电刺激不敏感，但对于机械牵张、温度和化学刺激则特别敏感，轻微的刺激常可引起强烈的收缩。消化道平滑肌的这一特性与它所处的生理环境是分不开的，消化道内容物是引起内容物推进或排空的自然刺激因素。机械性的刺激可以增加消化道黏膜伤害，破坏黏膜屏障。化学性的刺激会增加胃酸的分泌，过高的胃酸对胃和十二指肠黏膜都有侵蚀作用，是溃疡病发病的重要原因之一，因此，饮食过程中要减少生冷、辛辣、产气等食物对消化道的刺激。

第二节　食品的消化吸收

食物中的各种营养素被充分地消化后，就开始被小肠黏膜吸收，最后都通过血液循环，运输到全身各个组织细胞。消化道不同部位的吸收能力和吸收速度是不同的，这主要取决于各部分消化道的组织结构，以及食物在各部位被消化的程度和停留的时间。在口腔和食管内，食物实际上是不被吸收的。在胃内，食物的吸收也很少，胃只能吸收酒精、某些药物（阿司匹林）和少量水分。小肠是吸收的主要部位，一般认为，糖类、蛋白质和脂肪的消化产物大部分是在十二指肠和空肠吸收的，回肠有其独特的功能，即主动吸收胆盐和维生素 B_{12}。小肠内容物进入大肠时已经不含多少可被吸收的物质了。大肠主要吸收水分和盐类，一般认为，结肠可吸收进入其内的 80% 的水及 90% 的 Na^+ 和 Cl^-。营养素吸收的方式主要有以下三种。

（1）被动扩散　物质透过细胞膜时从浓度高的一侧向浓度低的一侧透过（顺浓度梯度），这个过程不需要消耗能量，不需要载体协助。被动扩散的速度取决于该物质与细胞膜脂双层分子的溶解度和自身分子的大小。

（2）主动运输 物质透过细胞膜时逆浓度梯度，该过程需要载体蛋白质，是一个耗能过程。例如当血液和肠腔中的葡萄糖比例为 200∶1 时，其吸收仍可进行，而且吸收的速度还很快。

（3）易化扩散 易化扩散是被动扩散的一种，顺浓度梯度透过，而且不需要消耗能量，但对于非脂溶性物质或亲水物质，如 K^+、Na^+、氨基酸等，不能透过细胞膜的双层脂质，需要膜上有特殊的蛋白质载体，它和某种进入细胞的离子或物质有特殊的亲和力，当这些物质与载体结合后，可以使膜上蛋白质载体的空间构型改变，形成离子通道。

一、碳水化合物的消化与吸收

1. 碳水化合物的消化

食品中的碳水化合物主要是淀粉，淀粉的消化从口腔开始，口腔内有 3 对大唾液腺及无数散在的小唾液腺，分泌唾液，内含 α-淀粉酶，可使淀粉水解成糊精和麦芽糖，因为食物在口腔中停留的时间较短，淀粉的水解程度不大。食物进入胃后因胃酸的作用，唾液淀粉酶很快失去活性，淀粉的消化也立即停止。

淀粉的消化主要在小肠进行。来自胰液的 α-淀粉酶可将淀粉的 α-1,4-糖苷水解成 α-糊精及麦芽糖，肠黏膜上皮细胞也有同样的酶，以进一步消化，将 α-糊精中的 α-1,6-糖苷键及 α-1,4-糖苷键水解，最后将糊精和麦芽糖等水解为葡萄糖（图 2-4）。此外，蔗糖酶、乳糖酶也可将食品中的蔗糖、乳糖水解为果糖、葡萄糖和半乳糖。

由于人体没有 β-1,4-糖苷键的水解酶，故不能消化由 β-1,4-糖苷键组成的纤维素、半纤维素等。此外，还有一些多糖物质如琼脂、果胶、植物胶、海藻胶等也不能被消化，在现代食品工业中常用作减肥食品。

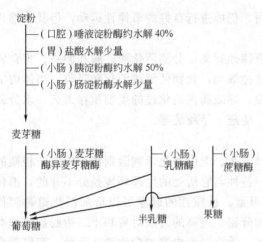

图 2-4 碳水化合物的消化示意
（《人体生理学基础——正常功能与疾病机理》，1980 年）

2. 碳水化合物的吸收

食物中的碳水化合物被消化成单糖后，在小肠几乎全部被吸收。各种单糖的吸收速率不同，己糖的吸收速率比戊糖的快，若以葡萄糖的吸收速率为 100，则各种单糖的吸收速率依次为：D-半乳糖（110）＞D-葡萄糖（100）＞D-果糖（70）＞木糖醇（36）＞山梨醇（29）。半乳糖和葡萄糖的吸收是主动转运，戊糖和多元醇则以单纯扩散的方式吸收，果糖以易化扩散的方式吸收。

二、脂类的消化与吸收

脂类的消化主要在小肠，胃虽也含有少量的脂肪酶，但此酶的最适 pH 为 6.3～7，而胃是酸性环境，pH 为 1～2，不利于脂肪酶作用，所以一般认为脂肪在胃里不易消化。脂肪到小肠后，通过小肠蠕动，由胆汁中的胆汁酸盐使食物脂类乳化，使不溶于水的脂类分散成水包油的小胶体颗粒，提高溶解度，增加了酶与脂类的接触面积，有利于脂类的消化及吸收。在形成的水油界面上，分泌入小肠的胰液中包含的酶类（这些酶包括胰脂肪酶、辅脂酶、胆固醇酯酶和磷脂酶）开始对食物中的脂类进行消化，将脂肪分解，分解的产物是甘油二酯、甘油一酯、脂肪酸和甘油。

脂类的吸收主要是在十二指肠的下部和空肠的上部。低于 12 个碳原子的中、短链脂肪酸和甘油分子直接被小肠黏膜内壁吸收，直接通过血液循环经门静脉进入肝脏，在所有食物的脂类中只有牛奶的脂类是富含短链脂肪酸的，因而奶油的消化率最高。而长链脂肪酸的吸收是通过小肠黏膜进入到肠黏膜的末端淋巴管，与淋巴管中的甘油再进行酯化，重新合成具有机体自身特性的甘油三酯，并与胆固醇、蛋白质、磷脂等结合形成乳糜微粒，由淋巴系统进入血液循环。血中的乳糜微粒是一种颗粒最大、密度最低的脂蛋白，是食物脂肪的主要运输形式。乳糜微粒随血流流遍全身，以满足机体对脂肪和能量的需要，最终被肝脏吸收。脂肪在肝脏中进一步裂解和再合成，积存于脂肪组织中，作为能量和合成材料的储备。

脂肪的消化吸收会受到某些因素的影响，如不饱和脂肪酸双键含量越多，熔点较低时，其消化吸收率也越高。常温下为液态的植物性油脂能很好地被消化吸收，利用率也高，而且不易产生饱腹感；而动物性油脂由于其熔点较高，消化率较低，另外，当脂肪乳化剂不足时，可降低其吸收率。摄入过量的钙会影响高熔点脂肪的吸收，但不影响多不饱和脂肪酸的吸收，可能是钙离子与饱和脂肪酸形成不溶性的钙盐所致。

大部分油脂都可完全被吸收与利用，但是当大量进食脂肪或过于油腻的食物时，油脂来不及消化，吸收也会减慢，并有部分从粪便中排出。一般脂肪的消化率为 95%，豆油、玉米油、奶油及猪油等油脂均可在 6～8h 内完全被人体消化，消化吸收率随时间的延长有如下规律：2h 吸收约 24%～41%，4h 为 53%～71%，6h 为 68%～85%，8h 为 85%～96%。

三、蛋白质的消化与吸收

1. 蛋白质的消化

唾液中虽有少量唾液蛋白质酶能分解蛋白质，但在整个消化过程中，其作用不大。蛋白质主要是在胃和小肠中进行消化的，受多种蛋白水解酶的催化而水解成氨基酸和少量寡肽，然后再吸收。

在胃内，胃黏膜分泌胃蛋白酶原，经胃液中盐酸或已有活性的胃蛋白作用和自我催化，经 N 端切除几个多肽片段以后，被转化为胃蛋白酶，它能分别催化水解芳香族氨基酸、蛋氨酸和亮氨酸的羧基侧肽键，使食物蛋白质水解为䏡、胨以及少量的多肽和氨基酸。

小肠里，由胰腺分泌的胰液含有多种能水解蛋白质的酶原，这些酶原经过肠致活酶激活分别被转化成具有活性的胰蛋白酶、糜蛋白酶、弹性蛋白酶和羧肽酶。前三者催化断裂肽链内部肽键，称为内肽酶，而羧肽酶以及氨肽酶分别催化断裂羧基末端和氨基末端肽键，称为外肽酶。它们特异地作用于不同的肽键。

胰蛋白酶催化断裂碱性氨基酸，如精氨酸、赖氨酸残基羧基侧肽键。

糜蛋白酶催化断裂芳香族氨基酸，如苯丙氨酸、酪氨酸或色氨酸残基羧基侧肽键。

弹性蛋白酶特异性较差，作用于各种脂肪族氨基酸，如缬氨酸、亮氨酸、丝氨酸等残基所参与组成的肽键。

羧肽酶 A、羧肽酶 B 分别作用于带有游离羧基的中性氨基酸和碱性氨基酸残基所形成的肽键。胰蛋白酶作用后产生的肽可被羧肽酶 B 进一步水解，而糜蛋白酶和弹性蛋白酶水解产生的肽可被羧肽酶 A 进一步水解。

大豆、棉籽、花生、油菜籽、菜豆等含有能抑制胰蛋白酶、糜蛋白酶等多种蛋白酶的物质，统称为蛋白酶抑制剂，它们的存在妨碍了蛋白质的消化吸收。但它们可以通过加热被除去，常压蒸汽加热半小时，即可被破坏。

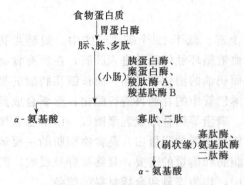

图 2-5　蛋白质的消化示意

胰液水解蛋白质所得的产物仅 1/3 为氨基酸，其余为寡肽。在肠黏膜细胞中含寡肽酶，寡肽酶从肽链的氨基末端或羧基末端逐步水解得到二肽化合物，再经二肽酶催化水解，最后完全水解成为氨基酸。食物中的蛋白质在消化道内的水解过程见图 2-5。

2. 蛋白质消化产物的吸收

食物蛋白质被水解成氨基酸后立即被小肠黏膜吸收，同单糖的吸收一样，氨基酸的吸收也是主动转运过程，需要转运载体以及消耗能量。正常情况下，只有氨基酸及少量二肽、三肽能被小肠绒毛内的毛细血管吸收而进入血液循环。四肽以上的氨基酸需要进一步水解才能被吸收。

各种氨基酸的吸收速度也不同，取决于主动转运过程的不同转运系统，中性转运系统可转运芳香族氨基酸、脂肪族氨基酸、含硫氨基酸以及组氨酸、谷氨酰胺等，它的转运速率最快；碱性转运系统主要转运赖氨酸、精氨酸，其转运速率较慢，仅为中性氨基酸载体转运速率的 10%；酸性转运系统转运天冬氨酸和谷氨酸，转运速率最慢。

由于氨基酸是动物蛋白和植物蛋白的基本单位，可被人体吸收利用，重新合成人体蛋白质。但是外界天然蛋白质具有其本身的特异性，进入体内不能直接被利用，甚至产生过敏反应。

四、维生素的消化与吸收

人体消化道没有分解维生素的酶，胃液的酸性、肠液的碱性以及氧气的存在都会影响维生素的稳定性。水溶性维生素在动植物型食品的细胞中以结合蛋白质的形式存在，在细胞崩解过程和蛋白质消化过程中，这些结合物被分解，从而释放出维生素。水溶性维生素一般以简单扩散方式被充分吸收，特别是分子量小的维生素更易被吸收，分子量较大的如维生素 B_{12} 则必须与胃分泌的内因子相结合形成复合物后才能被吸收，而且吸收部位在回肠。

脂溶性维生素溶解于脂肪中，可随脂肪的乳化与分散而同时被消化。其吸收机理可能与油脂相同，也属于被动转运的扩散作用，吸收部位仍在小肠上端。因此脂溶性维生素的消化吸收受脂肪消化吸收的影响，脂肪消化吸收不好时，脂溶性维生素的消化吸收亦不好。另外，由于脂溶性维生素能在体内积聚，故长期超量服用，易引起过量中毒。

五、水和矿物质的消化吸收

成人每天进入小肠的水分约有 8L 之多，这些水分不仅来自食品，还来自消化液，而且主要来自消化液。成人每日尿量平均约 1.5L，粪便中可排出少量（约 150ml），其余大部分水分都由消化道重吸收。

水分的吸收主要在小肠，水可以自由地穿过消化道的膜，从肠腔面通过黏膜细胞进入体内，水的这种流动主要通过渗透作用和过滤作用，而且以渗透作用为主，小肠吸收其他物质的渗透压可促使水分吸收。此外小肠蠕动收缩时肠道内流体静压增高，也可使水分滤过黏膜细胞。

水的吸收也可在大肠，主要是通过小肠后未被吸收的剩余部分，这时各种溶质特别是 NaCl 的主动吸收所产生的渗透压梯度是水分吸收的主要动力。因此，若不及时排便，粪便在结肠内停留时间过久，粪便中的水分会被吸收，粪便变干变硬，引起排便困难。

很多矿物质在食品中如果以离子状态即溶解状态存在，如钾、钠、氯等可以直接被机体吸收。但如果以结合状态存在时，如乳酪蛋白中的钙结合在磷酸根上，铁存在于血红蛋白之中，许多微量元素存在于酶内时，胃肠中没有从这些化合物中分解矿物质的酶，它们往往在上述食品有机成分的消化过程中被释放出来。矿物质可由单纯扩散被动吸收，也可通过特殊转运途径主动吸收。

1. 钠、钾的吸收

在无机盐中，钠盐靠钠泵吸收，成人每日摄入约 $250\sim300$mmol 的钠，但从粪便中排出的钠不到 4mmol，说明肠内容物中 95%～99% 的钠都被吸收了。一般认为，成人每天约需要食盐 2～3g，最多不要超过 6g。食盐过多，会增加心、肾功能负担，科学研究还证实，食盐过量与高血压有密切关系。正常人每天摄入钾 2～4g，绝大部分可以被吸收。

2. 钙的吸收

食物中的钙仅有一小部分被吸收，大部分随粪便排出。促进钙吸收的因素主要是维生素 D 和机体对钙的需要。维生素 D 有促进小肠对钙吸收的作用，儿童和乳母对钙的吸收率由于需要量增加而加大。此外，钙盐只有在水溶液状态，如氯化钙、葡萄糖酸钙溶液，而且在不被肠腔中任何其他物质沉淀的情况下，才能被吸收。肠腔中草酸、植酸、磷酸盐过多，会形成不溶解的磷酸钙，降低钙的吸收率。因此，含草酸、植酸高的食物烹调时应先用水焯一下，去除大部分水溶性的草酸、植酸。此外，脂肪消化不良时，钙可与未被消化吸收的脂肪酸，特别是饱和脂肪酸形成难溶性的钙皂乳化物，也会影响钙的吸收。

钙的吸收机制：钙主要在十二指肠吸收，属于主动转运，肠黏膜细胞的微绒毛有一种与钙有高度亲和性的钙结合蛋白，它参与钙的转运而促进钙的吸收。

3. 铁的吸收

铁主要在小肠上部被吸收，铁的吸收与其存在的形式和机体的机能状态密切相关。肠黏膜吸收铁的能力取决于黏膜细胞内的含铁量。当黏膜细胞刚刚吸收铁而尚未能转移至血浆中时，则暂时失去其由肠腔内吸收铁的能力。这样，积存在肠黏膜细胞内的铁量，就成为再吸收铁的抑制因素。但铁的吸收与机体对铁的需要有关，当服用相同剂量的铁后，缺铁的患者可比正常人的铁吸收量大 1～4 倍。

食品中铁主要以三价铁和其他物质络合在一起，三价铁和有机铁在肠道不容易吸收，必须变成游离的二价铁才能被吸收。胃酸和维生素 C 可以促进三价铁还原为二价铁，有利于铁的吸收，所以在服铁制剂时，可同时服用维生素 C、稀盐酸。但抗酸药、浓茶和中药煎剂不能与铁剂同服，因为抗酸药能中和胃酸，浓茶和中药煎剂中含有鞣酸，与铁结合形成鞣酸铁沉淀，影响铁的吸收。胃大部切除的病人，常常会伴发缺铁性贫血。

4. 负离子的吸收

在小肠内吸收的负离子主要是 Cl^- 和 HCO_3^-，由钠泵产生的电位差可促进肠腔负离子向细胞内移动，故氯离子至少有一部分是随钠离子一起吸收的。负离子也可以独立地移动。

思 考 题

1. 简述消化系统的组成及其活动特点。
2. 营养素吸收的方式主要有哪三种？
3. 为什么说小肠是吸收的重要场所？
4. 脂类的消化部位主要在哪里？脂类的消化液有哪些？

第三章 碳水化合物

学习目标

1. 掌握碳水化合物的分类及其生理功能。
2. 理解碳水化合物在食品加工中的作用。
3. 了解碳水化合物的食物来源及供给量。

碳水化合物又称糖类，是由碳、氢、氧组成的一类多羟基醛或多羟基酮类化合物，是生物界三大基础物质之一，其基本结构式为 $C_m(H_2O)_n$。碳水化合物是自然界中最主要的有机物质，主要存在于植物界，多通过绿色植物的光合作用而产生。碳水化合物占植物干重的 $50\% \sim 80\%$，占动物体干重的 2%左右。在植物组织中它主要以能源物质（如淀粉）和支持结构（如纤维素和果胶等）的形式存在，在动物组织中，碳水化合物主要以肝糖原、肌糖原、核糖、乳糖的形式存在。

第一节 碳水化合物的生理功能

一、供能和节约蛋白质

碳水化合物对机体最重要的作用是供能，是供能营养素中最经济的一种。其中葡萄糖可很快被代谢，1g 葡萄糖彻底氧化可供能 17kJ（4kcal[❶]）。当食物中碳水化合物的供给量充足时，机体首先利用它提供能量，从而减少了蛋白质作为能量的消耗，使蛋白质用于最合适的地方。相反，体内碳水化合物供给不足时，机体为了满足对能量的需要，要动用蛋白质转化为葡萄糖提供能量，这样使机体蛋白质受到损失，影响机体健康。因此，足够的碳水化合物对蛋白质有保护作用，也就是节约蛋白质的作用。

二、构成机体组织

碳水化合物是构成机体的重要物质，并参与细胞的许多生命活动。所有神经组织和细胞都含有碳水化合物，如糖蛋白构成人和动物体中结缔组织的胶原蛋白、黏膜组织的黏蛋白、血浆中的转铁蛋白、免疫球蛋白等；糖脂是细胞膜与神经组织的组成部分；另外，核糖和脱氧核糖是构成核酸的重要组成成分，在遗传中起着重要的作用。

三、维持神经系统的功能和解毒作用

在正常情况下，神经组织主要靠葡萄糖氧化供给能量，若血中葡萄糖水平下降（低血糖），神经组织供能不足，易出现昏迷、四肢麻木、烦躁易怒等症状。

碳水化合物还有解毒作用。机体里肝糖原对某些细菌毒素有很强的抵抗力，充足的肝糖

---

❶ 1cal＝4.18J。

原能加强肝脏功能。如果体内肝糖原不足时，对四氯化碳、酒精、砷等有害物质的解毒作用明显下降。

四、抗生酮作用

脂肪在体内被彻底分解，需要葡萄糖的协同作用。当膳食中碳水化合物供应不足时，脂肪动员加速，肝脏中酮体生成量增加，再加上糖代谢减少，丙酮酸缺乏，可与乙酰辅酶 A 缩合成柠檬酸的草酰乙酸减少，更减少了酮体的去路使酮体聚集于血液成为酮血症。血中酮体过多，由尿排出，又形成酮尿。酮体为酸性物质，若超过血液的缓冲能力时，会引起酸中毒。

五、有益肠道蠕动的功能

摄食富含碳水化合物的食物，尤其是吸收缓慢和不易消化吸收的碳水化合物易产生饱腹感。乳糖可促进肠道中有益菌的生长，也可加强钙的吸收。非淀粉多糖如纤维素、半纤维素、果胶、树胶，以及功能性低聚糖等虽不能被消化吸收，但可刺激肠道蠕动，有利于排便。与此同时，它们还可促进结肠菌群发酵，产生短链脂肪酸和使肠道有益菌增殖。

六、多糖的生物活性功能

许多多糖类物质具有生物活性功能，如细菌的荚膜多糖有抗原性，分布在肝脏、肠黏膜等组织中的肝素，对血液有抗凝作用，真菌多糖对肿瘤有一定的抑制作用等。多糖特殊的生物活性已被广泛地应用于临床医学，有口服液、发酵液、精粉等。

多糖在食品中的功能主要是能够增稠和形成凝胶，其次是能控制或改变饮料和流体食品的质构和流动性质。很多工业食品中都含有多糖，它对食品的感官性状具有很重要的作用。

七、碳水化合物是食品工业的重要原料和辅助材料

碳水化合物是食品工业中糖果、糕点的重要原辅材料，同时也是其他多种食品的辅助材料。例如，在食品加工时要控制一定的糖酸比；焙烤食品主要由富含碳水化合物的谷类原料制成；而硬糖则几乎全是由蔗糖制成的。此外，碳水化合物一般有甜味，不仅是食物，而且可以作佐料，调节食物风味，增加食欲。

第二节　碳水化合物的分类

碳水化合物是自然界最丰富的有机物，人体总能量的 60%～70% 来自食物中的碳水化合物。它在人体内消化后，主要以葡萄糖的形式被吸收利用。中国以淀粉类食物为主食，主要有大米、面粉、玉米、小米等谷物以及豆类、根茎类富含淀粉的食品。

一、按照分子结构和性质分类

依据碳水化合物结构特点和性质的不同，通常将其分为单糖、双糖和多糖，此外也包括糖的衍生物——糖醇类物质。

单糖和双糖又称简单碳水化合物，如膳食中的蔗糖、蜂蜜等。果酱、普通汽水、牛奶、水果和一些蔬菜都是简单碳水化合物的主要来源。多糖（如淀粉和纤维）又称复杂碳水化合物，是由 10 个以上单糖分子脱水缩合而成的大分子化合物。与简单碳水化合物相比，复杂

碳水化合物要经过消化系统的分解作用，才能被人体吸收利用。多糖主要存在于谷类或由谷类加工而成的食品中，如面包、马铃薯、豆类、白薯、玉米和一些新鲜水果。

1. 单糖

单糖是指分子结构中含有 3～6 个碳原子的糖，如三碳糖的甘油醛，四碳糖的赤藓糖，五碳糖的阿拉伯糖、核糖、木糖、来苏糖，六碳糖的葡萄糖、果糖、半乳糖等。食品中常见的单糖以六碳糖为主，主要的六碳糖如下。

(1) 葡萄糖　广泛存在于动植物食品中，植物性食品中含量最丰富，有的高达 20%。在动物的血液、肝脏、肌肉中也含有少量的葡萄糖，而且是人体血液中不可缺少的糖类，有些器官甚至完全依靠葡萄糖提供能量，例如大脑每天约需 100～120g 葡萄糖。葡萄糖也是双糖、多糖的组成成分。

(2) 果糖　存在于水果和蜂蜜中，为白色晶体。果糖是糖类中最甜的一种，食品中的果糖在人体内转变为肝糖，然后再分解为葡萄糖，所以在整个血液循环中果糖含量很低。果糖代谢不受胰岛素制约，故糖尿病人可食用果糖。但大量摄入果糖，容易出现恶心、呕吐、上腹部疼痛以及不同血管区的血管扩张现象。

(3) 半乳糖　由乳糖分解而来，为白色结晶，具有甜味，在人体内转变成肝糖后被利用。

(4) 其他单糖　除了上述三种重要的己糖外，食物中还有少量的戊糖，如核糖、脱氧核糖、阿拉伯糖和木糖。前两种糖动物体内可以合成，后几种糖主要存在于水果和根茎类蔬菜中。

2. 双糖

双糖是由两个单糖分子缩合失去一分子水形成的化合物，双糖为结晶体，溶于水，经过酸或酶的水解作用生成单糖后方能被人体吸收。食品中常见的双糖如下。

(1) 蔗糖　蔗糖不具有还原性，由一分子葡萄糖和一分子果糖失去一分子水缩合而成，为白色结晶体，易溶于水，加热到 200℃ 变成黑色焦糖。甘蔗、甜菜中含量最多，果实中也有，作为食品原料的白砂糖、红糖就是蔗糖。蔗糖摄入过高，容易引发糖尿病、龋齿，甚至动脉硬化等疾病。

(2) 麦芽糖　主要来自淀粉水解，由两分子葡萄糖构成，具有还原性，为针状晶体，易溶于水。食品工业中所用的麦芽糖主要由淀粉经酶的作用分解生成。用大麦芽作为酶的来源，作用于淀粉得到糊精和麦芽糖的混合物，即饴糖。

(3) 乳糖　存在于哺乳动物的乳汁中，由一分子葡萄糖和一分子半乳糖组成，白色结晶体，能溶于水。人乳中含乳糖 5%～8%，牛奶中含 4%～5%，羊乳中含 4.5%～5%。乳糖是婴儿主要食用的糖类物质，随着年龄的增长，肠道中的乳糖酶活性下降，因而很多成年人食用大量的乳糖后，不易消化，即出现乳糖不耐症。

3. 多糖

多糖是由许多单糖分子残基构成的大分子物质，一般不溶于水，无甜味，无还原性，不形成结晶，在酸或酶的作用下，依水解程度不等而生成糊精，完全水解的最终产物是单糖。多糖中一部分可被人体消化吸收，如淀粉、糊精、糖原等；而另一部分则不被人体消化吸收，如纤维素、半纤维素、木质素、果胶等。食品中常用的多糖如下。

(1) 淀粉　淀粉是人们膳食中最丰富的碳水化合物，有支链淀粉和直链淀粉两类。普通淀粉由 25% 的直链淀粉和 75% 的支链淀粉构成，前者遇碘出现蓝色反应，后者若单独存在时遇碘发生棕色反应。直链淀粉能溶于热水，支链淀粉则不能。淀粉不溶于冷水，与水共煮时会形成糨糊，这叫淀粉的糊化，具有胶黏性，冷却后，能产生凝胶作用。淀粉经酸或酶适当处理后，其物理性质发生改变，这种淀粉叫变性淀粉。

（2）糊精 糊精是淀粉的水解产物，通常糊精的分子大小是淀粉的1/5。糊精与淀粉不同，它具有易溶于水、强烈保水及易于消化等特点，在食品工业中常被用来增稠、稳定或保水。

（3）糖原 糖原也称动物淀粉，在肝脏和肌肉中合成并贮存，是一种含有许多葡萄糖分子和支链的动物多糖。肝脏中贮存的糖原可以维持正常的血糖浓度，肌肉中的糖原可提供机体运动所需要的能量，尤其是高强度和持久运动时的能量需要。其较多的分支可提供较多的酶的作用位点，以便能快速地分解和提供较多的葡萄糖。食物中糖原含量很少，因此它不是有意义的碳水化合物的食物来源。

（4）纤维素、半纤维素、木质素 广泛存在于植物组织中，详细性状见本章第五节膳食纤维部分。

（5）果胶 果胶是植物细胞壁的成分之一，存在于相邻细胞壁的中胶层。按果蔬成熟度不同，分为原果胶、果胶和果胶酸三种。果胶是亲水性胶体物质，其水溶液在适当条件下形成凝胶，利用果胶这一特性，可将水果生产成果酱、果冻、果糕等制品。

4. 糖的衍生物

糖醇是糖的衍生物，由单糖或多糖加氢而成，也有天然存在的。在食品工业中常用其代替蔗糖作为甜味剂使用，营养上也有其独特的作用。食品中的糖醇主要包括如下几种。

（1）山梨糖醇 工业上将葡萄糖氢化，使其醛基转化为醇基，其特点是代谢时可转化为果糖，而不变成葡萄糖，不受胰岛素控制，食后不升高血糖，因而适用于糖尿病患者使用。

（2）木糖醇 存在于多种水果、蔬菜中，其甜度及氧化功能与蔗糖相似，但代谢不受胰岛素调节，可被糖尿病患者食用。此外，木糖醇不能被口腔细菌发酵，因对牙齿无伤害，可用作无糖糖果中防止龋齿的甜味剂。

（3）麦芽糖醇 由麦芽糖氢化而来，在工业上是由淀粉酶解制得多组分"葡萄糖浆"后氢化制成的。麦芽糖醇被人体摄入后在小肠内的分解量是同量麦芽糖的1/40，是非能源物质，不升高血糖，也不增加胆固醇和中性脂肪的含量，是心血管疾病、糖尿病患者的甜味剂。也不能被微生物利用，故也能防止龋齿。

二、按照聚合度不同分类

联合国粮农组织/世界卫生组织（FAO/WHO）专家组将糖类按照其聚合度分为三类，见表3-1。

表3-1 主要的膳食糖类

分 类	亚 组	组 成
糖（1～2）	单糖	葡萄糖,半乳糖,果糖
	双糖	蔗糖,乳糖,麦芽糖
	糖醇	山梨醇,甘露醇,木糖醇
寡糖（3～9）	麦芽低聚寡糖	麦芽糊精
	其他杂寡糖	棉籽糖,水苏糖,低聚果糖
多糖（≥10）	淀粉	直链淀粉,支链淀粉,变性淀粉
	非淀粉多糖	纤维素,半纤维素,果胶,亲水胶质物

注：1. 括号内的数字为单糖分子数。

2. 引自 FAO/WHO，Expert consultation carbohydrates in human nutrition，1998。

第三节 食品加工对碳水化合物的影响

一、淀粉水解

淀粉经酸水解或酶水解可生成糊精，这在工业上多由液化型淀粉酶水解淀粉或以稀酸处理淀粉所得。当以糖化型淀粉酶水解支链淀粉至分支点时所生成的糊精称为极限糊精。食品工业中常用大麦芽为酶源水解淀粉，得到糊精和麦芽糖的混合物，称为饴糖。饴糖是甜味食品生产的重要糖质原料，食入后在体内水解为葡萄糖后被吸收、利用。

糊精与淀粉不同，它具有易溶于水、强烈保水和易于消化等特点。在食品工业中常用于增稠、稳定或保水等。在制作羊羹时添加少许糊精可防止结晶析出，避免外观不良。

淀粉在使用 α-淀粉水解酶和葡萄糖淀粉酶进行水解时，可得到近乎完全的葡萄糖。此后再用葡萄糖异构酶使其异构成果糖，最后可得到 58％的葡萄糖和 42％的果糖组成的玉米糖浆。由其进一步制成果糖含量 55％的高果糖（玉米）糖浆是食品工业中重要的甜味物质。

二、淀粉的糊化与老化

通常，将淀粉加水、加热，使之产生半透明、胶状物质的作用称为糊化作用。糊化淀粉即 α-淀粉，未糊化的淀粉称为 β-淀粉。淀粉糊化后可使其消化性增加。这是因为多糖分子吸水膨胀和氢键断裂，从而使淀粉酶能更好地对淀粉发挥酶促消化作用的结果。未糊化的淀粉则较难消化。

糊化淀粉（α-淀粉）缓慢冷却后可生成难以消化的 β-淀粉，即淀粉的老化或返生。这在以淀粉凝胶为基质的食品中有可能由凝胶析出液体，称为食品的脱水收缩。这是一种不希望出现的现象。此外，食品科学家发现当 α-淀粉在高温、快速干燥，并使其水分低于 10％时，可使 α-淀粉长期保存，成为方便食品或即食食品。此时，若将其加水，可无需再加热，即可得到完全糊化的淀粉。

三、沥滤损失

食品加工期间经沸水烫漂后的沥滤操作，可使果蔬装罐时的低分子碳水化合物，甚至膳食纤维受到一定损失。例如，在烫漂胡萝卜和芜菁甘蓝时，其低分子碳水化合物如单糖和双糖的损失分别为 25％和 30％。青豌豆的损失较少，约为 12％，它们主要进入加工用水而流失。此外，胡萝卜中低分子量碳水化合物的损失，可依品种不同而有所不同，且在收获与贮藏时也不相同。贮存后期胡萝卜的损失增加。这可能是因其具有更高的水分含量而易于扩散的结果。

膳食纤维在烫漂时的损失依不同情况而异。胡萝卜、青豌豆、菜豆和孢子甘蓝没有膳食纤维进入加工用水，但芜菁甘蓝则可有大量膳食纤维（主要是不溶的膳食纤维）因煮沸和装罐时进入加工用水而流失。

四、焦糖化反应和羰氨反应

1. 焦糖化反应

焦糖化作用是糖类在不含氨基化合物时加热到其熔点以上（高于135℃）的结果。它在酸、碱条件下都能进行，经一系列变化，生成焦糖等褐色物质，并失去营养价值。但是，焦糖化作用在食品加工中控制适当，尚可使食品具有诱人的色泽与风味，有利于提高食品的感官性状。

2. 羰氨反应

羰氨反应又称美拉德反应。它是碳水化合物在加热或长期贮存时，还原糖与氨基化合物发生的褐变反应。经过一系列变化生成的褐色聚合物称为类黑色素，因其在消化道不能水解，故无营养价值。羰氨反应因与酶无关，人们也称为非酶褐变。该反应的发生不仅影响食品的色泽和风味，也造成必需氨基酸的损失。通常，羰氨反应可分成如下三个阶段。

① 起始阶段还原糖的羰基与赖氨酸的 ε-氨基缩合，经分子重排后，食品的营养价值受损。

② 中间阶段进一步反应可形成数千种化合物，并与食品的气味、风味有关。

③ 终末阶段分子缩合、聚合，形成类黑精，食品褐变。

戊糖比己糖更易进行羰氨反应，非还原糖蔗糖只有在加热或在酸性介质中水解，变成葡萄糖和果糖后才发生此反应。据报道，其反应产物是诱变的，在反应中形成的降解产物还可能具有毒性。但是，如果控制得当，可使某些焙烤制品获得良好的色泽和风味。

五、抗性低聚糖的生产

利用酶技术生产不同的抗性低聚糖是食品营养科学中一个新的领域。人们用果糖基转移酶由蔗糖合成低聚果糖；用 β-半乳糖苷酶由乳糖合成低聚半乳糖；由乳糖和蔗糖为原料，用 β-呋喃果糖苷酶催化制成的低聚乳果糖等均已进行工业化生产。这是人们利用可被机体消化、吸收的蔗糖等来生产不被机体消化、吸收的抗性低聚糖的实例。此外，人们还可从玉米芯、甘蔗渣等提取木聚糖，用木聚糖酶生产低聚木糖等。

低聚糖在肠道中有利于有益菌的增殖，还能合成 B 族维生素和维生素 K，是人体维生素的一个重要来源。尽管抗性低聚糖不被人体小肠消化、吸收，但它们到达结肠后可被细菌发酵，并可促进机体有益菌如双歧杆菌的增殖，对人体健康有利。正因如此，这些低聚糖大都是当前功能性食品中的活性成分。

第四节　碳水化合物的供给量及食物来源

一、碳水化合物与健康

膳食中缺乏碳水化合物，可造成膳食蛋白质的浪费、组织中蛋白质和脂肪分解增强等，导致全身无力、疲乏、血糖降低，产生头晕、心悸、脑功能障碍等症状，严重者会导致低血糖昏迷。若其比例过高，就会因供能过多，转化为脂肪贮存于体内，引起肥胖，导致高血压、高血脂、糖尿病等"现代病"。

1. 碳水化合物不足的危害

① 谷物摄入减少造成 B 族维生素的缺乏。谷物是人体碳水化合物的主要来源，它除了为人体提供能量外，还是 B 族维生素的主要来源。主食谷物摄入量的减少，易导致 B 族维生素的缺乏。

② 主食谷物不足造成动物脂肪代谢不完全。动物性食物中含有丰富的脂肪，脂肪在人体内完全氧化，需要碳水化合物提供能量。当人体碳水化合物摄入不足，或身体不能利用糖时（如糖尿病患者），所需能量大部分要由脂肪供给。脂肪氧化不完全，会产生一定数量的酮体，酮体过分聚积使血液中酸度偏高，引起酮性昏迷。另外，由于酮体积聚，造成膳食蛋

白质的浪费和组织中蛋白质的分解加速，钠离子的丢失和脱水，导致代谢紊乱。

③ 水果不能提供足够的碳水化合物，且易造成贫血。因为水果中含有的碳水化合物远远满足不了人体的需要，而且还缺少人体所需的蛋白质、铁、钙等营养成分，长期以水果作为正餐会造成体内营养物质的缺乏，时间长了会导致贫血，甚至引起其他与碳水化合物代谢有关的疾病。

④ 缺乏膳食纤维可导致多种疾病。如果膳食中缺乏膳食纤维，则可以引起胃肠道构造损害和功能障碍，使某些疾病如溃疡性结肠炎、肥胖、糖尿病、高脂血症、动脉硬化及癌症等的发病危险性增加。

2. 碳水化合物过剩的危害

摄食过量的碳水化合物对人体也会有不利影响，特别是大量食用低分子糖。如西欧与美国人每天食用蔗糖量在100g左右，即非重体力劳动者所需要的15%～20%的热能是由蔗糖提供的。许多研究表明，体重过重、糖尿病、龋齿、动脉硬化症和心肌梗死等都与糖的大量食用有关。如果按体重计算，碳水化合物的供给量，成年人每日每千克体重约6～10g，1岁以下婴儿约12g。碳水化合物摄入过量的具体危害如下。

（1）促进冠心病的发生和发展　随着人们生活水平的提高，对含糖量高的点心、饮料、水果的需求和消耗日益增多，使摄入的碳水化合物大大超过人体需要量。过多的碳水化合物若不能被及时消耗掉，多余的糖在体内转化为甘油三酯和胆固醇，促进了动脉粥样硬化的发生和发展。

（2）对血脂的影响　进食大量的碳水化合物，使糖代谢增加，细胞内腺苷三磷酸（ATP）增加，脂肪合成速度加快，多余的脂肪蓄积在体内，造成血脂异常。

（3）增加糖尿病的发生率　有人将新移居以色列和长期定居在以色列的犹太人的糖尿病发病率和碳水化合物摄入量进行比较，结果蔗糖摄入量多者，糖尿病的发病率明显升高，而碳水化合物总量和总能量在两组中没有统计学差异。

（4）引起龋齿和牙周病的发生　碳水化合物的摄入量和方式与龋齿的发生率有关系。高碳水化合物的膳食使咀嚼功能降低，减少了唾液的分泌，同时也减少了缓冲酸碱的能力，增加了附在牙齿上的食物，使牙周病的发病率大幅度上升。

（5）可能存在着患胃癌的危险性　高淀粉膳食可能增加胃癌发生的危险，主要原因也许是淀粉对不同器官的影响有所不同。

（6）造成儿童营养摄入不足　长期吃高糖食物，不仅可造成营养不良，进一步可使肝脏、肾脏肿大，脂肪含量增加，而且使他们的平均寿命缩短。

3. 碳水化合物的适宜摄入量

世界各国对膳食纤维的适宜摄入量有不同的推荐量。美国国家研究所提出每人每天的摄入量为20～30g，或以每人每1000kcal能量摄入量计算，即10～13g/1000kcal。但是美国大多数专家同意的建议量为：健康成人20～35g/d，2岁儿童5g/d，3岁儿童8g/d，逐年递增，一直到20岁增至25g/d。

二、碳水化合物的供给量

碳水化合物是人类获得热能的主要途径，也是最容易获得的、最经济、最合理的能源物质。碳水化合物的供给量，根据人们的饮食习惯和劳动强度不同而有所差异。西方国家人们碳水化合物的供给量约占总供给热能的50%～55%，中国人碳水化合物的供给量约占总供给热能的60%～70%。一般来说，膳食组成中蛋白质、脂肪含量高时，碳水化合物的量可以低些；反之，则应高些。在碳水化合物供给充足的情况下，可以避免蛋白质用于能量代谢，也有利于脂肪的贮存。

三、碳水化合物的食物来源

碳水化合物主要来源于植物性食物如谷类、薯类和根茎类食物中，它们都含有丰富的淀粉。其中谷类（如大米、小米、面粉、玉米面等）含量为70％～80％，干豆类（干黄豆、红豇豆等）含量为20％～30％，块茎、块根类（山芋、山药、土豆等）含量为15％～30％。硬果类（栗子、花生、核桃等）含量为12％～40％，纯糖（低分子糖，如红糖、白糖、蜂蜜等）含量为80％～90％。各种单糖和双糖，除一部分存在于果蔬等天然食物中外，绝大部分是以加工食物如食糖和糖果等形式直接食用。膳食纤维含量丰富的食物有蔬菜、水果、粗粮、杂粮、豆类等。碳水化合物在动物性食物中含量很少，如奶中含有的乳糖，肝脏和肌肉中的肝糖原和肌糖原，血液中的葡萄糖等均含量不多。几种常见食物碳水化合物含量见表3-2。

表3-2　几种常见食物的碳水化合物含量　　　　　　　　　　　　　　　　％

食物	碳水化合物总量	粗纤维	食物	碳水化合物总量	粗纤维
蔗糖	99.5	0	冰激凌	20.6	0.8
玉米淀粉	87.6	0.1	煮熟玉米	18.8	0.7
葡萄干	77.4	0.9	葡萄	15.7	0.6
小麦面粉(70％)	76.1	0.3	苹果	14.5	1.0
空心粉(干)	75.2	0.3	豇豆	7.1	1.0
全麦面包	47.7	1.6	卷心菜	5.4	0.8
大米	24.2	0.1	牛肝	5.3	0
烤马铃薯	21.1	0.6	全脂粉	4.9	0
香蕉	22.2	0.5	煮熟奶	2.0	0.61

第五节　膳　食　纤　维

一、概述

通常认为，膳食纤维是木质素与不能被人体消化道分泌的消化酶所消化的多糖的总称。包括植物中的纤维素、半纤维素、木质素、戊聚糖、果胶和植物胶质等，也有人主张还应包括动物性的甲壳质、壳聚糖等，甚至包括人工化学修饰的甲基纤维素和羧甲基纤维素等。膳食纤维在体内基本以原形通过消化道到达结肠，其中，50％以上可被细菌分解为低级脂肪酸、水、二氧化碳、氢气和甲烷。

膳食纤维的含量依食物种类不同而异，例如，蔬菜中的嫩茎、叶等含量高，含淀粉较高的根茎类则居中。不同食物的膳食纤维组成成分也不相同，如蔬菜、干豆类以纤维素为主，谷类则多以半纤维素为主。木质素在一般的果蔬植物中含量甚少。此外，一般来说，谷物加工越精细，膳食纤维的含量越低。

膳食纤维大体可分为不溶性和可溶性两大类。不溶性膳食纤维包括纤维素、半纤维素和木质素，它们是植物细胞壁的组成成分，存在于禾谷类、豆类种子的外皮以及植物的茎和叶中。可溶性膳食纤维包括果胶、藻胶、豆胶以及树胶等，主要存在于细胞间质，如水果中的果胶，海藻中的藻胶，某些豆类的豆胶等。

近年来大量研究表明，膳食纤维对预防许多疾病都有显著的效果，因此越来越多的人认为膳食纤维在营养上已不再是惰性物质，而是人们膳食中不可缺少的成分，因其重要的生理功能，日渐受到人们的重视。流行病学调查研究结果发现，缺乏膳食纤维的西方国家，一些流行疾病，如结肠癌、高胆固醇血症、便秘、痔疮等疾病都直接或间接与膳食纤维有关，因此膳食纤维的营养学意义越来越受到人们的重视和关注。

膳食纤维的种类、食物来源和主要功能见表3-3。

表 3-3　膳食纤维的种类、食物来源和主要功能

种　类	主要食物来源	主　要　功　能
不溶性纤维		
木质素	所有植物	正在研究之中
纤维素	所有植物（如小麦制品）	增加粪便体积
半纤维素	小麦、黑麦、大米、蔬菜	促进胃肠蠕动
可溶性纤维		
果胶、树胶、黏胶、少数半纤维素	柑橘类、燕麦制品和豆类	延缓胃排空时间、减缓葡萄糖吸收、降低血胆固醇

二、膳食纤维的主要成分

1. 纤维素

纤维素是植物细胞壁的主要结构成分，由数千个葡萄糖单位以 β-1,4-糖苷键连接而成，为不分支的线状均一多糖。因人体内的消化酶只能水解 α-1,4-糖苷键而不能水解 β-1,4-糖苷键，故纤维素不能被人体消化酶分解、利用。纤维素有一定的抗机械强度、抗生物降解、抗酸水解性和低水溶性。纤维素（包括改性纤维素）在食品工业中常被作为增稠剂应用。

2. 半纤维素

半纤维素存在于植物细胞壁中，是由许多分支的、含不同糖基单位组成的杂多糖。其组成的糖基单位包括木糖、阿拉伯糖、半乳糖、甘露糖、葡萄糖、葡萄糖醛酸和半乳糖醛酸。通常主链由木聚糖、半乳聚糖或甘露聚糖组成，支链则带有阿拉伯糖或半乳糖。半纤维素的分子量比纤维素小得多，由 150～200 个糖基单位组成，以溶解或不溶解的形式存在。

半纤维素也不能被人体消化酶分解，但在到达结肠后可比纤维素更易被细菌发酵、分解。

3. 果胶

果胶的组成与性质可依不同来源而异。通常其主链由半乳糖醛酸通过 α-1,4-糖苷键连接而成，其支链上可有鼠李糖，主要存在于水果、蔬菜的软组织中。果胶因其分子中所含羧基甲酯化的不同而有高甲氧基果胶和低甲氧基果胶，并具有形成果胶凝胶的能力。果胶在食品工业中作为增稠剂、稳定剂广泛应用。

4. 树胶

树胶是植物中的一大类物质，由不同的单糖及其衍生物组成，主要成分是 L-阿拉伯糖的聚合物，还有 D-半乳糖、L-鼠李糖和葡萄糖醛酸。树胶是非淀粉多糖物质，它们都不能被人体消化酶水解，具有形成冻胶的能力。在食品工业中作为增稠剂、稳定剂广泛使用。

5. 海藻胶

海藻胶是从天然海藻中提取的一类亲水多糖胶。不同种类的海藻胶，其化学组成和理化特性等亦不相同。例如，来自红藻的琼脂由琼脂糖和琼脂胶两部分组成。琼脂糖是由两个半乳糖基组成，而琼脂胶则是含有硫酸酯的葡糖醛酸和丙酮酸醛的复杂多糖。海藻胶因具有增稠、稳定作用而广泛应用于食品加工。

6. 木质素

木质素是使植物木质化的物质。在化学上它不是多糖而是多聚苯丙烷聚合物，或称苯丙烷聚合物。因其与纤维素、半纤维素同时存在于植物细胞壁中，进食时往往一并摄入体内，而被认为是膳食纤维的组成部分。通常果蔬植物所含木质素甚少，人和动物均不能消化木质素。

三、膳食纤维的营养学意义

膳食纤维组成成分复杂且各具特点，加之与植物细胞结构及其他化合物如维生素、植物激素、类黄酮等紧密相连，很难完全区分其独自的作用。但已有实验表明，膳食纤维的确有许多对人体健康有益的作用。它们可以通过生理和代谢过程直接影响人类健康，降低疾病的危险因素和减少疾病的发病率。

1. 促进结肠功能，预防结肠癌

人们很早就知道，食物中的粗纤维有通便的作用。大多数纤维素具有促进肠道蠕动和吸水膨胀的特性。一方面可使肠道肌肉保持健康和张力，另一方面粪便因含水分较多而体积增加和变软，有利于粪便的排出。

据有关文献报道，美国结肠癌占癌症死亡率的比例很高，而非洲农村则极少有结肠癌的发生。日本结肠癌的患病率远远低于美国，但日本人移居美国之后，其后代结肠癌的患病率升高。有人推测，结肠癌发病率低的原因之一，在于膳食纤维刺激肠的蠕动，加速粪便从肠腔排出，减少了粪便中致癌因子与肠壁接触的机会。同时膳食纤维吸收水分，增大了粪便的体积，降低了致癌因子的浓度，从而有利于防止结肠癌。1978 年有人进行过如下试验，开始吃普通膳食 3 周，作为对照；以后分别加入 4 种不同来源膳食纤维，分别为糠麸、卷心菜、苹果、胡萝卜，结果表明，加了膳食纤维后，食物通过肠道的时间显著加快，其中最快的是加糠麸的，原来食物通过肠道的时间是 49～79h，加食糠麸后，缩短为 35～51h，排便量也有显著增加。

2. 提高人体的免疫力

木质素具有提高人体免疫力，间接地抑制癌细胞的功能。如木质素可与金属相结合，起到抗化学药品及食品添加剂的有害作用。

3. 降低血糖和血胆固醇

可溶性纤维能减少小肠对糖的吸收，使血糖不因进食而快速升高，因此也可减少体内胰岛素的释放，而胰岛素可刺激肝脏合成胆固醇，所以胰岛素释放的减少又可以使血浆胆固醇水平受到影响。各种纤维都可吸附胆汁酸、脂肪等达到降血脂的作用。另外，可溶性纤维在大肠中被肠道细菌代谢分解产生一些短链脂肪酸如乙酸、丁酸、丙酸等，这些短链脂肪酸可减弱肝中胆固醇的合成，对预防和治疗心血管疾病有一定的作用。

4. 减少热量摄入，控制体重增加

当摄入膳食纤维时，可减缓食物由胃进入肠道的速度和吸水作用，从而产生饱腹感而减少热能摄入，起到控制体重和减肥的作用。

四、膳食纤维在食品加工中的变化

1. 碾磨

碾磨在精制米、面的过程中，可除去谷物的外层皮壳等，降低其总膳食纤维的含量，这主要是降低了不溶性膳食纤维含量。全谷粒粉和精制粉二者的膳食纤维组成不同，全谷粒粉含有大量纤维素。稻谷、大麦和燕麦的壳中含大量木聚糖，通常在食用前通过碾磨、精制时除去。但是燕麦和稻壳常被用作纤维制剂用于强化食品。

2. 热加工

膳食纤维在热加工时可有多种变化。加热可使膳食纤维中多糖的弱键受到破坏，这对其功能、营养等来说都具有重要意义。

加热可降低纤维分子之间的缔合作用即解聚作用，因而导致其溶解度变大。若广泛解聚可形成醇溶部分，导致膳食纤维含量降低。中等的解聚作用对膳食纤维含量影响很小，但可改变膳食纤维的功能特性（如黏性、水合作用）和生理作用。

加热同样可使膳食纤维中组成成分多糖的交联键发生变化。由于纤维的溶解度高度依赖于交联键存在的类型和数量，因而加热期间细胞壁基质及其结构可发生变化，这不仅对产品的营养性，而且对可口性都有重大影响。

3. 挤压熟化

据报告，小麦粉即使在温和条件下挤压熟化，膳食纤维的溶解度也有增加，此增溶作用似乎依赖于加工时的水分含量。水分含量越低，增溶作用越高，而螺旋转速和温度的作用很小。小麦剧烈膨化也使纤维的溶解度增加，但焙烤和滚筒干燥对膳食纤维的影响很小。此外，另有报告称，小麦粉经高压蒸汽处理时也有不溶性纤维的损失，这主要是阿拉伯糖基木聚糖的降解造成的。

4. 水合作用

膳食纤维具有一定的膨润、增稠特性。大多数谷物纤维原料被碾磨时可影响其水合性质。豌豆纤维的碾磨制品比未碾磨制品更快水合，这与其表面积增大有关。

加热也可改变膳食纤维的水合性质。煮沸可增加小麦麸和苹果纤维制品的持水性，而高压蒸汽处理、蒸汽熟化和焙烤的影响不大。其中蒸汽熟化的制品比焙烤制品吸水快。此外，有报告称豌豆壳、糖用甜菜纤维、小麦麸和柠檬纤维在挤压熟化时对持水性仅稍有影响。

五、膳食纤维的摄取与食物来源

1. 膳食纤维的摄取

由于膳食纤维对人类的某些慢性非传染性疾病具有预防和保健作用，一些国家根据各自调查研究的情况提出了膳食中的摄入量标准。美国食品药品管理局（FDA）推荐的总膳食纤维摄入量为成人每日 20～35g，此推荐量的低限是可以保持纤维对肠功能起作用的量，而上限为不致因纤维的摄入过多引起有害作用的量。每天摄入一定量的植物性食物如400～500g的蔬菜和水果，一定量的粗粮如杂豆、玉米和小米等，可满足机体对膳食纤维的需要。

中国居民素有以谷类为主食，并兼有以薯类为部分主食的习惯。副食又以植物性食物如蔬菜为主，兼食豆类及鱼、肉、蛋等食品。水果则因地区和季节而有所变动。由于中国此前对食品中存在的不溶性膳食纤维、可溶性膳食纤维、总膳食纤维，以及中国居民在这方面的健康和慢性疾病等状况调查研究不够，尚未提出中国膳食纤维的摄入量标准。中国营养学会根据"平衡膳食宝塔建议不同能量膳食的各类食物参考摄入量"中推荐的各类食物摄入量及其所提供的膳食纤维含量，计算出中国居民可以摄入的膳食纤维的量及范围，并进一步计算出不同能量摄取者膳食纤维的推荐摄入量（表3-4）。

2. 膳食纤维的食物来源

膳食纤维的资源非常丰富，主要存在于谷物、薯类、豆类及蔬菜、水果等植物性食品中。植物成熟度越高，其纤维含量也越多。适量选用粗杂粮和蔬菜、水果，不偏食，膳食纤维的摄入量一般都能满足人体的生理要求。食物中果胶含量、膳食纤维含量与食品种类的关系见表3-5和表3-6。

表3-4 不同能量摄取者膳食纤维的推荐摄入量 g

食物种类	低 能 量			中 能 量			高 能 量		
	食物量	不溶性膳食纤维	总膳食纤维	食物量	不溶性膳食纤维	总膳食纤维	食物量	不溶性膳食纤维	总膳食纤维
谷类	300	6.60	10.17	400	8.80	13.56	500	11.0	16.95
蔬菜	400	4.50	8.08	450	5.13	9.09	500	5.70	10.10
水果	100	1.10	1.66	150	1.71	2.49	500	2.28	3.32
豆类及豆制品	50	2.51	4.22	50	2.51	4.22	200	2.50	4.22
总计平均值		14.81	24.13		18.15	29.36		21.49	34.59
平均摄入量 /(g/100kcal)		8.23	13.40		7.56	12.23		7.68	12.35

表3-5 几种常见食物中果胶含量 g/100g

食物名称	含 量	食物名称	含 量
苹果	0.71～0.84	浆果类	0.51～1.19
杏	0.71～1.32	葡萄干	0.82～1.04
香蕉	0.59～1.28	豆类	0.27～1.11
樱桃	0.24～0.54	胡萝卜	1.17～2.92
葡萄	0.09～0.28	黄瓜	0.10～0.50
柚子	3.30～4.50	倭瓜	1.00～2.00
柠檬	2.80～2.99	甜薯	0.78
橙	2.34～2.38		

表3-6 食物中膳食纤维的含量 g/100g

食 物	总膳食纤维	可溶性膳食纤维	不溶性膳食纤维
大麦	12.14	5.02	7.05
高纤维谷物	33.30	2.78	30.52
燕麦	16.90	7.17	9.73
黄豆麸皮	67.56	6.90	60.53
杏	1.12	0.53	0.59
李子	9.37	5.07	4.17
无核葡萄干	3.10	0.73	2.37
胡萝卜	3.92	1.10	2.81
青豆	3.03	1.02	2.01

此外，一些植物中含有的植物胶、藻类多糖、低聚糖等，也是膳食纤维的良好来源。随着人们生活水平的提高，作为主食的谷类食品加工越来越精细，致使其膳食纤维的含量显著降低。为此，西方国家提倡吃黑面包（全麦面包），并多吃蔬菜水果。

第六节 碳水化合物的营养学特性及其与糖尿病和血糖指数值的关系

一、碳水化合物的营养学特性

碳水化合物是地球上所有动物食物链的始端，也是人类得以生存繁衍的物质基础。作为人体需要的营养素之一，碳水化合物有着明显的特性。

① 碳水化合物是由碳、氢、氧组成的一大类有机化合物，食物中的单糖主要是葡萄糖和果糖，寡糖主要是蔗糖和乳糖，多糖主要是淀粉。除乳糖存在于哺乳动物的乳汁中外，其他碳水化合物主要来自植物性食物。

② 食物中的寡糖和多糖被摄入人体后，只有在消化道经过消化分解为单糖才能被人体吸收，最后以葡萄糖的形式参与体内代谢。血液中的葡萄糖浓度应保持在一定的范围内，血糖过高，可能患糖尿病；血糖太低，也可能引起低血糖休克。

③ 营养学上把人体不能合成的小分子营养素称为必需营养素，六大类营养素中只有碳水化合物没有必需营养素。葡萄糖单体虽然是体内碳水化合物的小分子形式，但人体可以经过一系列中间代谢得到葡萄糖，所以葡萄糖不属于必需营养素。

④ 淀粉是由葡萄糖聚合而成的大分子，在消化道内，先后经过淀粉酶、糊精酶和麦芽糖酶的水解，最后消化为葡萄糖，这一消化过程比蛋白质和脂肪的消化简单，所以碳水化合物在体内的消化率最高，达到98%。

⑤ 碳水化合物在体内经生物氧化为二氧化碳和水，同时释放出能量，1g 碳水化合物可释放出 4.10kcal 热能，比蛋白质和脂肪的热能值都低。

⑥ 体内碳水化合物的主要形式是糖原，其结构类似于淀粉，但分子链更长、链更多，亦被称为动物淀粉。其主要存在于肝脏和肌肉，总量约 300～400g，是人体能量的仓库，并能调节血糖的恒定。

⑦ 糖原和血糖的总量不及体重的 1%，与蛋白质、脂肪相比，是体内含量最少的大分子营养素。

二、碳水化合物与糖尿病

糖尿病是一种与内分泌有关的常见病，由于胰岛素分泌不足，无力调节血液中葡萄糖的浓度，导致血糖浓度居高不下，从尿液中排出葡萄糖，造成浪费。配合药物治疗，适当控制膳食，可以减轻糖尿病的症状，接近健康人。糖尿病人要控制每天摄入的淀粉在一合适的数量，并且采用少食多餐的方法，这样就不会引起进食后过多的葡萄糖进入血液而使血糖浓度升高。单糖和寡糖转变成葡萄糖的速度很快，所以糖尿病患者一般应禁食蔗糖类，对含有单糖的水果应少食或不食（见表3-7）。甜味是食物的一个重要味感，对喜食甜食患者，可以选食不会产生葡萄糖的甜味剂加工的食物，这类糖尿病患者专用的甜味食品市场已有多种。

表 3-7　水果中碳水化合物含量　　　　　　　　　　　　g/100g

水果	碳水化合物	水果	碳水化合物	水果	碳水化合物
西瓜	4.0	枇杷	8.5	枣	28.6
草莓	6.0	菠萝	9.5	杏	7.8
梨	7.3	葡萄	9.9	桃	10.9
李子	7.8	橙	10.5	红果	22.0

三、血糖指数值与食物的关系

现在科学家以血糖指数值来衡量不同的碳水化合物。一般将葡萄糖的血糖指数值规定为100。除麦芽糖为由两个葡萄糖分子组成的二糖，其血糖指数高于100外，其他所有食物的血糖指数均低于55为最低血糖指数值，高于70为高血糖指数值，55～70为中度血糖指数值。研究表明低血糖指数值的膳食可以增加2型糖尿病患者对胰岛素的敏感性，从而降低血浆胆固醇、低密度脂蛋白胆固醇。这个结果说明，在判断碳水化合物对血脂和冠心病的影响时，不能只看膳食中碳水化合物的总量，其种类同样是非常重要的。部分食物的血糖指数值见表3-8。

表3-8 部分食物的血糖指数（GI）值（葡萄糖为100）

食 物	GI	食 物	GI	食 物	GI
精白大米	72	豆腐干	24	香蕉	53
糙米	55	四季豆	27	梨	36
小米	71	牛奶	27	西瓜	72
荞麦	54	绿豆	27	乳糖	46
白面包	70	马铃薯	83	果糖	23
黑面包	65	苹果	36	蜂蜜	73
黄豆	18	柑	43		

在选择碳水化合物食物时，应予综合考虑，既要参考血糖指数值，又要参考食物成分，两者兼顾。一般来说，选择时应先考虑低血糖指数（GI）值的食物，但是有些低GI值的食物，其脂肪含量很高，这对有些人群是不适宜的。相反，有些食物尽管GI值高，但是所含的能量很低、营养素又很高。所以，低GI值的食物不一定适合每一个人，而高GI值的食物并不等于不能选择。

思 考 题

1. 简述碳水化合物的生理功能。
2. 膳食纤维对人体健康有什么好处？
3. 为什么把膳食纤维叫做肠道的"清道工"？
4. 碳水化合物可以分为哪几类？
5. 膳食纤维是哪些物质？有什么特点？
6. 何谓低聚糖？它在营养学上有何重要作用？
7. 为什么有人主张膳食纤维是非传统的营养素？
8. 为什么人们不宜过多地摄食碳水化合物，尤其是不宜过多地摄食蔗糖？

第四章 蛋白质与氨基酸

学习目标

1. 掌握蛋白质的分类、生理功能，氨基酸的定义、种类以及各种氨基酸对人体的作用。

2. 理解蛋白质和氨基酸在食品加工时的变化以及蛋白质的互补作用、食物蛋白质营养价值的评价指标。

3. 了解膳食蛋白质的供给量和食物来源以及蛋白质缺乏和过量对人体的影响。

蛋白质起源于希腊语中的"protos"一词，意思是"第一"。蛋白质是由许多不同的 α-氨基酸按一定的序列通过酰胺键（肽键）缩合而成的。蛋白质存在于所有的生物细胞中，是构成生物体最基本的结构物质和功能物质。蛋白质主要含有碳、氢、氧、氮、硫、磷等元素，此外，有些蛋白质还含有少量的铁、铜、锰、锌、钼、碘等元素。

第一节 蛋白质的分类及生理功能

一、蛋白质的分类

蛋白质种类繁多，主要的分类方法有以下几种。

（一）根据化学组成成分分类

1. 简单蛋白质（单纯蛋白质）

这类蛋白质只含由 α-氨基酸组成的肽链，不含其他成分。具体如下。

清蛋白和球蛋白：广泛存在于动物组织中。清蛋白易溶于水，球蛋白微溶于水，易溶于稀酸中。

谷蛋白和醇溶谷蛋白：存在于植物组织中，不溶于水，易溶于稀酸、稀碱中，后者可溶于 70%～80%乙醇中。

精蛋白和组蛋白：碱性蛋白质，存在于细胞核中。

硬蛋白：存在于各种软骨、腱、毛、发、丝等组织中，分为角蛋白、胶原蛋白、弹性蛋白和丝蛋白。

2. 结合蛋白

由简单蛋白与其他非蛋白成分（辅基）结合而成，包括如下几种。

色蛋白：由简单蛋白与色素物质结合而成。如血红蛋白、叶绿蛋白和细胞色素等。

糖蛋白：由简单蛋白与糖类物质组成。如细胞膜中的糖蛋白等。

脂蛋白：由简单蛋白与脂类结合而成。如血浆低密度脂蛋白、血浆高密度脂蛋白等。

核蛋白：由简单蛋白与核酸结合而成。如细胞核中的核糖核蛋白等。

（二）根据分子形状分类

1. 球状蛋白质

外形接近球形或椭圆形，溶解性较好，能形成结晶，大多数蛋白质属于这一类。如各种酶、血红蛋白等。

2. 纤维状蛋白质

分子类似于纤维或细棒。它又可分为可溶性纤维状蛋白质和不溶性纤维状蛋白质。如胶原蛋白、弹性蛋白、角蛋白、丝蛋白等。

（三）根据蛋白质营养价值的高低分类

1. 完全蛋白质

完全蛋白质是一种质量优良的蛋白质，含有人体必需氨基酸，并且种类齐全，数量充足，比例合适，不但能维持人体的生命和健康，还能促进儿童的生长发育。属于完全蛋白质的有奶类中的酪蛋白、乳白蛋白，小麦中的小麦谷蛋白，蛋类中的卵白蛋白和卵黄磷蛋白，肉类中的白蛋白，大豆中的大豆球蛋白以及玉米中的谷蛋白等。

2. 半完全蛋白质

含有各种必需氨基酸，但含量多少不均，互相比例不适合，若在膳食中作为唯一的蛋白质来源，可以维持生命，但不能够促进儿童生长发育。属于半完全蛋白质的有小麦、大麦中的麦胶蛋白等。

3. 不完全蛋白质

它所含必需氨基酸的种类不全，若在膳食中作为唯一蛋白质来源，既不能维持生命，也不能促进儿童生长发育。属于不完全蛋白质的有玉米中的玉米胶蛋白，动物结缔组织中的胶原蛋白以及豌豆中的豆球蛋白等。

一般来说，动物性食品比植物性食品中所含的完全蛋白质多，所以动物性食品蛋白质的营养价值一般高于植物性食品蛋白质。

二、蛋白质的生理功能

蛋白质是一切生命的物质基础，这不仅因为蛋白质是构成机体组织器官的基本成分，更重要的是蛋白质本身不断地进行分解与合成，从而推动生命活动，调节机体正常生理功能，保证机体的生长、发育、繁殖、遗传及修补损伤的组织。根据现代的生物学观点，蛋白质和核酸是生命的主要物质基础。蛋白质的生理功能如下。

1. 人体组织不可缺少的构成成分

蛋白质是构成组织和细胞的重要成分，是生命的存在形式。人体的任何组织和器官都是以蛋白质为基础，所以人体在生长过程中就包含着蛋白质的不断增加。人体的肌肉、心、肝、肾等器官含大量蛋白质；骨骼和牙齿中含有大量的胶原蛋白；指、趾甲中含有角蛋白；细胞从细胞膜到细胞内的各种结构中均含有大量的蛋白质。皮肤和骨骼肌中蛋白质约占80%，胶原蛋白约占25%，血液中约占5%，其总量仅次于水分。细胞的原生质是由蛋白质、脂肪、碳水化合物所组成的胶体系统，如长期缺乏蛋白质，这个系统就会受到破坏，细胞就会受到损伤，甚至死亡，致使机体无法生长。总之，蛋白质是人体不能缺少的构成成分。

2. 构成体内各种重要的生理活性物质

蛋白质也是构成生命的重要物质。蛋白质在体内构成多种机能物质，具有各种生理功能，如催化新陈代谢反应的酶，生命中的化学变化绝大多数是借助于酶的催化作用而迅速发生的，而酶的化学本质就是蛋白质。

蛋白质还能调节代谢活动，如激素是机体内分泌细胞制造的一类化学物质，这些物质随血液循环流遍全身，调节机体的正常活动，对机体的繁殖、生长、发育和适应内外环境的变化具有重要作用（若某一激素的分泌失去平衡就会发生一定的疾病，如甲状腺素分泌过多或不足都会引起一定的疾病）。这些激素中有许多就是蛋白质或肽。胃肠道能分泌十余种肽类激素，用以调节胃、肠、肝、胆管和胰脏的生理活动。

此外，蛋白质可进行氧的输送。生物从不需氧转变成需氧以获得能量是进化过程的一大飞跃。它从环境中摄取氧、在细胞内氧化能源物质（碳水化合物、脂肪和蛋白质），产生二氧化碳和水。这种由外界摄取氧并且将其输送到全身组织细胞的作用正是由血红蛋白完成的。

蛋白质还与维持机体酸碱平衡、维持水分的正常分布、完成肌肉收缩、提高机体免疫功能以及体内遗传信息的传递等有关。

3. 供给能量

虽然蛋白质的主要功能不是供给能量，但当食物中蛋白质的氨基酸组成和比例不符合人体需要，或摄入蛋白质过多，超过身体合成蛋白质的需要时，多余的食物蛋白质就会被当作能量来源氧化分解放出热能。此外，在正常代谢过程中，陈旧破损的组织和细胞中的蛋白质也会分解释放出能量。每克蛋白质可产生 16.7kJ（4kcal）热能。

利用蛋白质作为供能的来源是很不经济的。如果食物中的碳水化合物和脂肪供给不足时，蛋白质将满足人体的能量需要，这样，膳食中的蛋白质就不能有效地发挥作用，甚至不能维持平衡状态。因此，碳水化合物和脂肪具有节约蛋白质的作用。

4. 参与维持体内环境的稳定性和对外界的适应性

食物蛋白质最重要的作用是供给人体合成蛋白质所需的氨基酸。由于碳水化合物和脂肪中只含有碳、氢和氧，不含氮。因此，蛋白质是人体中唯一的氮的来源。这是碳水化合物和脂肪不能代替的。

人体每天从食物中摄取一定量的蛋白质，在消化道分解成各种氨基酸而被机体吸收，通过血液循环送到身体各组织中，用于合成、更新和修复组织。婴幼儿、儿童和青少年的生长发育都离不开蛋白质。通常，成年人体内蛋白质含量相对稳定。尽管体内蛋白质在不断地分解与合成，组织细胞在不断更新。但是，蛋白质的总量却维持动态平衡。一般认为成人体内小肠黏膜细胞每 1～2d 即更新一次，血液红细胞每 120d 更新一次，头发和指甲也在不断推陈出新。身体受伤后的修复也需要依靠蛋白质的补充。

成人体内全部蛋白质每天约有 3% 更新，这些体内蛋白质分子分解成氨基酸后，大部分又重新合成蛋白质，此即蛋白质的周转率，只有一小部分分解成为尿素及其他代谢产物排出体外。因此，成人的食物蛋白质只需要补充被分解并排出的那部分蛋白质即可。

儿童和青少年正处在生长、发育时期，对蛋白质的需求量较大，蛋白质的转换率也相对较高。这种蛋白质的转换量与基础代谢密切有关，如表 4-1 所示。

表 4-1 蛋白质转换量与基础代谢之间的关系

类 别	体重/kg	蛋白质转换量/[g/(kg·d)]	基 础 代 谢	
			kcal/(kg·d)	kJ/(kg·d)
大鼠	0.1	25	130	545
儿童	10	6	45	190
成人	70	2～3	20	85

机体由蛋白质分解的氨基酸再合成新蛋白质的数量可随环境条件而异。例如，饲养良好的大鼠，其肝脏所需氨基酸的 50% 为再利用部分，禁食大鼠的再利用部分为 90%。此外，表 4-1 所列蛋白质转换量为总转换量。不同蛋白质的转换率不相同。

第二节　氨　基　酸

氨基酸是指含有氨基的羧酸。人体的细胞及组织蛋白质约占人体干重的 45%，蛋白质被酸、碱和蛋白酶催化水解成分子量大小不等的肽段和氨基酸，从蛋白质水解物中分离出来的氨基酸主要有 20 余种。

氨基酸对人体健康的主要作用，主要体现在以下 8 个方面：①供给机体营养；②调节机体机能，有些氨基酸可以有效地调节人体内分泌系统的平衡；③增强免疫能力；④维护心血管功能；⑤改善肝、肾功能；⑥减小放化疗损害；⑦促进激素分泌；⑧促进蛋白合成。

一、必需氨基酸和非必需氨基酸

氨基酸是构成蛋白质的基本单位，是构成人体的重要成分。人体对蛋白质的需要实际上是对氨基酸的需要。在构成蛋白质的 20 多种氨基酸中，有一部分可以在人体内合成，或者可由其他氨基酸转变而成，可以不必由食物供给，被称为非必需氨基酸。另一部分氨基酸则在人体内不能用其他氮源合成，或者合成速率不能满足机体的需要，必须由食物蛋白质提供，这些氨基酸称为必需氨基酸。人体必需氨基酸有 8 种，即赖氨酸、色氨酸、苯丙氨酸、蛋氨酸、苏氨酸、亮氨酸、异亮氨酸及缬氨酸。另外对婴儿来说组氨酸也是必需氨基酸。非必需氨基酸通常有：甘氨酸、丙氨酸、丝氨酸、胱氨酸、半胱氨酸、天冬氨酸、天冬酰胺、谷氨酸、谷氨酰胺、酪氨酸、精氨酸、脯氨酸和羟脯氨酸。表 4-2 列出了几种常见食物蛋白质中必需氨基酸含量情况。

表 4-2　几种食物蛋白质中必需氨基酸含量及相互间的比值

必需氨基酸	鸡　蛋		黄　豆		稻　米		面　粉		花　生	
	/%	比值	/%	比值	/%	比值	/%	比值	/%	比值
色氨酸	1.5	1.0	1.4	1.0	1.3	1.0	0.8	1.0	1.0	1.0
苯丙氨酸	6.3	4.2	5.3	3.2	5.0	3.8	5.5	6.9	5.1	5.1
赖氨酸	7.0	4.7	6.8	4.9	3.2	2.3	1.9	2.4	3.0	3.0
苏氨酸	4.3	2.9	3.9	2.8	3.8	2.9	2.7	3.4	1.6	1.6
蛋氨酸	4.0	2.7	1.7	1.2	3.0	2.3	2.0	2.5	1.0	1.0
亮氨酸	9.2	6.1	8.0	5.7	8.2	6.3	7.0	8.8	6.7	6.7
异亮氨酸	7.7	5.1	6.0	4.3	5.2	4.0	4.2	5.2	4.6	4.6
缬氨酸	7.2	4.8	5.3	3.2	6.2	4.8	4.1	5.1	4.4	4.4

二、必需氨基酸对人体的作用

1. 赖氨酸

赖氨酸为碱性必需氨基酸。由于谷物食品中的赖氨酸含量甚低，且在加工过程中易被破坏而缺乏，故称为第一限制性氨基酸。

赖氨酸可以调节人体代谢平衡。赖氨酸为合成肉碱提供结构组分，而肉碱会促使细胞中脂肪酸合成。往食物中添加少量的赖氨酸，可以刺激胃蛋白酶与胃酸分泌，提高胃液分泌功效，起到增进食欲、促进幼儿生长与发育的作用。赖氨酸还能提高钙的吸收及其在体内的积累，加速骨骼生长。如缺乏赖氨酸，会造成胃液分泌不足而出现厌食、营养性贫血，致使中枢神经受阻、发育不良等。

2. 蛋氨酸

蛋氨酸是含硫必需氨基酸，与生物体内各种含硫化合物的代谢密切相关。当缺乏蛋氨酸时，会引起食欲减退、生长迟缓或体重减轻、肾脏肿大和肝脏铁堆积等现象，最后导致肝坏死或纤维化。

蛋氨酸还可利用其所带的甲基，对有毒物或药物进行甲基化而起到解毒的作用。因此，蛋氨酸可用于防治慢性或急性肝炎、肝硬化等肝脏疾病，也可用于缓解砷、三氯甲烷、四氯化碳、苯、吡啶和喹啉等有害物质的毒性反应。

3. 色氨酸

色氨酸能调节神经帮助睡眠，它与维生素 B_6、烟酸及镁一起在大脑中作用，制造血液中的复合氨，作为大脑与一种睡眠生化机制之间信息往来的神经传导，有助于睡眠，降低对疼痛的敏感度，缓解偏头痛，减轻因酒精而引起人体中化学反应失调的症状，并有助于控制酒精中毒。医药上常将色氨酸用作抗痉挛剂、胃分泌调节剂、胃黏膜保护剂和强抗昏迷剂等。

4. 苯丙氨酸

苯丙氨酸在控制疼痛方面，尤其是关节炎痛，是非常有效的。它是所有氨基酸的组成单位，此氨基酸能够增加心理上的警觉性，抑制食欲，有助帕金森症的治疗。

5. 缬氨酸、亮氨酸、异亮氨酸和苏氨酸

缬氨酸、亮氨酸与异亮氨酸均属支链氨基酸，同时都是必需氨基酸。

医药上常用缬氨酸等支链氨基酸的注射液治疗肝功能衰竭等疾病，也可用作加快创伤愈合的治疗剂。亮氨酸可用于诊断和治疗小儿的突发性高糖血症和用作头晕治疗剂及营养滋补剂。异亮氨酸能治疗神经障碍、食欲减退和贫血，在肌肉蛋白质代谢中也极为重要。苏氨酸参与脂肪代谢，缺乏苏氨酸时出现肝脂肪病变。

此外，胱氨酸可节约蛋氨酸，酪氨酸可节约苯丙氨酸，人们也称其为半必需氨基酸。近年来研究发现，牛磺酸（氨基乙磺酸）亦是人体的必需氨基酸，它对婴儿的智力发育有非常重要的意义。

三、必需氨基酸的需要量及模式

人体对各种必需氨基酸有一定的需要量，世界卫生组织（WHO）根据不同的研究材料，提出了人体对各种必需氨基酸的需要量（见表 4-3）。

表 4-3　不同年龄者每日每千克体重必需氨基酸需要量的估计值　　　　　mg

氨基酸名称	婴儿(3～4 月)	儿童(2 岁)	学龄儿童(10～12 岁)		成　人
组氨酸	28	—	—	—	8～12
异亮氨酸	70	(31)	30	(28)	10
亮氨酸	161	(73)	45	(44)	14
赖氨酸	103	(64)	60	(44)	12
蛋氨酸＋胱氨酸	58	(27)	27	(22)	13
苯丙氨酸＋酪氨酸	125	(69)	27	(22)	14
苏氨酸	81	(37)	35	(28)	7
色氨酸	17	(12.5)	4	(3.3)	3.5
缬氨酸	93	(38)	33	(25)	10
总必需氨基酸	714	(352)	261	(216)	84

注：1. 此表所示婴儿必需氨基酸需要量与人乳的模式稍有不同，它富含硫氨酸和色氨酸。总必需氨基酸中未包括组氨酸。

2. 表中未加括号的数字来自 WHO technical report series，522，1973；括号内数字为后来的文献值。

3. 引自：WHO technical report series. 724，1985。

组成人体各种组织蛋白质的氨基酸是按一定比例组成的，因此，每日膳食中蛋白质所提供的各种氨基酸也需与此比例一致，人体才能有效地合成机体蛋白质。各种必需氨基酸需要量之间相互搭配的比例，称为必需氨基酸需要量模式。膳食蛋白质中必需氨基酸的模式越接近人体蛋白质的组成，被人体消化吸收后，就越易被机体利用，能满足合成蛋白质的需要，其营养价值就越高。如某一种氨基酸过多或过少，都会影响另一些氨基酸的利用，所以当必需氨基酸供给不足或不平衡时，蛋白质合成均会受到影响。

1985 年联合国粮食与农业组织/世界卫生组织/联合国大学（FAO/WHO/UNU）联合专家会议，分别对婴儿、学龄前儿童（2～5 岁）、学龄儿童（10～12 岁）和成人提出了新的必需氨基酸需要量模式，见表 4-4。

表 4-4　必需氨基酸需要量模式与优质动物蛋白的比较　　　　mg/g 蛋白质

氨基酸	需要量模式				食物含量[3]		
	婴儿[1] 平均（范围）	学龄前儿童[2] （2～5 岁）	学龄儿童 （10～12 岁）	成人	鸡蛋	牛奶	牛肉
组氨酸	26(18～36)	(19)[4]	(19)	16	22	27	34
异亮氨酸	46(41～53)	28	28	13	54	47	48
亮氨酸	93(83～107)	66	44	19	86	95	81
赖氨酸	66(53～76)	58	44	16	70	78	89
蛋氨酸＋胱氨酸	42(29～60)	25	22	17	57	33	40
苯丙氨酸＋酪氨酸	72(68～118)	63	22	19	93	102	80
苏氨酸	43(40～45)	34	28	9	47	44	46
色氨酸	17(16～17)	11	(9)	5	17	14	12
缬氨酸	55(44～77)	35	25	13	66	64	50
总计							
包括组氨酸	460(408～588)	339	241	127	512	504	479
不包括组氨酸	434(390～552)	320	222	111	490	477	445

①　人乳的氨基酸组成。

②　氨基酸需要量（kg）除以参考蛋白质（乳或鸡蛋蛋白质）的安全摄入量（kg）。此安全摄入量为：成人，0.75g/kg；儿童（10～12 岁）0.99g/kg；儿童（2～5 岁）1.10g/kg。

③　鸡蛋、牛奶和牛肉的组成成分。

④　括号内数值由需要量对年龄的曲线插入。

注：引自 WHO technical report series. 724，1985。

四、限制氨基酸

被吸收到人体内的必需氨基酸中，能够限制其他氨基酸利用程度的氨基酸，称为限制氨基酸，即食物蛋白质中，按照人体的需要其比例关系相对不足的氨基酸。限制氨基酸中缺乏最多的称为第一限制氨基酸。一般赖氨酸是谷类蛋白质的第一限制氨基酸，而蛋氨酸则是大豆、花生、牛奶和肉类蛋白质的第一限制氨基酸。此外，小麦、大麦、燕麦和大米还缺乏苏氨酸，玉米缺乏色氨酸，分别是它们的第二限制氨基酸。几种食物蛋白质的限制氨基酸见表 4-5。通过将不同种类的食物互相搭配，添加赖氨酸或蛋氨酸等，均可提高限制氨基酸的比值，从而改进必需氨基酸的平衡和提高蛋白质的利用效率。如果在膳食中含有 30%～40%动物性蛋白质，那么就能达到正确的氨基酸平衡。

表 4-5　几种食物蛋白质的限制氨基酸

名　称	第一限制氨基酸	第二限制氨基酸	第三限制氨基酸
小麦	赖氨酸	苏氨酸	缬氨酸
大麦	赖氨酸	苏氨酸	蛋氨酸
燕麦	赖氨酸	苏氨酸	蛋氨酸
大米	赖氨酸	苏氨酸	—
玉米	赖氨酸	色氨酸	苏氨酸
花生	蛋氨酸	—	—
大豆	蛋氨酸	—	—
棉籽	赖氨酸	—	—

注：引自天津轻工业学院，无锡轻工业学院合编《食品生物化学》，1981 年。

第三节　蛋白质在体内的功态变化、氮平衡及影响蛋白质在体内利用效果的因素

一、蛋白质在体内的动态变化

食物蛋白质在消化道中被多种蛋白酶及肠肽酶水解为氨基酸后被小肠黏膜细胞吸收，进入体内的氨基酸由门静脉进入肝脏，再送入各组织的细胞内进行利用。

进食后血液中氨基酸浓度很快升高，实际上氨基酸从消化道进入血液后在 5～10min 内就能被全身细胞吸收，血液中氨基酸的浓度相对恒定。

血液氨基酸在进入人体细胞后，立即合成为细胞蛋白质，因此细胞内氨基酸的浓度总是比较低，氨基酸并非以游离形式贮存于人体细胞，而主要以蛋白质的形式贮存于细胞内。许多细胞内的蛋白质在细胞内溶酶体消化酶类的作用下又很快再次分解为氨基酸，并再次运输出细胞回到血中。正常情况下氨基酸进入血液与其输送到组织细胞的速度几乎是相等的，处于一个动态平衡状态，组织与组织之间以及新吸收的氨基酸同原有氨基酸之间共同组成氨基酸代谢库。一部分氨基酸在肝脏进行脱氧基作用后进行代谢或氧化产生能量，或转化成脂肪贮存起来，肝脏是血液氨基酸的重要调节者。

二、氮平衡

正常情况下，成年人体中的蛋白质是相对稳定的。由于直接测定食物中所含蛋白质和体内消耗的蛋白质较为困难，因此，常以通过测定人体摄入氮和排出氮的量来衡量蛋白质的平衡状态，以氮平衡的方法来反映蛋白质合成和分解之间的平衡状态。

当膳食蛋白质供应适当时，其氮的摄入量和排出量相等，这称为氮的总平衡。处在生长期的婴幼儿和青少年，孕妇及恢复期的病人体内正在生长新组织，其摄入的蛋白质有一部分变成新组织。此时，氮的摄入量必定大于排出量，这称为氮的正平衡。膳食中如果蛋白质长期供给不足，如饥饿者，患消耗性疾病的人群，蛋白质摄入量低而体内蛋白质合成减少或分解加剧、消耗增加，氮的排出量超过摄入量，即其每日的摄入氮少于排出氮而日渐消瘦。这种情况称为氮的负平衡。

氮平衡状态可用下式表示：

摄入氮(I)＝尿氮(U)＋粪氮(F)＋皮肤及其他途径排出的氮(S)

即
$$I＝U＋F＋S$$

测定证明：成人膳食中完全不含蛋白质时，一般每千克体重每日从尿、粪、汗等途径丢失的氮为 54mg。一个体重为 65kg 的男性，1d 共损失氮 3510mg，折算成蛋白质约为 22g。实际上成人进食 22g 的食物蛋白质不可能完全相同，加上消化率等的影响，根据实验成人每日约需进食 45g 蛋白质才能补偿机体蛋白质的分解损失。

三、影响蛋白质在体内利用效果的因素

（1）氨基酸组成不平衡　动物蛋白中的明胶蛋白由于缺乏色氨酸，把它作为膳食蛋白质唯一来源时，实验动物体重会减轻。

（2）摄入能量不足　当膳食中的热能很低时，吸收的氨基酸大部分作为能量被消耗，氮在体内的贮量减少可出现负氮平衡。

（3）体力活动少　如长期不从事体力活动，在体重不变的情况下，肌肉可变得松弛无力，而体脂增加。久卧床上的病人或老年人也可能会出现负氮平衡。

（4）伤害及情绪波动　人体受伤或情绪波动，如忧虑、恐惧、发怒等氮损失增加，可出现负氮平衡。

第四节　食物蛋白质营养价值评价

食物蛋白质的营养价值相当于它满足机体氮源和氨基酸需求，以及保证良好的生长和生活的能力。对食物蛋白质的营养评价营养学上主要从食物蛋白质的含量、被消化吸收的程度（蛋白质的消化率）和被人体利用程度（蛋白质利用率）三方面进行评价。

一、食物蛋白质的含量

食物中蛋白质的含量多少，是影响食物蛋白质营养价值高低的基本因素。人们的摄食量主要取决于满足能量的需要，而不是为了蛋白质的需要，因此，评价食物蛋白质的营养价值时，绝不能离开含量而单纯谈质量。如某些蛋白质含量太低的食物，即使其蛋白质营养价值很高，也无法满足人体的需要。

食物成分表上食物的蛋白质含量是以每 100g 食物中的量表示的。在常用的每 100g 食物中，肉类含蛋白质 10～20g，鱼类含 15～20g，全蛋含 13～15g，豆类含 20～30g，谷类含 8～12g，蔬菜、水果含 1～2g。一般动物性食物比植物性食物蛋白质含量多，植物中豆类蛋白质含量很高，营养价值接近动物性蛋白质。

蛋白质含量不能表达该食物的蛋白质和热能的关系，因为人体的热量需要决定了食物的摄取量。因此，食物作为蛋白质来源的价值也取决于其本身的热值。如中国成年男子从事轻体力劳动时，每日膳食热能供给量为 10920kJ，蛋白质供给量为 80g，由食物蛋白质提供的热能约占总热能的 11％。适宜的食物，其中蛋白质提供的热能占总热能的 10％～15％。因此，将食物中蛋白质用蛋白质的热能占食物总热能的百分数表示（表 4-6），可大体判断该食物作为蛋白质来源的价值。从表 4-6 中可以看出，花生、黄豆、鱼、瘦猪肉都是很好的食物蛋白质的来源；如果选择大米作为膳食唯一的食物来源，其蛋白质显然不能满足人体蛋白质的需要量。

二、蛋白质消化率

蛋白质的消化和氨基酸的吸收可能是不完全的，因而存在于食物蛋白质中的氨基酸未必

完全有效。常用蛋白质的消化率来表示食物蛋白质被消化酶分解、吸收的程度。蛋白质的消化率越高，其营养价值也就越高。

表 4-6　几种食物的蛋白质含量及其热能与食物总热能的比

食 物	蛋 白 质		食 物	蛋 白 质	
	g/100g 食物①	kJ/100kJ 食物②		g/100g 食物①	kJ/100kJ 食物②
苹果	0.3	2.8	瘦猪肉	16.7	20.2
稻米(上白粳)	6.7	7.8	鸡蛋	14.7	34.6
带鱼	18.1	52.1	黄豆	36.3	35.0
小麦粉(富强粉)	9.4	10.7	豆腐	7.4	41.1
土豆	2.3	11.9	牛肉	20.1	46.0
花生米	26.2	19.2			

① 摘自中国医学科学院卫生研究所"食物成分表"。

② 按食物成分表计算得出。

蛋白质消化率可用下式表示：

$$蛋白质消化率 = \frac{被吸收的氮量}{食物含氮量} \times 100\% = \frac{I-(F-Fk)}{I} \times 100\%$$

式中，I 为摄入氮；F 为粪便中的氮；Fk 为内源性氮。

食物蛋白质消化率除受人体因素影响之外，还受食物因素的影响，如食物的属性、抗营养因子的存在、加工条件和同时食用的其他营养素等。一般植物性蛋白质因受纤维物质的包围，难与消化酶接触，因此其消化率通常比动物性蛋白质低。有的食物中含有蛋白酶抑制剂，如大豆中的胰蛋白酶抑制剂，蛋清中的抗生物素，都可能降低蛋白质的消化利用率。如食物蛋白质经适当的烹调加工，可使纤维素破坏或软化，使蛋白质变性而改变原先难以被蛋白酶作用的构象，也可破坏蛋白酶抑制剂，这样就能提高食物蛋白质的消化率。如整粒大豆进食时的蛋白质消化率仅为 60%，加工成豆腐后，可提高到 90%。

用一般烹调方法加工的食物蛋白质的消化率：乳类蛋白质的消化率为 97%～98%，肉类蛋白质为 92%～94%，蛋类蛋白质为 98%，米饭和面食蛋白质为 80% 左右，马铃薯蛋白质为 74%。

三、蛋白质利用率

衡量蛋白质利用率的指标如下。

1. 蛋白质的生物学价值

蛋白质的生物学价值（BV）简称生物价，是测定食物蛋白质利用率的一种方法，是衡量食物蛋白质营养价值最常见的指标。蛋白质生物价是反映食物蛋白质消化吸收后，被机体利用程度的指标，生物价的值越高，表明其被机体利用程度越高，最大值为 100。计算公式如下：

$$生物价(BV) = \frac{氮贮存量}{氮吸收量} = \frac{I-(F-Fk)-(U-Uk)-(S-Sk)}{I-(F-Fk)}$$

式中，U 为尿氮；Uk 为尿内源氮（即无蛋白质摄入时尿中排出的氮）；F 及 Fk 分别为粪氮及粪内源性氮；I 为摄入氮；S 为从皮肤等途径损失的氮；Sk 则为对照状态下从皮肤等途径损失的氮。

生物价高，表明食物蛋白质中氨基酸主要用来合成人体蛋白质，极少有过多的氨基酸经肝、肾代谢而释放能量或由尿排出多余的氮。常见食物蛋白质的生物价见表 4-7。

表 4-7 常见食物蛋白质的生物价

食物蛋白质	生 物 价	食物蛋白质	生 物 价	食物蛋白质	生 物 价
鸡蛋蛋白质	94	大米	77	小米	57
鸡蛋白	83	小麦	67	玉米	60
鸡蛋黄	96	生大豆	57	白菜	76
脱脂牛奶	85	熟大豆	64	红薯	72
鱼	83	扁豆	72	马铃薯	67
牛肉	76	蚕豆	58	花生	59
猪肉	74	白面粉	52		

注：引自刘志诚，于守洋主编的《营养与食品卫生学》，1987年。

2. 蛋白质净利用率

测定蛋白质生物学价值时，未考虑蛋白质的消化率，因而对蛋白质的质量估计稍有偏高。蛋白质净利用率是反映食物中蛋白质实际被利用的程度，即机体的氮贮存量与氮摄入量之比。它把食物蛋白质的消化和利用两个方面都包括入内，因此更为全面。

$$蛋白质净利用率(NPU) = \frac{氮贮存量}{氮摄入量} = 生物价 \times 消化率 = \frac{I - (F - Fk) - (U - Uk)}{I}$$

3. 蛋白质功效比值

蛋白质功效比值是测定蛋白质利用率的另一种简便方法，是一个用处于生长阶段中的幼年动物（一般用刚断奶的雄性大白鼠）在实验期内，其体重增加和摄入蛋白质的比值来反映蛋白质的营养价值的指标。由于所测蛋白质主要被用来维持生长需要，所以该指标被广泛用于对婴幼儿食品中蛋白质进行评价，可用下式表示：

$$蛋白质功效比值(PER) = \frac{动物增加体重(g)}{食用蛋白质质量(g)}$$

PER 大者营养价值高，如全蛋为 4.4，大豆为 2.4，麦麸为 0.4。

4. 氨基酸评分（AAS）和经消化率修正的氨基酸评分（PDCAAS）

氨基酸评分又叫蛋白质化学评分，是用化学方法来评价蛋白质的营养价值。它根据其必需氨基酸的含量及它们之间的相互关系来评价。氨基酸计分模式如下：

$$氨基酸评分(AAS) = \frac{1g 受试蛋白质中氨基酸的质量(mg)}{需要量模式中氨基酸的质量(mg)} \times 100$$

氨基酸评分通常是指受试蛋白质中第一限制氨基酸的得分。如限制氨基酸是需要量模式的 80%，则其氨基酸评分为 80。可见，一种食物蛋白质的氨基酸评分越接近 100，则其越接近人体需要，营养价值也越高。由于婴儿、儿童和成人的必需氨基酸需要量不同，对于同一蛋白质的氨基酸评分也不相同。因此，某种蛋白质对婴幼儿来说氨基酸评分较低，对成人而言其蛋白质质量并不一定很低。常见食物蛋白质的氨基酸评分见表 4-8。

表 4-8 常见食物蛋白质的氨基酸评分

蛋白质来源	氨基酸含量/(mg/g 蛋白质)				氨基酸评分
	赖 氨 酸	含硫氨基酸	苏 氨 酸	色 氨 酸	（限制氨基酸）
理想模式	55	35	40	10	100
稻谷	24	38	30	11	44（赖氨酸）
豆	72	24	42	14	68（含硫氨基酸）
奶粉	80	29	37	13	83（含硫氨基酸）
谷、豆、奶粉混合(67∶22∶11)	51	32	35	12	88（苏氨酸）

但氨基酸评分的方法没有考虑食物蛋白质的消化率。而另一种方法经消化率修正的氨基

酸评分（PDCAAS）则可替代蛋白质功效比值 PER，对除孕妇和 1 岁以下婴儿以外的人群的食物蛋白质进行评价。

$$PDCAAS＝氨基酸评分×消化率$$

除上述方法和指标外，还有一些蛋白质营养评价方法和指标，如相对蛋白质值（RPV）、净蛋白质比值（NPR）、氮平衡指数（NBI）等，一般使用较少。

第五节　蛋白质和氨基酸在食品加工时的变化

食品加工的方法有加热、冷冻、搅拌、高压、盐腌等，其中以加热对蛋白质的影响最大。热处理对蛋白质的影响程度取决于加热温度、时间、湿度等因素。热处理可造成蛋白质的变性、分解、氨基酸氧化、氨基酸键之间的交换、氨基酸新键的形成等。蛋白质经过加热处理，构型改变，固有的生物活性丧失，这种变化称为变性。如蛋清受热凝固、瘦肉受热收缩变硬都是变性现象。各种蛋白质的耐热性能不一，多数在 60～80℃开始变性。

一、加工的有益作用

1. 热加工

适度的热加工，对保持食物蛋白质的营养价值是有益的。加热杀菌和钝化酶，是食品保藏最普遍和有效的方法；加热使蛋白质变性，可提高其消化率；加热还可破坏食品中的某些毒性物质、酶抑制剂和抗生素，而使其营养价值提高。

在食物的热加工中，烹调和防止食物腐败往往采用 100～200℃的加热法。在上述温度下和没有糖存在时，蛋白质发生变性，维持蛋白质空间构象的次级键发生断裂，破坏了肽键原有的空间排列。原来在分子内部的一些非极性基团暴露到分子表面，使蛋白质的溶解度降低，甚至凝固。同时各种反应基团如—NH$_2$、—COOH、—OH、—SH 释放出来，使蛋白质易于酶解，也变得容易消化。某些食物中含有阻碍酶作用的抑制剂，如大豆中的抗胰蛋白酶、血细胞凝集素，蛋清中的卵黏蛋白等受热后因变性而失去活性，解除了对酶的抑制作用，从而提高了食物的营养价值。

在烹饪中采用爆、炒、熘、涮等方法，由于进行快速高温加热，加快了蛋白质变性的速度，原料表面因变性凝固、细胞孔隙闭合，从而原料内部的营养素和水分不会外流，可使菜肴的口感鲜嫩，并能保住较多的营养成分不受损失。经过初加工的鱼、肉在烹制前有时先用沸水烫一下，或在温度较高的油锅中速炸一下，也可达到上述目的。例如，在制作干烧鱼时，先将鱼放入热油中，炸至七成熟后，再放入加有调味品的汤烧制，不仅鱼肉鲜嫩可口，而且形优色美，诱人食欲。

蛋白质在烹饪中会发生水解作用，产生氨基酸和低聚肽。许多氨基酸都具有明显的味感，如甘氨酸、丙氨酸、丝氨酸、苏氨酸、脯氨酸、羟脯氨酸等呈甜味，缬氨酸、亮氨酸、异亮氨酸、蛋氨酸、苯丙氨酸、色氨酸、精氨酸、组氨酸等呈苦味，天冬氨酸钠和谷氨酸钠呈鲜味。大多数氨基酸的呈味阈值低，呈味性强，许多低聚肽，特别是二聚肽，能使食品中各种呈味物质变得更突出、更协调。如发酵食品中的豆酱、酱油就是利用大豆为原料经酶水解制成的调味品，除了含有呈鲜味的谷氨酸钠外，还含有以天冬氨酸、谷氨酸和亮氨酸构成的低聚肽，从而赋予这类食品鲜香的味道。

2. 其他加工

除了高温之外，酸、碱、有机溶剂、振荡等因素也会引起蛋白质变性，并均可在烹饪中得到应用。

蛋白质的 pH 值处于 4 以下或 10 以上的环境中会发生酸或碱引起的变性，例如在制作松花蛋时，就是利用碱对蛋白质的变性作用，而使蛋白和蛋黄发生凝固；酸奶饮料和奶酪的生产，则是利用酸对蛋白质的变性作用；牛奶中的乳糖在乳酸菌的作用下产生乳酸，pH 值下降引起乳球蛋白凝固，同时使可溶性的酪蛋白沉淀析出。

酒精和其他有机溶剂也能使蛋白质变性，鲜活水产品的醉腌就是利用这一原理，通过酒浸醉死，不再加热，即可食用，如醉蟹、平湖糟蛋等。

将蛋白质进行不断搅拌，由于液层产生了应力，导致蛋白质空间结构被破坏而引起变性，变性后的蛋白质肽链伸展；由于连续不断地搅拌，不断地将空气掺入到蛋白质分子内部中去，肽链可以结合许多气体，使蛋白质体积膨胀，形成泡沫。如果在较低的温度或时间较短的情况下进行搅拌或振荡，只能破坏蛋白质的三级和四级结构，这种变性是可逆的，如蛋清拍打后产生的泡沫，放置后又可回复为蛋清。新鲜蛋品所含的卵黏蛋白较多，经过剧烈搅拌后，容易形成泡沫；当蛋品新鲜度下降后，卵黏蛋白分解成糖和蛋白质，使蛋清变得稀薄，从而影响起泡。因此制作蛋泡糊、装点菜肴或制作糕点时，应选用起泡性强的新鲜蛋。

二、蛋白质和氨基酸的破坏

1. 加热

食物如果加热过度，也会使蛋白质营养价值下降。如赖氨酸和胱氨酸受热后被破坏；在有糖存在的情况下，蛋白质分子中的氨基与糖分子中的羰基会发生羰氨反应（美拉德反应），引起制品褐变和营养成分的破坏，特别是赖氨酸的损失较大，从而降低蛋白质的营养价值。

蛋白质在强热过程中，分子中赖氨酸残基的 $\alpha-NH_2$，容易与天冬氨酸或谷氨酸的羧基发生反应，形成酰胺键，导致蛋白质很难被蛋白酶水解，因而也难以被人体消化吸收。如米面制品经膨化或焙烤后，表面蛋白质的营养价值会遭到一定程度的破坏；又如牛奶中蛋白质含谷氨酸、天冬氨酸较多，在过度加热后，易与赖氨酸发生反应，形成新的酰胺键，使牛奶的营养价值降低。

2. 碱处理

对食品进行碱处理，尤其是在加热条件下，对蛋白质的营养价值影响很大。碱处理可使蛋白质发生异构化，并在分子间或分子内形成交联键，生成某些新的氨基酸如赖丙氨酸等，能发生变化的氨基酸有丝氨酸、赖氨酸、胱氨酸和精氨酸，在碱处理时还可使色氨酸、赖氨酸等发生构型变化，从而降低蛋白质的营养价值。

3. 冷冻

冷冻肉类时，肉组织会受到一定程度破坏，会引起蛋白质的降解，形成不可逆的蛋白质变性，导致蛋白质持水能力丧失。冻结速度快，蛋白质的变性程度就小，食品的品质变化也就较小。

4. 脱水干燥

食品在脱水干燥时，如温度过高、时间过长，蛋白质中的结合水受到破坏，则导致蛋白质之间的相互作用，使蛋白质变性，因而蛋白质的复水性降低，硬度增加，风味变劣。

三、蛋白质互补作用

植物性蛋白质中各种氨基酸的含量和组成比例与人体需要相比总有些不足。由于各种植物性蛋白质的氨基酸含量和组成各不相同，因而可以通过植物性食物的互相搭配，取长补短，来使其接近人体需要，提高其营养价值。这种食物搭配的效果叫做蛋白质的互补作用。在实际生活中人们也常将多种食物混合食用，这样做不仅可以调整口感，也可提高其营养价值。例如小麦、小米、牛肉、大豆各个单独食用时，其蛋白质生物学价值分别为 67、57、69、64，而混食的生物学价值可高达 89。几种食物蛋白质的互补作用见表 4-9。中美洲和巴拿马营养研究所（INCAP）制成一种植物混合食物，称为"Incaparina"，其中含玉米粉29%、高粱 29%、棉籽粉 38%、啤酒酵母 3%、碳酸钙 1%及维生素 A。这种混合食物是营养不良地区低蛋白膳食的良好辅助食物，其蛋白质的生物学价值仅次于牛乳蛋白。

表 4-9　几种食物蛋白质的生物价（BV）

名　称	食物蛋白质的配合比例/%	生物价(BV)	
		单独进食	混合进食
豆腐	42	65	77
面筋	58	67	
小麦	67	67	77
大豆	33	64	
大豆	70	64	77
鸡蛋	30	94	
玉米	40	60	73
小米	40	57	
大豆	20	64	

限制氨基酸补充到相应的食物中，如用赖氨酸补充谷类蛋白，用蛋氨酸、赖氨酸和苏氨酸补充花生粉，同样可以起到互补作用。如在面粉中添加赖氨酸 0.2%，面粉蛋白的生物学价可由 47 提高到 71，学龄儿童食用这种赖氨酸强化食品一年后，身高、体重和抵抗力等均较对照组有显著提高。因为组成蛋白质的氨基酸必须同时存在才能合成蛋白质，而且机体内氨基酸的贮存量很少，因此膳食中不同蛋白质必须在同一餐摄入才能起到互补作用。如每 3h 单独以一种必需氨基酸饲养大鼠，氨基酸的利用不佳，大鼠不能生长。

第六节　蛋白质的推荐摄入量和食物来源

一、蛋白质的推荐摄入量

世界各国对蛋白质摄入量没有统一标准，1985 年 FAO/WHO 提出，成年人不分性别蛋白质的需要量为 0.75g/(kg·d)，这是按照优质蛋白质计算的结果，我国居民目前仍以植物蛋白为主，蛋白质质量不如动物蛋白高，因此蛋白质推荐量应适当高于此标准。成人蛋白质按 1.16g/(kg·d) 计，如我国成人轻体力活动男子每日蛋白质的推荐摄入量（RNI）为75g，女子为 65g。按能量计算，蛋白质供能占总能量的 11%～14%，其中成人为 11%～12%，儿童、青少年因处于生长发育时期，应适当高些，为 13%～14%，老年人为 15%可防止负氮平衡出现。

二、蛋白质的食物来源

膳食中蛋白质来源包括植物性食物和动物性食物。动物性食物蛋白质含量高、质量好，如各种肉类、乳类、蛋类、鱼类等，植物性食物主要是谷类和豆类。大豆含有丰富的优质蛋白质。谷类是人们的主食,蛋白质含量居中(约10%),是中国居民膳食蛋白质的主要来源。

植物性食物所含蛋白质尽管一般不如动物性蛋白质好,但仍是人类膳食蛋白质的重要来源。豆科植物如某些干豆类的蛋白质含量可高达40%左右。特别是大豆在豆类中更为突出。它不仅蛋白质含量高,而且质量亦较高,是人类食物蛋白质的良好来源,其蛋白质在食品加工中常作为肉的替代物。另外,蔬菜、水果等食品蛋白质含量很低,在蛋白质营养中作用很小。

不同食物其蛋白质含量亦不同,畜禽肉类为10%~20%,鱼类为16%~18%,蛋类为11%~14%,乳类为1.5%~3.8%,大豆为40%,谷类为10%,花生、核桃为15%~30%,薯类为2%~3%。

三、蛋白质与健康

蛋白质在生命活动中起着重要作用。它是构成一切细胞和组织结构的重要成分。复杂的生命活动需要千万种具有独特功能的蛋白质互相配合才能完成。人体含有10万种以上不同结构的蛋白质,表现出千差万别的功能活动,所以说蛋白质是生命存在的形式,是生命的物质基础,也是在所有生命现象中起决定作用的物质。

食物蛋白质的营养价值主要包括含量和质量,含量高、质量好的食物蛋白质营养价值高,反之则低。同时,食物蛋白质的营养价值也取决于其在人体内的消化率和吸收率,消化率、吸收率高,营养价值就高,反之则低。

1. 蛋白质摄入不足

蛋白质长期摄入不足,首先出现负氮平衡,导致组织细胞的分解、萎缩,功能、结构都会受到影响。幼儿、青少年对蛋白质摄入不足更敏感,表现为生长发育迟缓、消瘦、体重过轻,甚至影响智力发育。

蛋白质缺乏常与能量缺乏同时发生,称为蛋白质热能营养不良(PEM),此病是一种因缺乏能量和蛋白质而引起的营养缺乏病,这是目前发展中国家较为严重的一种营养缺乏病。该病主要发生在婴幼儿,在经济落后、卫生条件差的地区尤为多见,是危害小儿健康,导致死亡的主要原因。根据临床表现PEM可分为两大类。

(1)消瘦型 主要是蛋白质和热能同时产生严重不足所致,以消瘦为其主要特征。该型营养不良多见于母乳不足、喂养不当、饥饿、疾病及先天性营养不良的婴儿。表现为生长发育停止,明显消瘦,体重减轻,皮下脂肪减少或消失,肌肉萎缩,皮肤干燥,毛发细黄无光泽,常见腹泻、脱水、全身抵抗力低下,易发生感染,但是无水肿。

(2)水肿型 主要是蛋白质缺乏所致,以全身水肿为主要特征。这是一种蛋白质严重缺乏而能量供应可以维持最低需要水平的极度营养不良症,多见于断乳期的婴幼儿。临床表现为精神萎靡、反应冷漠、哭声低弱无力、食欲减退、体重不增或减轻、下肢呈凹陷性水肿、皮肤干燥、色素沉着、毛发稀少无光泽、肝脾肿大等。

2. 蛋白质摄入过量对人体健康的影响

蛋白质的摄入量如果过量,也会对人体健康造成影响。过量的蛋白质经过代谢,会在人体的组织里残留很多有毒的代谢残余物,进而引起自体中毒、酸碱度失去平衡(酸度过剩)、营养缺乏(一部分营养被迫排出)、尿酸蓄积,导致多种疾病,如痛风等。另外,过多的蛋白质会转化为脂肪贮存起来,加重肝脏负担,导致脂肪肝的发生;无法消化的蛋白质,在肠内腐败发酵,可加重氨中毒。此外,蛋白质摄取过多,还可导致脑损害、精神异常、骨质疏松、动脉硬化、心脏病等症。常年进食高蛋白者，肠道内有害物质堆积并被吸收，可能会致未老先衰、缩短寿命。

3. 蛋白质与糖尿病

通过对糖尿病患者尿的分析表明，尿中含有过多的含氮化合物，说明糖尿病患者需要摄入比正常人更多的蛋白质。但是，过量摄入蛋白质会刺激胰高血糖和生长激素的过度分泌，两者均可抵消胰岛素的作用。因此，绝大多数情况下，建议糖尿病患者蛋白质摄入量为总能量的 10％～20％。如有肾衰竭时，每天的摄入量应限制在 0.8g/kg 体重。当摄入量不足 0.8g 时，可能会发生氮的负平衡。

思 考 题

1. 什么是蛋白质，蛋白质有哪些分类？
2. 蛋白质的生理功能有哪些？
3. 什么是必需氨基酸，人体必需氨基酸有哪些？
4. 氨基酸对人体有什么作用？
5. 如何评价食物蛋白质的营养价值？
6. 热加工对食物蛋白质有何作用？
7. 什么是蛋白质的互补作用？

第五章 脂 类

学习目标

1. 掌握脂类的分类及其生理意义，膳食脂肪营养价值的评价方法。
2. 理解油脂在食品加工保藏中的营养问题。
3. 了解脂肪的食物来源和脂肪的营养平衡问题。

第一节 脂类的生理功能

一、供给能量和保护机体

脂肪富含能量，平均每克脂肪在体内彻底氧化可提供38kJ的热能，相当于碳水化合物和蛋白质的两倍多，是体内积存的"燃料库"，只要机体需要，可随时用于机体代谢；若机体摄入能量过多，体内贮存的脂肪增多，人就会发胖，除此以外，由于脂肪导热性低，皮下脂肪可以起到隔热、保温作用，脂肪还是身体器官和神经组织的保护性隔离层，作为填充衬垫，避免机械摩擦，起保护和固定重要器官的作用。

二、构成身体组织

脂类是人体重要的组成部分，成年人体内脂肪占体重的10％～20％，肥胖者可达30％～60％，它是体内过剩能量的贮存形式，主要存在于人体皮下结缔组织、腹腔大网膜、肠系膜等处。体内脂肪细胞可以不断地贮存脂肪，至今还未发现吸收脂肪的上限，所以人体可以不断地摄入过多的热量而积累成脂肪，导致越来越胖。

另外，类脂质是多种组织和细胞的组成成分，如细胞膜的膜脂由磷脂、糖脂和胆固醇等组成，脑髓及神经组织含有磷脂和糖脂，固醇类物质还是体内制造固醇类激素的必要物质。一般细胞膜结构中磷脂约占60％以上，而胆固醇与胆固醇酯约占20％，在大脑及神经组织中它们的比例更高，这与神经兴奋传导的绝缘等功能有关。因此磷脂、胆固醇与儿童正常生长发育及成人健康与生命活动密切相关。大豆卵磷脂也是一种重要的营养物质。

三、供给必需脂肪酸

自然界存在的脂肪酸有40多种。有几种脂肪酸人体自身不能合成，必须由食物供给，称为必需脂肪酸。必需脂肪酸对人体有很重要的生理调节意义。

四、促进脂溶性维生素的吸收和利用

机体重要的营养成分维生素A、维生素D、维生素E、维生素K等是脂溶性维生素，它们对机体有重要的生理调节作用，其消化吸收受到脂肪消化吸收的影响，如在膳食中脂肪含量低的情况下，将影响蔬菜中胡萝卜素的吸收。患肝、胆系统疾病时，因食物中脂类消化吸收功能障碍而发生脂溶性维生素吸收障碍，从而导致缺乏症。因此，每日膳食中摄入适量脂

肪是保证脂溶性维生素不缺乏的前提条件。

五、增加饱腹感和改善食品外观

由于脂肪在人体胃内停留时间较长，当一次进食含 50g 以上脂肪的高脂膳食后，需 4～6h 才能从胃中排空，这是因为过多的油脂抑制胃液的分泌和胃肠的蠕动，因此摄入含脂肪高的食物，可使人体有饱腹感，不易饥饿。

油脂烹调食物可以改变食物的感官性质，增加食物的香味，绝大多数食物经用油煎、炒、烹、炸后都能提高其色、香、味，适量的脂肪还能刺激消化液的分泌，增加食欲。另外，油脂还有润肠缓泻的作用，由于脂肪酸中含氢较多，产生较多的代谢水，在缺水情况下有一定的意义。

第二节 脂类的化学组成及其特征

脂类是脂肪和类脂质的总称，它们能溶于有机溶剂而不溶于水。脂类在人类健康膳食中有很重要的价值，是膳食中产生热能最高的一种营养素，脂肪即甘油三酯，由三分子脂肪酸和一分子甘油组成。主要贮存于人体皮下组织、大网膜、肠系膜和肾脏周围等处，日常食用的动植物油脂如猪油、牛油、豆油、花生油、棉籽油、菜籽油均属于此类。

类脂质大都是细胞的重要结构物质和生理活性物质。主要包括磷脂、糖脂、固醇及类固醇以及脂溶性维生素和脂蛋白等，它们也广泛存在于许多动植物食品中。

一、油脂的化学组成

油脂在人体营养中占重要地位，人体所需的总能量中 10%～40% 是由脂肪提供的。在自然界中，油脂最丰富的是混合的甘油三酯。

$$CH_2-O-\overset{\displaystyle O}{\overset{\|}{C}}-R^1$$
$$CH-O-\overset{\displaystyle O}{\overset{\|}{C}}-R^2$$
$$CH_2-O-\overset{\displaystyle O}{\overset{\|}{C}}-R^3$$

式中，R^1、R^2 及 R^3 分别代表三分子脂肪酸的羟基，根据它们是否相同将脂肪分成单纯甘油酯和混合甘油酯两类。如果其中三分子脂肪酸是相同的，构成的脂肪称为单纯甘油酯，如三油酸甘油酯。如果是不同的，则称为混合甘油酯，人体的脂肪一般为混合甘油酯，所含的脂肪酸主要是软脂酸和油酸。

脂肪分解后生成的脂肪酸具有很强的生物活性，是脂肪发挥各种生理功能的重要成分。脂肪酸的种类很多，可分饱和、单不饱和与多不饱和脂肪酸三大类。饱和脂肪酸的碳链完全为 H 饱和，如软脂酸、硬脂酸、花生酸等。不饱和脂肪酸的碳链则含有不饱和双键，如油酸含有一个双键、亚油酸含两个双键、亚麻酸含三个双键、花生四烯酸含四个双键等。

膳食脂肪中有脂和油的不同，在常温下呈固体状态者称为脂，呈液态者则称为油。通常油脂按来源不同又可分为动物油脂和植物油脂两大类，植物油含不饱和脂肪酸比动物油多。在普通室温下，含不饱和脂肪酸较多的脂类呈液态，较少的呈固态。动物性脂肪富含饱和脂肪酸（40％～60％），单不饱和脂肪酸含量约为30％～50％；植物性脂肪富含不饱和脂肪酸（80％～90％），以多不饱和脂肪酸为主，含人必需脂肪酸十分丰富，常见的亚油酸、亚麻酸、花生四烯酸、二十碳六烯酸、二十二碳六烯酸等都主要存在于植物脂肪中（见表5-1）。

表 5-1　主要食用油脂中各类脂肪酸含量（质量分数）　　　　　　　　　　％

名称	饱和脂肪酸	单不饱和脂肪酸	多不饱和脂肪酸
大豆油	14	25	61
花生油	14	50	36
玉米油	15	24	61
低芥酸菜籽油	6	62	32
葵花籽油	12	19	69
棉籽油	28	18	54
芝麻油	15	41	44
棕榈油	51	39	10
猪油	38	48	14
牛油	51	42	7
羊油	54	36	10
鸡油	31	48	21
深海鱼油	28	23	49

二、必需脂肪酸

多不饱和脂肪酸中的亚油酸、亚麻酸和花生四烯酸在动物和人体内不能合成，必须通过食物供给，故称必需脂肪酸。以往认为亚油酸、亚麻酸和花生四烯酸这三种多不饱和脂肪酸都是必需脂肪酸。近年来的研究证明只有亚油酸和亚麻酸是必需脂肪酸，而花生四烯酸则可利用亚油酸由人体自身合成。

必需脂肪酸的生理功能主要包括如下几方面。

① 必需脂肪酸是细胞膜的重要成分，缺乏时易发生皮炎，还影响儿童生长发育，严重缺乏时生长停滞、体重减轻、出现鳞状皮肤病并使肾脏受损。

② 必需脂肪酸是合成磷脂和前列腺素的原料，还与精细胞的生成有关。

③ 必需脂肪酸促进胆固醇的代谢，胆固醇和必需脂肪酸结合后，才能在体内转运，进行正常代谢。否则，胆固醇与一些饱和脂肪酸结合，在肝脏和血管壁上形成沉积。

④ 必需脂肪酸对放射线引起的皮肤损伤有保护作用，这可能是新组织的生长和受损组织的修复都需要亚油酸的原因。

人类中，婴儿易缺乏必需脂肪酸。缺乏时，可能出现皮肤病症状如皮肤湿疹、皮肤干燥、脱屑等。这些症状可通过食用含有丰富亚油酸的油脂得到改善。成年人很少有必需脂肪酸缺乏，因为要耗尽贮存在其脂肪中的必需脂肪酸相当困难；只有在患长期吸收不良综合征时才见，可通过摄入足够的脂肪来保证人体必需脂肪酸的需要。

植物油中，如玉米油、葵花籽油、红花油、大豆油中亚油酸含量超过50％。营养学家们提出，必需脂肪酸热量应占膳食总热量的1％～3％，即每日至少需要6～8g，婴儿对其需要更为迫切，缺乏时也较敏感。

三、类脂质

1. 磷脂

所有的细胞都含有磷脂，磷脂和脂肪酸一样能为人体供能，并是细胞膜和血液中的结构物质；磷脂由于具有极性和非极性基团，可以帮助脂溶性物质如脂溶性维生素、激素等顺利通过细胞膜，促进细胞内外物质的交换。此外磷脂作为乳化剂，可以使体液中的脂肪悬浮在体液中，有利于其吸收、转运和代谢；磷脂还是神经髓鞘的主要成分，这与神经纤维传递兴奋有关系。磷脂在脑、神经、肝中含量特别高，磷脂主要包括卵磷脂、脑磷脂、肌醇磷脂。

卵磷脂是膳食和体内最丰富的磷脂之一，在人们日常食物中以蛋、肝、大豆等含量较多，卵磷脂在人体内主要是对脂肪的转运和代谢起重要作用，以促进肝脏中脂肪的代谢，并且有利于胆固醇的溶解和排出，因此当肝脏中脂肪含量过高而卵磷脂不足时，脂肪不易从肝脏中排出，造成脂肪在肝脏的堆积，发生脂肪肝。在医疗卫生上用来预防心血管疾病，在食品工业上用于制作黄油和巧克力的乳化剂。

脑磷脂是从动物脑组织和神经组织中提取的磷脂，在体内心、肝其他组织中也有，常与卵磷脂共同存在于组织中，以动物脑组织中的含量最多，是与血液凝固有关的物质，可能是凝血酶致活酶的辅基。

2. 鞘脂类

鞘脂类是生物细胞膜的重要组分，在神经组织和脑内含量较高。鞘脂类又可分为三类，即鞘磷脂类、脑苷脂类及神经节苷脂。

鞘磷脂类：这是最简单且在高等动物组织中含量最丰富的鞘脂类，主要存在于神经鞘内，保护神经鞘的绝缘性，并在神经突触的传导中起重要作用。

脑苷脂类：由于此类化合物含有一个或多个糖单位，又称为糖鞘脂。其结构复杂，大部分存在于细胞膜的外层，是构成细胞表面的重要组成物质。

神经节苷脂：这是一类最复杂的鞘脂类化合物，它含有几个糖基组成的巨大极性头。脑灰质的膜脂中含神经节苷脂高达 6% 以上，它在神经传导中起重要作用。神经节苷脂类可能存在于乙酰胆碱和其他神经介质的受体部位，与组织免疫以及细胞之间的识别有一定的关系。

3. 脂蛋白

由蛋白质和脂类通过非共价键相连而成，存在于生物膜和动物血浆中，血浆中的脂蛋白，其主要功能是经过血液循环在各器官之间运输不溶于水的脂类。按密度不同可分为乳糜微粒（CM）、极低密度脂蛋白（VLDL）、低密度脂蛋白（LDL）、高密度脂蛋白（HDL）四种（见表 5-2）。大部分甘油三酯与 VLDL 结合运载，故血浆中甘油三酯的浓度反映VLDL 浓度。HDL 有将周围组织中胆固醇运到肝脏进行分解、排出的作用，因而可使血胆固醇浓度降低，故称高密度脂蛋白是高脂血症的克星。

表 5-2　血浆脂蛋白的组成及生理意义

脂 蛋 白	密度/(g/ml)	组成/%				生 物 作 用
		蛋白质	甘油三酯	磷　脂	胆固醇	
乳糜微粒(CM)	<0.96	0.5~2.5	79~94	3~18	2~12	由小肠上皮细胞合成,脂肪来自食物,运送外源性脂肪
极低密度脂蛋白（VLDL）	0.96~1.006	2~13	46~74	9~23	9~23	由肝细胞合成,脂肪来自体脂,运送内源性脂肪
低密度脂蛋白（LDL）	1.006~1.063	20~25	10	22	43	由肝细胞合成,将胆固醇运往全身
高密度脂蛋白（HDL）	1.063~1.210	45~55	2	30	18	由肝脏和小肠细胞合成,将组织中不需要的胆固醇运往肝脏处理后排出

　　近年来，人们发现动脉粥样硬化与脂蛋白有关，高密度脂蛋白（HDL）有抗动脉粥样硬化的作用，而 LDL 和 VLDL 可导致动脉粥样硬化。因此，防止动脉粥样硬化的关键在于如何提高 HDL 浓度，降低 LDL 和 VLDL 的浓度。为达到这一目的，可采取控制饮食、服用药物、多吃素油、少吃荤油等措施，但最有效的方法是多运动，尤其是打拳、练气功、慢跑、散步等长时间、缓慢的运动项目，可以提高血液中 HDL 的含量，减少动脉内脂肪的堆积，保持动脉管壁的良好弹性，防止动脉粥样硬化。实践证明，经常从事体力劳动和运动的人，冠心病的发病率明显低于整天坐办公室的人。

　　当某些原因引起脂类代谢紊乱或血管壁功能障碍时，血中脂类含量增加，多余的甘油三酯和胆固醇等沉积在血管壁上，造成内壁逐渐隆起、增厚，致使动脉管腔狭窄以致闭塞。这一系列病变出现在包括冠状动脉在内的血管壁上时，就出现冠状动脉粥样硬化性心脏病。

　　4. 类固醇

　　固醇又称甾醇，是含醇基的环戊烷多氢菲类化合物的总称，以游离或同脂肪酸结合成酯的状态存在于生物体内，最重要的有胆固醇、豆固醇和麦角固醇以及大量的类固醇衍生物如维生素 D、雄激素、雌激素、孕激素等。

　　（1）胆固醇　胆固醇是人体组织结构、生命活动及新陈代谢中必不可少的一种物质，它参与细胞和细胞膜的构成，对改变生物膜的通透性、神经髓鞘的绝缘性能及保护细胞免受一些毒素的侵袭起着重要的作用。其在人体脑、神经组织以及肾上腺含量最为丰富，此外肝、肾、皮肤和毛发含量也相当多。胆固醇还是合成维生素 D、肾上腺皮质激素、性激素、胆汁酸盐的前体。另外，胆固醇也是破坏肿瘤细胞和其他有害物质所必需的，这是因为人体内有一种吞噬细胞的白细胞，具有杀伤和消灭癌细胞的能力，这种白细胞是依靠人体内胆固醇而得以生存的，胆固醇过低可使这种白细胞减少，活性降低，癌细胞就会猖狂繁殖。

　　中国的饮食特点基本上以素食为主，不少人日常饮食提供的胆固醇偏少，如果不区别情况，盲目控制胆固醇的摄入，就不能满足机体的正常生理需要和消耗，这对健康显然不利。

　　因此人体必须保持一定的胆固醇水平，人体内胆固醇的含量约每千克体重 2g。在正常情况下，人体胆固醇有自身调节作用，当食物来源的胆固醇增加时，内源性合成量可减少，人体对食物中胆固醇的吸收也可进行调节。

　　冠状动脉硬化与血液中的胆固醇含量和饮食中的动物性脂肪有直接的关系，当多余的胆固醇沉积在血管壁上时，会导致心血管疾病，形成粥样斑块或动脉硬化。食物因素对胆固醇的吸收与代谢的影响较明显，如豆固醇、谷固醇、膳食纤维和姜等均可降低胆固醇的吸收率；牛奶能抑制胆固醇的生物合成；大豆可促使胆固醇的排泄；蘑菇维护血浆和组织间胆固醇的平衡。一般人在保证健康、增进健康的情况下，适当节制糖类、脂肪食物、少吃胆固醇食品，对预防冠心病有一定的作用。

　　（2）植物固醇　是植物细胞的主要组成成分，如大豆中的豆固醇、麦芽中的谷固醇等，这些物质不能被人体吸收，但能阻碍胆固醇的吸收，临床上可用作降血脂剂。

　　（3）酵母固醇　主要存在于蕈类、酵母和麦角中，麦角甾醇经紫外线照射，转变成维生素 D，供人体吸收利用。

第三节　脂类在食品加工、保藏中的营养问题

　　脂类在食品加工、贮藏中的变化，主要表现在食品的成型及风味特色上。同时，也会发

生一些不利于人体健康的变化，严重地影响了加工原料的营养价值。

一、脂类的品质改良

1. 油脂的精炼

无论是采用压榨法还是浸出法制得的毛油都含有数量不等的杂质，如机械杂质、胶体杂质、脂溶性杂质、水及其他杂质，这些杂质的存在对油脂的外观品质：色泽、气味、透明度以及风味都带来影响，有的甚至会影响油脂的营养价值和食用安全。

油脂精炼的主要目的是去除这些杂质，具体方法常见的有以下四步。

① 脱胶　添加热水或热磷酸来沉淀毛油中高浓度的磷酸胶体。

② 中和　在毛油中加入碱，中和其中的脂肪酸的过程，也叫碱炼或脱酸。

③ 脱色　油脂都含有一定的色素，例如，叶绿素可使油脂呈绿色、胡萝卜素使油脂呈黄色或橙色等，利用活性炭或活性白土进行吸附，去除油脂里的成色物质。

④ 脱臭　去除油脂中引起臭味的物质，如脂肪酸氧化产物的哈喇味、浸出油脂的溶剂味、碱炼油脂中的肥皂味和脱色油脂的泥土味等，一般是将热蒸汽在高真空状态下处理（如250℃、6mmHg[●]压力下处理 30min），以去掉挥发性物质。

油脂精炼期间的营养变化主要是高温的氧化破坏和吸附脱色的结果，影响较大的是维生素 E 和胡萝卜素的损失。

2. 脂肪的改良

脂肪改良主要是改变脂肪的熔点范围和结晶性质，以及增加其在食品加工时的稳定性。

（1）分馏　分馏是将三酰甘油酯高熔点和低熔点部分的物理性分离，而无化学性质的改变。但是，由于分馏可使高熔点部分的油脂中多不饱和脂肪酸的含量降低，故影响其营养价值。

（2）相互酯化　相互酯化即酯交换，是指所有三酰甘油酯的脂肪酸随机化的化学过程，采用酶促水解和酶促定向酯交换，可生产出功能性油脂或结构性脂质。

① 采用烷基脂的油脂改良　如将棕榈油与油酸乙酯进行交酯化后，获得一种液体的甘油三酯的油脂，经蒸馏除去饱和脂肪酸乙酯后，该油脂适于生产色拉油。

② 起酥油　由于猪油的结构粗糙，人们广泛地研究将它用作起酥油。猪油含有大量的棕榈酸，在随机化后能使猪油组织细腻，改善了猪油的塑性范围，成为优良的起酥油。

③ 人造奶油　对同一个甘油三酯分子来说。短链脂肪酸具有较好的熔化性能，而长链脂肪酸则赋予人造奶油足够的硬度，通过采用随机化油的混合物，得到的人造奶油具有良好的涂布性能、高温下的稳定性以及令人愉快的口味。

④ 糖果专用油脂　利用月桂酸类油脂与某些普通油脂交酯化的混合物，可代替价格昂贵的可可脂。

3. 油脂的氢化

油脂的氢化是在加热含不饱和脂肪酸多的植物油时，加入金属催化剂（镍系、铜-铬系等），通入氢气，使不饱和脂肪酸分子中的双键与氢原子结合成为不饱和程度较低的脂肪酸，其结果是油脂的熔点升高（硬度加大）。因为在上述反应中添加了氢气，而且使油脂出现了"硬化"，所以经过这样处理而获得的油脂与原来的性质不同，叫做"氢化油"或"硬化油"。

氢化主要是脂肪酸组成成分的变化，包括了脂肪酸饱和程度的增加（双键加氢）和不饱

　[●]　1mmHg＝133.322Pa

和脂肪酸的异构化。在植物油的脂肪酸中含有一个、二个、三个或更多个不饱和双键，每一个双键按其在分子中的位置和环境不同，异构化和氢化的速率也不相同。氢化油脂广泛用于食品加工，因为它不但能够增加油脂的稳定性，还会增加食物的可口程度。这些氢化油广泛应用于人造黄油、起酥油、增香巧克力糖衣和油炸用油。

在将植物油氢化制成人造奶油的生产过程中，双键可以从顺式变成反式，即形成反式脂肪酸。近年来研究表明，摄入反式脂肪酸可使血中低密度脂蛋白含量增加，同时引起高密度脂蛋白降低，不仅影响人体的免疫系统，还会增加人们患心脑血管疾病的风险。膳食中的反式脂肪酸每增加 2%，人们患心脑血管疾病的风险就会上升 25%。反式脂肪酸对人的心脏的损害程度远远高于任何一种动物油，因此，在摄入氢化植物油加工的各种快餐食品如汉堡、乳酪、冰激凌、薯条、炸鸡翅等时要谨慎。

二、油脂的酸败

油脂或含油食品在贮藏时由于在空气中长时间暴露，或者受到不利理化因素的影响，产生不愉快的气味、变苦甚至生成有害物质，这种脂肪变质的现象即为脂肪的酸败。酸败后的脂肪营养价值降低，脂溶性维生素、脂肪酸等被破坏，发热量也降低，甚至产生苦味或臭味，不但味道不好，而且有毒，不能食用。

酸败有两种常见类型，即水解酸败和氧化酸败。

1. 水解酸败

水解酸败是脂肪在高温加工或者在酸、碱、酶的作用下，将脂肪酸分子与甘油分子水解所致。脂肪的水解产物有单酰甘油酯、二酰甘油酯和脂肪酸。完全水解则产生甘油和脂肪酸。

水解本身对食品脂肪的营养价值无明显影响。因其唯一的变化是把甘油和脂肪酸分子裂开，重要的是所产生的游离脂肪酸可产生不良气味，以致影响到食品的感官质量。例如原料乳中，因乳酸含有丁酸、己酸、辛酸等，水解后产生的气味和滋味影响其感官。一些干酪的不良风味，如肥皂样或刺鼻气味等也是水解酸败的结果。

2. 氧化酸败

氧化酸败是影响食品感官质量、降低食品营养价值的很重要的原因。通常，油脂暴露在空气中时会自发地进行氧化，发生性质和风味的改变。这种氧化通常以自动氧化的方式进行，即以一种包括引发、传播和终止三个阶段的连锁反应的方式进行。一旦反应开始，就一直要到氧气耗尽，或自由基与自由基结合产生稳定的化合物为止。即使添加抗氧化剂也不能防止氧化，只能延缓反应的诱导期和降低反应速率。

脂肪酸在自动氧化时可形成氢过氧化物（ROOH）。它们很不稳定，在贮存过程中，甚至在低温时都会断裂和产生歧化反应，形成不同的羰基化合物、羟基化合物和短链脂肪酸。其中某些成分还能进一步进行氧化反应，产生酸、醛、醇、酮、酯、内酯，以及芳香族与脂肪族化合物等，这些分解产物具有明显的不良风味，甚至含量极低时脂类都不可口，即典型的"哈喇味""回生味"。

三、脂类在高温时的氧化作用

在烹调食品中，油炸是食品加工中常用的方法，反复煎炸食物用油脂的营养价值及毒性有如下变化。

1. 生成油脂热聚合物

所有的油脂在煎炸食物过程中，随温度升高黏度越来越大。当温度达到 250～300℃时，同一分子甘油酯中的脂肪酸之间和不同分子甘油酯的脂肪酸之间会发生聚合，使油脂黏度增大。麻油、大豆油、葵花籽油等在275℃加热12～26h或300℃加热10h，均可形成多种形式的聚合体。由于环状单聚体能被机体吸收，所以毒性较强，会引起肝脏损害。三聚体以上由于分子太大，不易被机体吸收，故无毒。

2. 油脂的热氧化反应

油脂在煎炸过程中因与空气接触，其中不饱和脂肪酸首先被空气氧化产生氢过氧化物，然后分解为低级的醛、酮、酸、醇等。这些反应与常温下油脂的自动氧化相同，但反应速率更快。在高温下，低级羰基化合物还能聚合，形成黏稠的胶状聚合物，油炸食品所用的油会逐渐变稠。聚合的速度和程度与油脂的种类有关，亚麻油最易聚合，大豆油和芝麻油次之，橄榄油和花生油则不易聚合。

反复高温处理的油脂随着聚合的不断进行，会由黏稠变成冻状甚至凝固。发生热氧化聚合的油脂含有某些具有毒性的甘油酯二聚物，这种聚合物在体内被吸收后与酶结合，会使酶失去活性而引起生理异常现象，对人体健康有害。在烹饪过程中，要尽量避免高温长时间的加热，减少或防止油脂的热氧化聚合反应的程度，所以油炸用油不宜反复使用。

由于氧是促进油脂氧化聚合的重要因素，所以在油脂烹饪中要尽量减少与空气接触面积，以减轻和防止油脂的氧化聚合。采用密闭煎炸设备或在油脂上层用水蒸气喷雾隔离与空气的接触，都能有效地防止油脂与空气的接触机会。除了氧气是促进油脂热氧化聚合的重要因素外，铁、铜等金属也能催化该聚合反应，所以油炸锅最好选用不锈钢制品。如用一般铁锅，在油炸后，不宜用力洗刷，只需用布擦去表面附着物即可。

3. 生成丙烯醛

油脂在加热中，当温度上升到一定程度时就会发生热分解，产生一系列低分子物质，如丙烯醛是甘油在高温下脱水生成的。丙烯醛具有强烈的辛辣刺激性，能刺激鼻腔并有催泪作用。油在达到发烟点的温度时会冒出油烟，油烟中很重要的成分就是丙烯醛。用质量差、烟点低的油来煎炸食物，较多的丙烯醛就会随同油烟一起冒出。

4. 油煎腌肉可形成致癌物质

腌制的腊肉、咸鱼中含有脯氨酸亚硝铵等化合物，油煎后该物质可转变为具有致癌性的亚硝基吡咯烷。

为了确保煎炸油以及煎炸食品的食品安全性，最大限度地减少营养价值的下降和毒性产物的形成，应注意以下几个问题。

① 煎炸时油温不宜过高，应保持在200℃以下，不但可减轻油脂的热分解，降低油脂的消耗，而且可以保证产品的营养价值和风味质量。

② 加热方式不同，油脂热变性程度也不同，间歇性加热比一次性加热更易变性，因为炸制一段时间停下来后，油脂发生自动氧化，再加热时自动氧化速度大大加快，因此经间歇加热的油脂比连续加热的油脂变性速度更快。

③ 在油中含有微量的金属离子，特别是铜离子和铁离子存在时，油脂的变质速度明显加快，因此油脂加热最好用铝锅或不锈钢锅。

④ 在油中添加抗氧化剂，能大大降低脂肪变质的速度。

四、脂类氧化对食品营养价值的影响

食品中脂类发生的任何氧化作用，都会产生大量的过氧化物，降低必需脂肪酸的含量，还破坏其他脂类营养素如胡萝卜素、维生素等，从而降低食品的营养价值。

过氧化物本身无色、无臭、无味，对脂类和食品的营养价值影响很小。但它本身不稳定，容易发生分解反应，形成各种各样的自由基，引起细胞代谢紊乱，甚至导致组织器官损伤。这是因为自由基对不饱和脂肪酸具有一种特殊的亲和力，在体内最易攻击细胞膜中的不饱和脂肪酸引起膜脂质的过氧化反应，形成过氧化脂质并分解为醛类，再与磷脂和蛋白质结合，导致膜的脆性和通透性升高，膜脂质的流动性下降，从而细胞功能发生不同程度的障碍。自由基的存在，还可进一步危害蛋白质、核酸、酶等大分子物质，使机体发生病变。

第四节　脂类的供给和食物来源

一、脂类与健康

中国营养学会推荐的食用油脂量为每人每天 25g，脂肪摄入过量将引起肥胖，并导致一些慢性病的发生。膳食脂肪总量增加，还会增大某些癌症的发生概率。摄入脂肪不足会导致必需脂肪酸缺乏，不利于人体健康。食物中的脂肪酸有几十种，它们对人体都有一定作用，简单地用"好"和"坏"来评价它们是不科学的。比如，一些人认为胆固醇是一种有害健康的物质，但实际上胆固醇是合成胆汁、肾上腺皮质激素、性激素和维生素 D 的重要物质，只有在过量时才会对人体造成伤害；许多人认为二十二碳六烯酸（DHA）和二十碳五烯酸（EPA）有利于降低血脂，但摄入过量同样不利于健康。因此，只有合理、均衡地摄入各种脂肪酸，才是健康的保证。

二、脂类的营养价值

食用油脂的营养价值主要取决于它的消化率和稳定性、必需脂肪酸的组成及脂溶性维生素的含量。某一种食用油脂的优越性往往是相对而非绝对的，所以应选择消化率高、必需脂肪酸及脂溶性维生素含量丰富，又不易变质的油脂。

1. 消化率

消化率与油脂的熔点有一定的关系，动物脂肪的组成以饱和脂肪酸为多，熔点高，不易被人体消化吸收。植物油的组成则以油酸、亚油酸、亚麻酸等多不饱和脂肪酸为多，熔点低，在室温呈液态，故其吸收率较动物脂肪要高。其中含不饱和脂肪酸越多，熔点就越低。凡熔点高于人体体温的油脂，就难以乳化和消化。例如，牛羊脂的熔点都在 40℃以上，其消化率都约为 81%～88%；而在室温下为液态的植物油以及炼过的猪油和鸡油，其消化率都在 97%～99%，黄油和奶油是乳融性脂肪，易被消化和吸收。

2. 油脂的稳定性

促使油脂变质的原因很多，首先与本身所含脂肪酸和天然抗氧化剂有关，其次是油脂的贮存和加工处理的条件，也会影响其稳定性。

油脂中所含的不饱和脂肪酸双键越多，油脂越容易发生氧化酸败，如鱼、虾等。在一些物理因素的影响下，油脂易于变质，如受阳光直射或贮存温度过高、湿度过大都可促使其氧化变质，另外，动植物组织中含有脂肪酶和各种细菌、霉菌，可使油脂分解，如果用已经发霉的油料种子榨油，其中不饱和脂肪酸可自行氧化生成一系列有害物质，影响身体健康，而且变质后的油脂发热量也低。

3. 脂肪酸的种类及其含量

动植物油脂的营养价值差别较大，虽均富含脂肪酸，但不同油脂中的必需脂肪酸的含量大不一样，如亚油酸在油脂中的含量分别为：豆油 51.7%、玉米油 47.8%、芝麻油 43.7%、花生油 37.6%、菜籽油 14.2%、猪油 8.3%、牛油 3.9%、羊油 2.0%。可见，植物油是必需脂肪酸的最好来源。在动物脂肪中含有胆固醇，饱和脂肪酸与胆固醇形成酯，易在动脉内膜沉积，发生动脉粥样硬化；而植物油中的必需脂肪酸可防治高脂血症和高胆固醇血症，尤其是米糠油、玉米油中含较多的植物固醇，如谷固醇、豆固醇具有阻止胆固醇在肠道被吸收的功能，从而可预防血管硬化，促进饱和脂肪酸和胆固醇代谢。因此，动物固醇对心血管病人不利，而植物固醇则有益，从这一角度来看，植物油的营养价值比动物脂肪要高。

4. 脂溶性维生素的含量及其种类

脂溶性维生素都能溶解在油脂中，而且随同油脂一道被消化吸收。饮食中如果缺少油脂，这些维生素的吸收则要受到很大的影响。动物脂肪中以奶油营养价值较高，含有一定量的维生素 A 和维生素 D，是其他动植物油脂所欠缺的。而植物油中的维生素 A、维生素 D 以及胡萝卜素能溶于油脂中，容易被人体所吸收。植物油还是维生素 E 的最好来源，由于维生素 E 具有抗氧化的作用，所以植物油较动物脂肪不容易发生氧化酸败。

三、脂类的供给量和脂类营养的平衡

膳食中脂肪的供给量受饮食习惯、季节、气候等因素的影响，如在寒冷的冬季，身体需要多产热量保暖，在野外工作的人或重体力劳动者，热量消耗得多，就应多吃些油脂。而在炎热的夏天，人的食欲往往不佳，加上因出汗喝水多，冲淡了胃液，消化功能减低，就应少吃油。此外，患肝胆疾病的人，胆汁分泌减少，脂肪不易消化，不宜多吃油；患痢疾、急性肠胃炎、腹泻的人，由于胃肠功能紊乱，不宜吃油腻的食物；过多地摄取油脂是身体发胖的因素之一，中年以后，如果活动量少，又不注意锻炼，吃油脂类过多的食物，皮下和内脏如心、肝、肾等器官外堆积大量的脂肪，就会加速脏器早衰和病变，使血管硬化，引起高血压、冠心病等疾病。

近年来，大量研究发现，脂肪摄入过多容易引发肿瘤发病。世界上许多国家和地区，在不同时期的流行病学调查结果都认为高脂肪膳食摄入的人群中，结肠癌和乳腺癌发病率及死亡率均高，动物脂肪摄取量与这两种癌症的发病率及死亡率呈正相关。关于胆固醇与肿瘤的关系也有研究，高胆固醇被认为是动脉硬化症的主要危险因素之一。但有人发现肿瘤发病率与血胆固醇呈负相关，如血胆固醇低于 180mg/100ml 的人群中癌症发病率为血胆固醇高于 269mg/100ml 的人群的 4 倍。无论男女、黑人白人，各种肿瘤患者血胆固醇都较低。

世界各国对脂类的摄入没有一个统一的标准。中国营养学会建议每日膳食中由脂类供给的能量占总能量的比例。儿童和少年为 25%~35%，成人 20%~25% 为宜，一般不超过 30%，即每日摄取脂肪量约为 50g 就可满足机体的需要。身体肥胖者，还应适当减少。胆固醇的含量应在 300mg 以下，同时，还应供给适量的维生素 E 和磷脂。

另外，每天所摄入的脂类中，应有一定比例的不饱和脂肪酸，一般认为必需脂肪酸的摄入量不少于总能量的 3%，脂肪中的 P/S（多不饱和脂肪酸与饱和脂肪酸的比例）值约为 1。

四、不同脂蛋白对人体健康的影响

由于各种脂蛋白所含蛋白质和脂类的组成和比例不同，它们的密度、颗粒大小各异。采用超速离心法，根据密度及沉降速率的不同，将脂蛋白分为：乳糜微粒（chylomicron，CM）、极低密度脂蛋白（very low-density lipoprotein，VLDL）、低密度脂蛋白（low-density lipoprotein，LDL）、高密度脂蛋白（high-density lipoprotein，HDL）。

1. 乳糜微粒（CM）

由小肠黏膜细胞合成，其主要功能是运输外源性甘油三酯和胆固醇，即携带由消化道吸收的脂质以 CM 形式进入血液。近年来研究表明，餐后高脂血症（主要是 CM 浓度升高），也是冠心病的危险因素，因而可能与动脉粥样硬化有关。

2. 极低密度脂蛋白（VLDL）

由肝脏合成。肝脏能将体内过剩的碳水化合物转变成甘油三酯，以及与脂库动员出的游离脂肪酸合成 VLDL，所以 VLDL 是内源性甘油三酯由肝脏运输至全身的主要形式。目前多数学者认为，血浆中 VLDL 水平升高是冠心病的危险因素。

3. 低密度脂蛋白（LDL）

LDL 是运输胆固醇的主要形式。正常情况下，LDL 是由 VLDL 代谢生成，所以它所携带的胆固醇是在肝脏内合成的。LDL 可通过细胞膜上的受体使胆固醇进入外周细胞被利用，是所有血浆脂蛋白中首要的致动脉硬化的脂蛋白。

4. 高密度脂蛋白（HDL）

主要由肝脏和肠壁合成。是外周组织中的胆固醇被转运到肝脏代谢和排出体外的唯一途径。HDL 水平与动脉粥样硬化的危险性之间呈负相关。

五、脂类的食物来源

人类的膳食脂肪来源主要是动物性脂肪和植物性脂肪。含磷脂较多的食物为蛋黄、肝脏、大豆、花生、麦胚。富含胆固醇的食物是动物内脏、蛋类。常见食物脂类含量见表 5-3。

表 5-3 常见食物脂类含量

食 物	总脂肪/%	亚油酸（占总脂肪的比例）/%	胆固醇/(mg/100g)
稻米	0.6	31.7	—
大豆	16.0	52.9	—
牛肝	3.9	12.8	297
猪脑	9.8	1.7	2571
猪肉（肥）	90.4	10.7	109
鸡肉	16.8	21.5	106
牛奶	3.2	5.3	15
全鸡蛋	9.0	14.2	585
鸡蛋黄	23.2	11.8	1510
草鱼	5.2	17.0	86
菜籽油	99.9	16.3	—
豆油	99.9	51.7	—

注：引自食物成分表，1991 年。

1. 植物性油脂来源

植物性油脂以豆油、花生油、菜籽油、芝麻油、玉米油、葵花籽油等为主，它们消化率较高，一般都在 98% 以上；不饱和脂肪酸含量较高，有的植物油还富含维生素 E，能延长贮存时间。此外，坚果类如核桃等也是植物油脂的一大来源。

2. 动物性油脂的来源

首先，动物性食物如猪肉、牛肉、羊肉以及它们的制品都含有大量脂肪，其次，用于烹调的动物油脂和动物内脏都富含油脂，饱和脂肪酸含量较多，胆固醇也较高，故《中国膳食指南》中提出少吃荤油。奶油和黄油都是从牛奶中提炼而成的，它们都富含维生素 A 和维生素 D，易被人体吸收利用。

总之，摄入动物脂肪过多，对健康不利。长期食用高热能、高脂肪、高胆固醇，而同时缺乏微量元素的膳食，可导致高血压、冠心病、高血脂等疾病，某些癌症的发病也与脂肪摄入过多、纤维素摄入不足有关。如西方人的饮食结构比较单一，多是高脂肪的食品（烤肉、汉堡、牛奶等），所以相对肥胖的人要比中国多得多，各种所谓"富贵病"的发病率也往往高于中国。含胆固醇较高的食物有动物的脑、肾、心、肝和蛋黄等。植物性来源的食物不含胆固醇。水果、蔬菜、谷类、坚果和豆类含有植物固醇，植物固醇可降低血胆固醇的含量。

思 考 题

1. 脂类的生理功能有哪些？
2. 什么是必需脂肪酸？必需脂肪酸有哪些重要的生理功能？
3. 动物性油脂和植物性油脂的区别有哪些？
4. 常见的类脂质包括哪些物质？各有什么生理功能？
5. 脂类在高温处理时发生哪些变化？
6. 衡量脂类的营养价值有哪些标准？
7. 脂类的食物来源有哪些？

第六章 维 生 素

学习目标

1. 掌握水溶性维生素和脂溶性维生素的分类，常见维生素的生理意义、缺乏症状及主要食物来源。
2. 理解食品加工中维生素损失的一般情况。
3. 了解类维生素的特点。

第一节 概 述

维生素是维持细胞正常生理功能所必需的一类微量天然有机化合物。人类对维生素的认识是从研究维生素缺乏症开始的。在隋唐时中国医药书籍上就记载用谷皮熬成米粥预防脚气病，即维生素 B_1 缺乏症，1642 年国外对这种疾病也进行了描述。癞皮病会对人类健康造成严重的威胁和后果，尤其是在以玉米为主食且蛋白质摄入不足的地区易发生，直到 1937 年分离出烟酸并用它治好动物的癞皮病才发现实际上这是一种烟酸缺乏症。

一、维生素的共同特点

虽然维生素种类很多，化学结构差别很大，生理功能各异，但它们都具有以下共同特点。

① 维生素或其前体都在天然食物中存在。

② 一般在人体内不能合成，或合成量少而不能满足机体需要，也不能充分贮存于组织中，必须经常由食物来供给。

③ 它们在体内既不提供能量，也不是机体的组成成分。

④ 它们参与维持机体正常生理功能，需求量极少，通常以 μg 或 mg 计，但是当膳食中缺乏维生素或吸收不良时可产生特异的营养缺乏症。

近年来的研究表明，有些维生素的作用并非只限于预防维生素缺乏病，在预防多种慢性退化性疾病方面也发挥着营养保健作用。

二、维生素命名与分类

（一）维生素命名

维生素命名的四个原则：①按发现顺序，一般按其被发现的先后以拉丁字母顺序命名，如维生素 A、B 族维生素、维生素 C、维生素 D、维生素 E 等，还有发现时以为是一种，后来证明是多种维生素混合存在，在拉丁字母下方标注 1、2、3 等数字加以区别，如维生素 B_1、维生素 B_2 等；②按生理功能命名，如抗干眼病维生素、抗癞皮病维生素、抗坏血酸、抗佝偻病维生素等；③按化学结构名称，如视黄醇、硫胺素、核黄素、钴胺素等；④按来源或分布命名，如叶酸、泛酸等。有的维生素名称相互混淆，如称维生素 B_2 为维生素 G，泛

酸为维生素 B_3，烟酸为维生素 B_5，叶酸为维生素 M 或维生素 R，生物素为维生素 H。苦杏仁苷被国外一些营养学家称为维生素 B_{17}，这一命名尚未被世界学术界所公认。还有人将精氨酸、甘氨酸和半胱氨酸三者混合物叫作维生素 B_4 等。其实它们并非维生素。因此，维生素名称无论从拉丁字母或阿拉伯数字顺序来看都是不连贯的。

（二）维生素分类

维生素的种类很多，化学结构与生理功能各不相同，营养学上通常根据溶解性分为两大类。

1. 脂溶性维生素

脂溶性维生素包括维生素 A、维生素 D、维生素 E、维生素 K。它们溶于脂肪及脂溶剂而不溶于水。在食物中常与脂类共同存在，在酸败的脂肪中易破坏。脂溶性维生素随脂肪经淋巴系统吸收，吸收后大部分积存在体内。故脂溶性维生素摄入过多时，可引起中毒，但摄入过少时，可缓慢地出现症状。

2. 水溶性维生素

水溶性维生素包括 B 族维生素、维生素 C 和维生素 PP 等。它们溶于水而不溶于脂肪及脂溶剂。水溶性维生素经血液吸收过量时，多余部分很快从尿中排出，体内仅有少量贮存，所以水溶性维生素一般无毒性，但极大量摄入时也可出现不良反应。如摄入过少，可较快地出现缺乏症状。

已知与人体健康明确有关的主要维生素的一般特征见表 6-1。

表 6-1 主要维生素的分类、生理功能、缺乏症状和良好食物来源

类　别	代表字母（其他名称）	生理功能	缺乏症状	良好食物来源
水溶性维生素	维生素 C（抗坏血酸）	抗氧化、胶原合成中羟化酶的辅助因子、防治癌症	坏血病、伤口愈合缓慢、牙龈出血，毛囊周围轮状出血	辣椒、菜花、番茄等深色蔬菜、柑橘、柠檬、猕猴桃等
	维生素 B_1（硫胺素、抗神经炎维生素）	氧化脱羧酶的辅酶	脚气病、多发性神经炎、心脏功能紊乱、消化功能减弱	啤酒酵母、瘦猪肉、豆类等
	维生素 B_2（核黄素）	黄酶的辅酶，递氢作用	口角炎、唇炎、舌炎、眼部症状、皮炎	动物肝脏、瘦肉、乳类、蛋类、豆类、牡蛎等
	维生素 B_5（维生素 PP、烟酸、尼克酸、抗癞皮病维生素）	脱氢酶的辅酶，递氢作用	癞皮病：腹泻、皮炎、痴呆	酵母、动物内脏、瘦肉、豆类、花生及全谷等
	维生素 B_6（吡哆醇、抗皮炎维生素）	辅酶的成分参与氨基转移反应、脱羧反应	皮炎、精神状态异常	白色肉类（如鸡和鱼）、动物肝脏、豆类、谷物等
	维生素 B_{11}（叶酸）	参与体内一碳单位转移反应	巨幼红细胞性贫血、婴儿神经管发育畸形	酵母、动物肝脏、绿叶蔬菜、豆类等
	维生素 B_{12}（钴胺素）	变位酶的辅酶，参与体内一碳单位的代谢	巨幼红细胞性贫血，外周神经退化	动物内脏、肉类、鱼类、蛋类
	维生素 B_3（泛酸、遍多酸）	参与酰基转移反应	缺乏很少见：呕吐、疲乏、过敏	酵母、动物内脏、蛋黄、瘦肉、花生、菜花
	维生素 H（生物素）	羧化酶和脱羧酶的成分	缺乏很少见：厌食、恶心	肠道细菌合成；乳类、蛋黄、酵母、肝脏及绿叶蔬菜等

续表

类 别	代表字母(其他名称)	生 理 功 能	缺 乏 症 状	良好食物来源
脂溶性维生素	维生素 A(抗干眼病维生素、抗干眼病醇、视黄醇)	参与视紫红质合成,促进上皮组织细胞的生长与分化,提高免疫力	儿童:暗适应能力下降、干眼病 成人:夜盲症,干皮病	动物肝脏、鱼肝油、胡萝卜等深色菜类
	维生素 D(骨化醇、抗佝偻病维生素)	调节钙、磷代谢	儿童:佝偻病 成人:骨软化症	在皮肤经紫外线照射合成、鱼肝油、强化奶
	维生素 E(生育酚、生育维生素)	抗氧化、维护肌肉和心血管系统的正常功能、提高机体免疫力、预防衰老	婴儿:溶血性贫血 成人:神经和肌肉组织功能异常	植物油脂、麦胚、豆类、坚果类及绿色植物等
	维生素 K(凝血维生素)	促进血液凝固	儿童:新生儿出血性疾病 成人:凝血障碍	肠道细菌合成、绿叶蔬菜、大豆、动物肝脏、鱼类

3. 类维生素

机体内还存在一些物质,尽管不认为是真正的维生素类,但它们所具有的生物活性物质却非常类似维生素,通常称它们为类维生素物质。其中包括生物类黄酮、肉毒碱、辅酶 Q、肌醇、苦杏仁苷、硫辛酸、对氨基苯甲酸 (PABA)、潘氨酸、牛磺酸等。其中牛磺酸和肉毒碱在近年来特别受重视。

三、维生素缺乏的常见原因与预防

若食物中某种维生素长期缺乏或不足可引起代谢紊乱和出现病理状态,形成维生素缺乏症。人体最易缺乏的主要有维生素 A、维生素 D、维生素 B_1、维生素 B_2、维生素 B_6 及维生素 C 等。

1. 维生素摄入量不足

食物是人类获取维生素的主要来源。自然灾害、贫穷等造成的食物供给量不足,膳食结构的不合理以及食物在加工、贮存过程中造成维生素损失等原因都会使维生素摄入量不足。如叶菜先切后洗,其所含有的水溶性维生素从原料中浸(析)出溶于水中,使加工后叶菜中维生素 C 的损失可能高达 80% 以上。

2. 人体吸收利用率降低

维生素在人体内的吸收利用受到很多因素的影响。如脂溶性维生素 D 的吸收需要在胆汁和脂肪的协助下,若胆汁分泌受限以及膳食中脂肪含量低,可引起吸收不足;维生素 B_{12} 在小肠被吸收时需要正常胃液的分泌;茶和咖啡中含有多羟基酚类物质,可破坏硫胺素使其失去活性。

3. 维生素需要量相对增高

维生素需要量因人而异。其值随年龄、性别、生理状况等的不同有差异。如孕妇、乳母和老年人维生素 D 的需要量高于成人;长期服用某些药物如异烟肼(维生素 B_6 的拮抗剂)可使维生素 B_6 需要量增加;硫胺素、核黄素及烟酸与能量代谢密切相关,若能量消耗增加,体内这些维生素的需要量也会增加。

第二节　水溶性维生素

一、维生素 C

1. 结构与理化性质

维生素 C 是一种含有 6 个碳原子的 α-酮基内酯的酸性多羟基化合物。它有防治坏血病

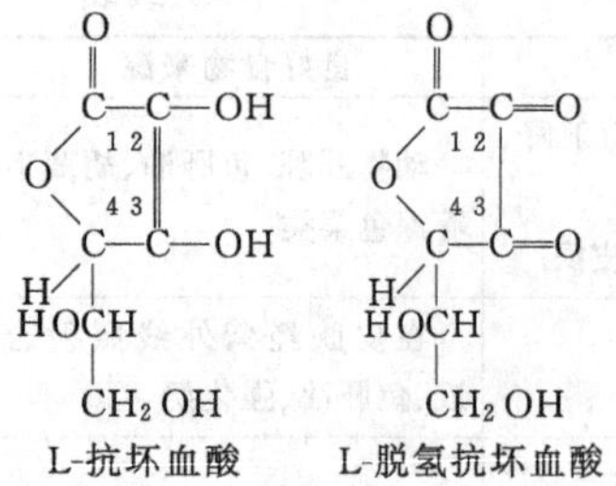

图 6-1　维生素 C 的化学结构

的作用，因而得名抗坏血酸。自然界中存在的抗坏血酸是 L 型，维生素 C 在组织中有两种形式，即还原型抗坏血酸与脱氢型抗坏血酸。两种形式可通过氧化还原互变，都具有生理活性。结构如图 6-1 所示。

维生素 C 为白色晶体，极易溶于水，微溶于乙醇，不溶于有机溶剂，具有明显的酸味及很强的还原性，因而在食品工业中广泛用作抗氧化剂。其水溶液性质极不稳定，易发生氧化分解，在氧、光、热、某些重金属离子（铜、铁等）、氧化酶和碱性物质存在下易被破坏，在酸性溶液中稳定。因此，在加碱处理或加水蒸煮时流失较多，而在酸性溶液、冷藏及密闭条件下损失较少。

2. 生理功能

维生素 C 在体内分解代谢的最终产物是草酸，主要通过尿液排出，当维生素 C 摄入量过多时，组织达到饱和程度，从尿中排出量增大。长期过多服用维生素 C，可能出现草酸尿，增加患尿路结石的危险。

抗坏血酸的生理功能具体体现在如下几方面。

（1）激活羟化酶，促进组织中胶原物质的生物合成　维生素 C 能促进细胞间质中的胶原蛋白合成，维护血管、肌肉、骨骼和牙齿的正常生理功能，有利于组织创伤的愈合。

（2）重要的自由基清除剂，保护生命大分子免受自由基侵害，维持细胞膜完整性　维生素 C 作为体内一种重要的抗氧化剂，参与体内氧化还原过程。这与还原型谷胱甘肽（G-SH）密切有关。谷胱甘肽可以去除生物体内大量的自由基，起到解毒作用，但自身被氧化成氧化型谷胱甘肽（GSSG），而维生素 C 可使 GSSG 又重新还原成 GSH，使后者不断得到补充。

（3）影响脂肪和胆固醇的代谢　抗坏血酸在体内参与肝脏内胆固醇的羟基化作用，促进胆固醇转变为胆酸，减慢组织中胆固醇的积累，从而降低血胆固醇的含量，对防治心血管疾病有一定作用。

（4）改善铁、钙和叶酸的利用　抗坏血酸作为强还原剂能将 Fe^{3+} 还原为 Fe^{2+}，促进铁的吸收，并促进运铁蛋白的铁转移到器官铁蛋白中，以利于铁在体内的贮存。抗坏血酸能在胃中形成一种酸介质，防止生成不溶性钙配合物，以利于钙的吸收。缺铁性贫血和巨幼红细胞性贫血用维生素 C 作辅疗，可取得良好的效果。

（5）增强机体对外界环境的应激能力　在应激状态（如外科手术、发烧、烧伤、有毒、精神激动等）下，维生素 C 含量急剧下降，说明维生素 C 可以提高对疾病的抵抗力，它和类固醇激素的合成和分泌有关。

（6）提高机体免疫力，抗肿瘤　维生素 C 在防治癌症方面有独特功用，能阻断致癌物亚硝胺生成，能合成透明质酸酶抑制物，阻止癌细胞的扩散，还能减轻抗癌药物的副作用，对防治癌症有良好效果。

3. 供给量与食物来源

实验证明，成人每日摄取 10mg 维生素 C 不仅可预防坏血病，而且还有治疗作用。各国供给量不同，考虑到维生素 C 摄入量较高可以增进健康、提高机体对疾病的抵抗力，以及中国居民维生素 C 的实际摄入量已大大提高，中国营养学会推荐成年人维生素 C 的推荐摄入量（RNI）为 100mg/d，比 1988 年的供给量有较大幅度的提高。对于维生素 C 的可耐受最高摄入量（UL），中国营养学会建议成年人 UL≤1000mg/d（表 6-2）。

维生素 C 主要存在于植物性食物中，分布很广，动物性食品中一般较少。蔬菜中番茄、辣椒、豌豆苗、韭菜、花菜、苦瓜等以及水果类如柑橘、橙、鲜枣、山楂、猕猴桃、草莓、番石榴等含量较高。维生素 C 在贮存、加工、烹调过程中极易破坏，所以蔬菜和水果应尽可能保持新鲜、生吃。

二、维生素 B₁

1. 结构与理化性质

维生素 B₁ 由一个嘧啶环通过亚甲基桥连接在一个噻唑环上所组成，分子中含有氨基和硫元素，所以也称硫胺素。结构如图 6-2 所示。

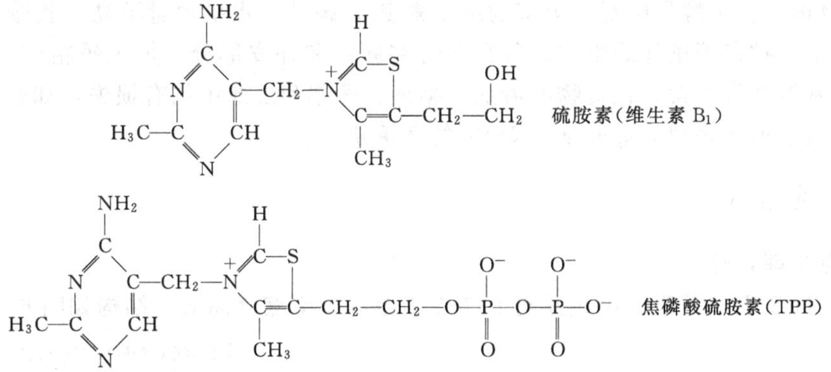

图 6-2　维生素 B₁ 和 TPP 的化学结构

常见的硫胺素以盐酸盐的形式存在，即盐酸硫胺素。略带酵母气味，易溶于水，微溶于乙醇，在干燥和酸性溶液中均稳定，在碱性环境中，特别是在加热时加速其分解破坏，不耐高温，温度越高，硫胺素破坏越多，所以一般烹调温度下对其影响不大（损失 25%），但在高压锅和碱性溶液中极易破坏。

某些食物成分中含有抗硫胺素因子，如鲜鱼和甲壳类（鲤鱼、鲱鱼、青蛤和虾等）体内含有硫胺素酶，能裂解硫胺素，此酶可被热钝化，所以不要生吃鱼类和甲壳类；金枪鱼、猪、牛肉的血红素蛋白也有抗维生素 B₁ 的活性，食用前应加热处理。红色甘蓝、茶和咖啡中含有多羟基酚类物质，可破坏硫胺素使其失去活性，长期大量食用此类食物可能出现硫胺素缺乏。饮入大量酒精也会影响维生素 B₁ 的吸收与利用。

2. 生理功能

（1）辅酶功能　硫胺素形成的焦磷酸硫胺素（TPP）在体内参与两个重要的反应：一是作为糖类代谢中氧化脱羧酶的辅酶，参与三大营养素的分解代谢和产生能量；二是作为转酮醇酶的辅酶参与转酮醇作用，直接影响体内核酸合成和脂肪酸合成。因此，硫胺素是体内参与糖的代谢和促进能量代谢的关键物质。

（2）非辅酶功能　维护神经和消化系统的正常功能，促进生长发育。焦磷酸硫胺素参与糖类的中间代谢和能量代谢，若硫胺素不足，糖代谢受阻，丙酮酸在组织中积累，造成神经组织能源不足和脑的功能下降，可能出现相应的神经系统病变。硫胺素还参与神经递质乙酰胆碱的代谢和合成，增强神经传导性，有利于胃肠蠕动和消化液的分泌，所以硫胺素可维护神经系统的正常功能，促进胃肠功能。

膳食中长期缺乏维生素 B_1，会发生多发性神经炎，俗称脚气病。成年人患湿性脚气病（组织水肿）时，四肢肿胀，严重的会出现食欲不佳、心悸、心动过速、心脏肿大等症状。患干性脚气病（组织萎缩）时，有肌肉疼痛、便秘、肢端知觉有针刺感，并有精神烦躁、体重下降等症状。

3. 供给量与食物来源

硫胺素与糖代谢密切相关，主要参与能量代谢，供给量与能量消耗成正比，所以硫胺素的摄入量应取决于能量的总摄入量。成人每 4.18MJ（1000kcal）能量需要硫胺素 0.5mg。老人和儿童每 4.18MJ（1000kcal）能量需要硫胺素 0.5～0.6mg。中国营养学会 2013 年推荐 RNI：成年男性为 1.4mg/d，成年女性为 1.2mg/d。硫胺素的 UL 为 50mg/d（表 6-2）。

硫胺素广泛存在于各类食物中。啤酒酵母、谷物、杂粮、豆类、硬类、肉类（特别是瘦猪肉）、动物内脏及干酵母中都含丰富的维生素 B_1，蔬菜、水果含量不高。硫胺素含量受到食物种类、加工贮存等条件的影响。谷类多含在胚芽和外皮部分，加工越精细，损失越多。因硫胺素是水溶性维生素，在食物的清洗、整理、烫漂和沥滤中均有损失，如长期食用精白米、精白粉或烹调不当都会造成维生素 B_1 的严重缺乏。

三、维生素 B_2

1. 结构与理化性质

维生素 B_2 又名核黄素，由核醇与 6,7-二甲基异咯嗪缩合而成。结构如图 6-3 所示。

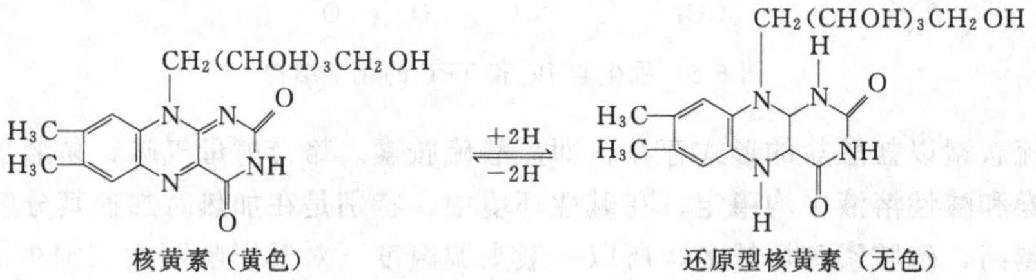

图 6-3　维生素 B_2 的化学结构

维生素 B_2 是橙黄色针状结晶，溶于水，极易溶于碱性溶液，在干燥状态、中性或酸性溶液中对热及氧化稳定，但在碱性环境中易于分解破坏。游离型核黄素对日光照射，特别是对紫外光照射高度敏感，在碱性溶液中可光解为光黄素而丧失生物活性。牛奶中的核黄素 40%～80% 为游离型，当牛奶暴露于强阳光下 2h 可损失 50% 以上的维生素 B_2，其破坏程度还随温度和 pH 增高而增加，所以牛奶宜避光保存。核黄素在食物中多与磷酸和蛋白质以结合型的形式存在，在大多数食品加工条件下都很稳定，对光也比较稳定。

2. 生理功能

维生素 B_2 参与体内生物氧化与能量代谢，是蛋白质、脂肪和糖类的代谢所必需的重要物质。维生素 B_2 具有抗氧化性，参与体内的抗氧化防御系统和药物代谢。维生素 B_2 也参与维生素 B_6 和烟酸的代谢，因此在严重缺乏时常常混有其他 B 族维生素的缺乏症状。

核黄素缺乏时，物质和能量代谢发生障碍，可引起多种病变，如口角炎、唇炎、舌炎、皮炎等。长期缺乏还可导致儿童生长迟缓，轻中度缺铁性贫血。

3. 供给量与食物来源

维生素 B_2 供给量与能量代谢成正比，维生素 B_2 需要量还与蛋白质摄入量有关。中国规定一般成人按 0.5mg/1000kcal 供给。与维生素 B_1 一样，目前均以每天所需摄入量表示，中国居民膳食核黄素的 RNI 成年男性为 1.4mg/d，成年女性为 1.2mg/d（表 6-2）。

维生素 B_2 广泛存在于食物中，动物性食品含量比植物性食品含量高。维生素 B_2 含量丰富的食物有酵母、动物内脏（肝、肾、心等组织）、乳类、蛋类、豆类及发芽种子如豆芽及绿叶蔬菜等。

四、烟酸

1. 结构与理化性质

烟酸即维生素 PP 或维生素 B_5，又称尼克酸、抗癞皮病维生素，是吡啶-3-羧酸及其衍生物的总称，包括烟酸和烟酰胺。烟酸的基本结构如图 6-4 所示。

烟酸溶于水及乙醇，性质比较稳定，能耐热、光和氧，不易被酸、碱所破坏，一般的烹调方法对其影响极小，是维生素中最稳定的一种。

图 6-4　维生素 PP 的化学结构

2. 生理功能

烟酸在体内参与蛋白质、脂肪、糖类和 DNA 代谢，并可维护皮肤、消化系统及神经系统的正常功能。烟酸作为葡萄糖耐量因子的成分，具有增强胰岛素效能的作用。此外，烟酸还可扩张末梢血管，降低血清胆固醇水平。

烟酸缺乏则能量代谢受阻，神经细胞得不到足够的能量，致使神经功能受影响，烟酸缺乏症又称癞皮病，典型症状为皮炎、腹泻和痴呆，即"三 D"症状。患癞皮病时，尤以皮炎最为突出，皮炎仅发生在与阳光接触的身体裸露部分，如脸、颈、手臂、足背等，有对称性晒斑样损伤，皮肤粗糙，色泽变为暗红色或棕色，发病区与健康区域界限分明。当胃肠道黏膜受影响时，患者出现腹泻等症状，进而头痛、失眠，重症产生幻觉、神志不清甚至痴呆等。

3. 供给量与食物来源

烟酸供给量与能量成正比，中国规定成年人应按 5mg/1000kcal 供给。色氨酸在体内可转变为维生素 PP，平均 60mg 色氨酸转变为 1mg 维生素 PP（需维生素 B_2、维生素 B_6 参与）。所以烟酸除了直接从食物中摄取以外，还包括色氨酸代谢部分，膳食中烟酸的参考摄入量以烟酸当量（NE）表示，即：烟酸当量（mg）＝烟酸（mg）＋1/60 色氨酸（mg）。2013 年中国营养学会推荐烟酸的 RNI 成年男性为 15mg NE/d，女性为 12mg NE/d，成年人 UL 为 35mg NE/d（表 6-2）。

烟酸广泛分布于动植物食物中，但多数含量不高。动物性食物以烟酰胺为主，植物性食物以烟酸为主，两者有同样的生物学效价。含量丰富的食物有酵母、动物内脏、瘦肉、豆类、花生及全谷等。

玉米中所含烟酸大部分以结合型为主（约 70%），不能为人体利用，若用 0.6%～1.0% $NaHCO_3$ 煮熟处理可使烟酸释放，易被机体吸收。色氨酸是烟酸的潜在来源，牛奶、鸡蛋的烟酸含量虽很低，但色氨酸含量丰富，所以烟酸也随之增高，但以色氨酸为前体来获得烟酸很不经济。

五、维生素 B₆

1. 结构与理化性质

维生素 B₆ 是吡啶的衍生物，包括吡哆醇、吡哆醛和吡哆胺三种形式，它们可以相互转变，同等有效。结构如图 6-5 所示。

维生素 B₆ 为白色结晶，易溶于水及乙醇，耐热，在酸性溶液中稳定，但在碱性溶液中易破坏，对紫外光很敏感。

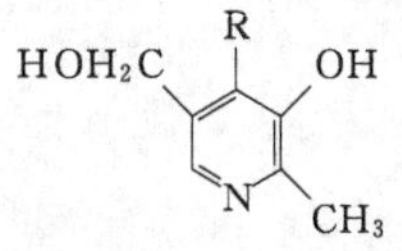

R=—CH₂OH　吡哆醇
R=—CHO　　吡哆醛
R=—CH₂NH₂　吡哆胺

图 6-5　维生素 B₆ 的化学结构

2. 生理功能

维生素 B₆ 在体内主要以磷酸吡哆醛的形式作为辅酶参与蛋白质、脂肪及糖原代谢，其中多数与氨基酸的代谢有关，参加的代谢反应有转氨基、脱羧基、侧链裂解、脱水及转硫化作用。此外，维生素 B₆ 还是催化肌肉与肝脏中的糖原转化为 1-磷酸葡萄糖的磷酸化酶的辅基，参与某些神经递质如 5-羟色胺、γ-氨基丁酸、牛磺酸、CoA 等的生物合成，参与亚油酸转变为花生四烯酸以及胆固醇的合成与转运等，是能量产生、氨基酸和脂肪代谢、中枢神经系统的活动及血红蛋白生成等所需的重要物质。

3. 供给量与食物来源

由于维生素 B₆ 与蛋白质的代谢密切相关，所以维生素 B₆ 的供给量与蛋白质摄入量成正比，中国营养学会 2013 年提出中国居民膳食维生素 B₆ 的 RNI 值，一般成人为 1.4mg/d（表 6-2）。

维生素 B₆ 在食物中分布很广，一般不会缺乏。含维生素 B₆ 较高的食物有白色肉类（如鸡和鱼）、动物肝脏、豆类、谷物、水果及蔬菜等。肠道细菌也可合成一部分维生素 B₆。

六、叶酸

1. 结构与理化性质

叶酸即维生素 B₁₁，由蝶酸和谷氨酸结合而成，又称蝶酰谷氨酸。1941 年从菠菜中分离出来而得名。结构如图 6-6 所示。

叶酸为黄色晶体，微溶于水，很易分解，在中性和碱性环境中稳定，易被光、热和酸破坏。叶酸可被还原成二氢叶酸（FH₂）或四氢叶酸（FH₄），FH₂ 或 FH₄ 在空气中易氧化降解。还原剂硫醇、半胱氨酸或维生素 C 可阻止 FH₂ 或 FH₄ 的氧化作用，所以维生素 C 可保护叶酸。

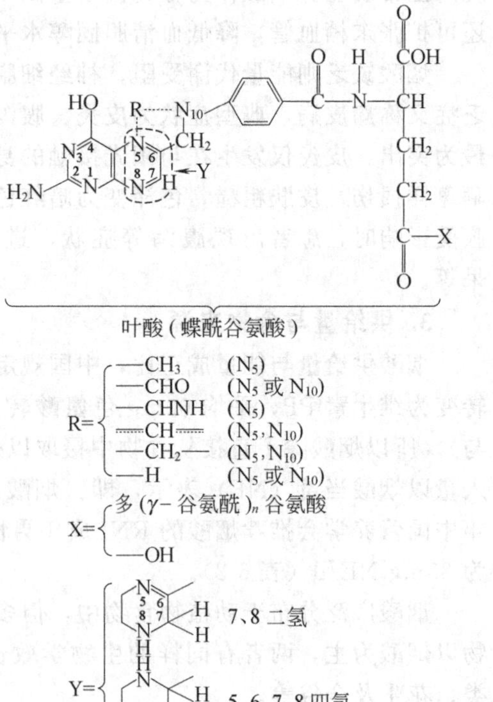

2. 生理功能

叶酸吸收后在维生素 C 和还原型辅酶Ⅱ参与下转变为具生物活性的 FH₄。主要功能是参与一碳单位的转移，对氨基酸代谢、核酸合成及蛋白质的生物合成均有重要影响，具有造血功能，对正常红细胞形成有促进作用。

图 6-6　维生素 B₁₁ 的化学结构

叶酸缺乏时，会引起巨幼红细胞性贫血症，补充叶酸后很快就能恢复，叶酸缺乏还可引起动脉硬化和心血管疾病，近几年研究发现，叶酸对孕妇尤其重要。如在怀孕头3个月内缺乏叶酸，可导致胎儿神经管发育缺陷，从而增加裂脑儿、无脑儿的发生率。其次，孕妇经常补充叶酸，可防止新生儿体重过轻、早产以及婴儿唇腭裂（兔唇）等先天性畸形。

3. 供给量与食物来源

由于叶酸与心血管疾病和出生缺陷密切有关，其摄入量越来越受到重视。叶酸除了可从食物中供给外，还可以叶酸补充剂的形式添加，它是单纯来自食物中叶酸利用率的1.7倍，所以膳食中叶酸的参考摄入量以叶酸当量（DFE）表示，即：膳食叶酸当量（DFE，μg）＝膳食叶酸（μg）＋1.7×叶酸补充剂（μg）。

中国营养学会2013年提出中国居民膳食叶酸的RNI成年人为$400\mu g$ DFE/d（表6-2）。

大剂量服用叶酸可产生一定的毒副作用，影响机体对锌的吸收，中国规定合成叶酸补充剂和食品强化剂的摄入量上限，成年人UL为$1000mg$ DFE/d。

叶酸广泛存在于食物中，一般不会缺乏。良好的食物来源有酵母、动物肝脏、绿叶蔬菜、豆类等。肠道细菌也能合成一些叶酸。

七、维生素 B_{12}

1. 结构与理化性质

维生素 B_{12} 是一切具有氰钴胺素生物活性的类咕啉物质的统称，是目前已知的唯一含金

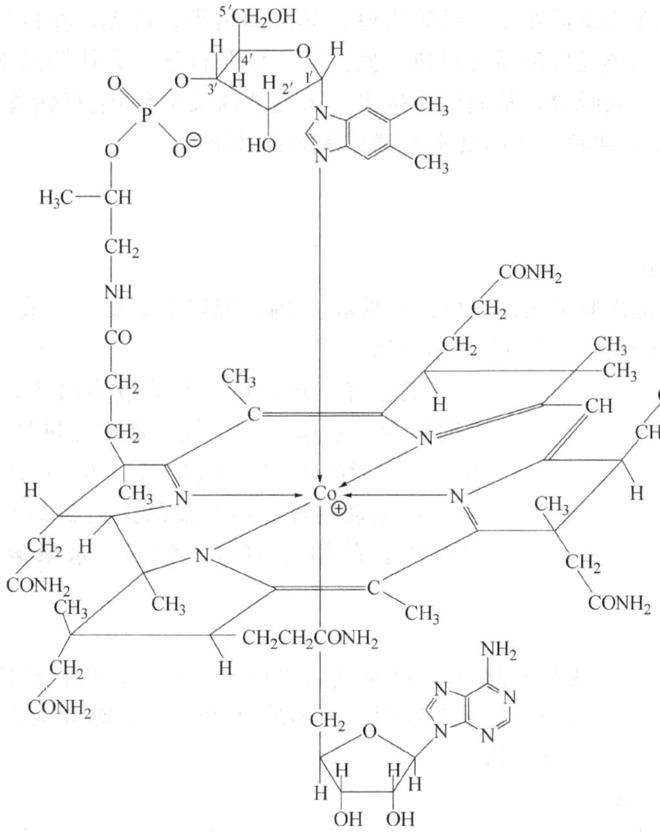

图6-7　维生素 B_{12} 的化学结构

属维生素，在化学结构上也是最复杂的一种维生素。它不是单一的物质，是由几种结构和功能相关的化合物组成的，分子中都含金属钴，又称钴胺素。结构如图 6-7 所示。

维生素 B_{12} 易溶于水，在 pH 为 4.5～5.0 的弱酸条件下很稳定，在强酸或强碱环境中易分解，易被强光、紫外光、氧化剂和还原剂等所破坏。食品一般多在中性或偏酸性范围，故维生素 B_{12} 在烹调加工时破坏不多。

2. 生理功能

维生素 B_{12} 在体内主要贮存于肝脏，肝脏贮存的最大量可达 $2000\mu g$，可满足人体 6 年以上的需要。食物中的维生素 B_{12} 主要由尿、胆汁排出，大部分在回肠被重新吸收，因此维生素 B_{12} 一般不易引起缺乏。

维生素 B_{12} 主要参与体内一碳单位的代谢。维生素 B_{12} 与叶酸的作用常常相互关联，可提高叶酸的利用率，增加核酸和蛋白质合成，有利于红细胞的发育和成熟；甲基钴胺素还是活泼甲基的输送者，在甲基转移作用中使乙醇胺变成胆碱，胆碱与醋酸结合生成乙酰胆碱，由于神经细胞之间依靠乙酰胆碱传递信息，可提高大脑神经细胞之间的信息传递速度；胆碱还对脂肪有亲和力，能防止脂肪在肝脏中的异常积累而发生脂肪肝。因此，维生素 B_{12} 对维护人体正常造血功能和神经髓鞘的代谢有重要作用，参与核酸、脂肪、蛋白质和糖蛋白质的代谢。

缺乏维生素 B_{12} 时可引起巨幼红细胞性贫血症和神经系统损害。

3. 供给量与食物来源

由于体内维生素 B_{12} 可以在回肠被重新吸收，所以需要量极少。中国营养学会 2000 年建议中国居民膳食维生素 B_{12} RNI 成人为 $2.4\mu g/d$（表 6-2）。

维生素 B_{12} 良好的食物来源主要有动物内脏，其次是贝类、蛋类，在植物性食物中一般不含有维生素 B_{12}，但豆类经发酵后可形成一些。在一定条件下，人体肠道细菌也能合成一些维生素 B_{12}，但往往不被吸收，从粪便中排出。虽然体内维生素 B_{12} 可储备，维生素 B_{12} 缺乏症较少发生，但严格素食者，又不食用发酵豆制品者易缺乏。

八、泛酸

1. 结构与理化性质

泛酸即维生素 B_3 也称遍多酸。它由泛解酸和 β-丙氨酸以肽键结合而成。天然存在且具有生物活性的为 D(＋)-泛酸。结构如图 6-8 所示。

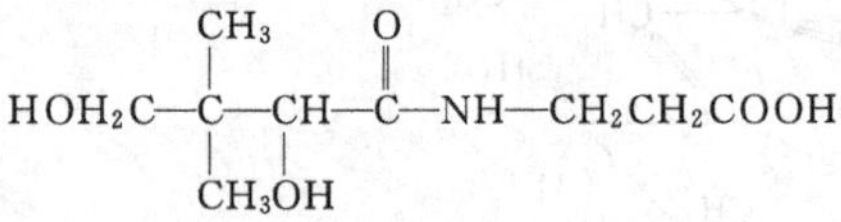

$$HOH_2C-\underset{\underset{CH_3OH}{\overset{CH_3}{|}}}{\overset{\overset{O}{\parallel}}{C}}-CH-C-NH-CH_2CH_2COOH$$

图 6-8 泛酸的化学结构

泛酸溶于水，在中性溶液中耐热，尤其在 pH5～7 时稳定，在酸性和碱性溶液中受热易被破坏。一般的烹调方法影响不大，高温（＞100℃）处理时泛酸损失很大，如动物性的罐头食品损失 20％～30％，植物性的罐头食品损失 46％～78％，水果罐头的泛酸损失达 50％。

2. 生理功能

体内泛酸的生理活性形式是辅酶 A 和酰基载体蛋白，参与许多生化反应，在糖、脂肪和蛋白质代谢的酰基转移过程中，起重要作用。人体缺乏维生素 B_3 时可能使代谢速度减慢，出现过敏、疲劳、胃肠道不适等症状。

3. 供给量与食物来源

目前 FAO/WHO 专家委员会未提出泛酸的供给量标准，从中国现在的膳食结构推测，中国营养学会建议泛酸适宜摄入量（AI）值成人为 5.0mg/d（表 6-2）。

表 6-2 脂溶性和水溶性维生素的 RNI 或 AI

年龄/岁	维生素A RNI/μg RE 男M	女F	维生素D RNI/μg	维生素E AI/mg α-TE	维生素K /g/d	维生素B₁ RNI/mg 男M	女F	维生素B₂ RNI/mg 男M	女F	维生素B₆ RNI/mg	维生素B₁₂ RNI/μg	维生素C RNI/mg	泛酸 AI/mg	叶酸 RNI/μg DFE	烟酸 RNI/mg NE 男M	女F	胆碱 AI/mg 男M	女F	生物素 AI/μg
0~	300(AI)		10(AI)	3	2	0.1(AI)		0.4(AI)		0.2(AI)	0.3(AI)	40(AI)	1.7	65(AI)	2(AI)		120		5
0.5~	350(AI)		10(AI)	4	10	0.3(AI)		0.5(AI)		0.4(AI)	0.6(AI)	40(AI)	1.9	100(AI)	3(AI)		150		9
1~	310		10	6	30	0.6		0.6		0.6	1	40	2.1	160	6		200		17
4~	360		10	7	40	0.8		0.7		0.7	1.2	50	2.5	190	8		250		20
7~	500		10	9	50	1		1.0		1	1.6	65	3.5	250	11	10	300		25
11~	670	630	10	13	70	1.3	1.1	1.3	1.1	1.3	2.1	90	4.5	350	14	12	400		35
14~	820	630	10	14	75	1.6	1.3	1.5	1.2	1.4	2.4	100	5.0	400	16	13	500	400	40
18~	800	700	10	14	80	1.4	1.2	1.4	1.2	1.4	2.4	100	5.0	400	15	12	500	400	40
50~	800	700	10	14	80	1.4	1.2	1.4	1.2	1.6	2.4	100	5.0	400	14	12	500	400	40
65	800	700	15	14	80	1.4	1.2	1.4	1.2	1.6	2.4	100	5	400	14	11	500	400	40
80	800	700	15	14	80	1.4	1.2	1.4	1.2	1.6	2.4	100	5	400	13	10	500	400	40
孕妇 早期	+0		+0	+0	+0	+0		+0		+0.8	+0.5	+0	+1	+200	+0		+20		+0
中期	+70		+0	+0	+0	+0.2		+0.2		+0.8	+0.5	+15	+1	+200	+0		+20		+0
晚期	+70		+0	+0	+0	+0.3		+0.3		+0.8	+0.5	+15	+1	+200	+0		+20		+0
乳母	+600		+3	+3	+5	+0.3		+0.3		+0.3	+0.8	+50	+2	+150	+3		+120		+10

注: 1. α-TE 为 α-生育酚当量; RE 为视黄醇当量; NE 为烟酸当量; DFE 为膳食叶酸当量。
2. 凡表中数字缺如之处未表示未制定该参考值。
3. 引自中国营养学会, 中国居民膳食营养素参考摄入量, 2013 年。

泛酸广泛分布在食物中，主要食物来源有酵母、动物内脏、蛋黄、瘦肉、花生、菜花、卷心菜、全谷粒、牛奶及一些水果等，而且肠道细菌也能合成一部分，所以，一般不致发生缺乏症。谷物中的泛酸在加工过程中损失很大。

九、生物素

1. 结构与理化性质

生物素也称维生素 H、维生素 B_7。食物中天然存在且具有生物活性的为 D-生物素，其结构如图 6-9 所示。

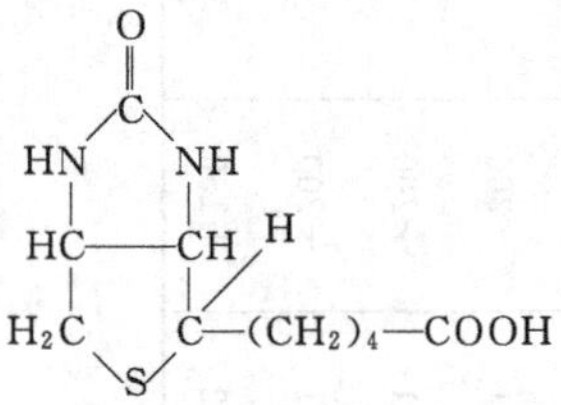

图 6-9　生物素的化学结构

生物素为针状结晶，耐热、光，不易氧化，在中等强度的酸碱溶液中稳定，但强酸强碱可使其失活。一般的食品加工影响不大。

2. 生理功能

作为机体羧化酶和脱羧酶的重要组成成分，在物质代谢和能量代谢中起到重要作用。

生物素在食物中广泛分布，肠道细菌合成生物素的数量也较多，人体很少有缺乏症。生鸡蛋中含有一种能与生物素高度特异结合的抗生物素，能阻止生物素的吸收，这种抗生物素是一种不耐热的糖蛋白，通过加热可使其失去活性，所以不宜生吃鸡蛋。但由于严重营养不良或胃肠道吸收障碍可引起生物素缺乏，症状为干燥的鳞状皮炎、舌炎、食欲减退、恶心、肌肉疼痛、精神压抑及 6 个月以下婴儿的脂溢性皮炎，在给予生物素后以上症状消除。

3. 供给量与食物来源

中国营养学会 2013 年建议中国居民膳食生物素 AI 成人为 $40\mu g/d$（表 6-2）。

生物素广泛存在于天然食物中，尤以乳类、蛋黄、酵母、肝脏及绿叶蔬菜含量较多，谷类中含量不多。肠道细菌也能合成部分生物素。

第三节　脂溶性维生素

一、维生素 A

1. 结构与理化性质

维生素 A 又叫视黄醇或抗干眼病维生素，由 4 个异戊二烯单位构成的 β-紫罗酮环和不饱和一元醇构成。维生素 A 分为维生素 A_1（视黄醇）和维生素 A_2（3-脱氢视黄醇）。维生素 A_1 主要存在于海水鱼的肝脏中，维生素 A_2 主要存在于淡水鱼的肝脏中，二者生理功能相似。维生素 A_1（视黄醇）是维生素 A 的参考标准，通常指的维生素 A 即指视黄醇而言。视黄醇末端的醇羟基可被氧化，生成视黄醛和视黄酸，也可与脂肪酸酯化，生成视黄基酯，它们都是同效维生素。

天然的维生素 A 只存在于动物性食物中，某些有色植物性食物中含有类胡萝卜素，其中一小部分可在体内转变成视黄醇和视黄醛，并具有视黄醇的生理活性，这些类胡萝卜素统称为维生素 A 原，如 α-胡萝卜素、β-胡萝卜素、γ-胡萝卜素和 β-隐黄素。其中以 β-胡萝卜素最重要，具有最高的维生素 A 原活性，它常与叶绿素并存。α-胡萝卜素和 γ-胡萝卜素二者的维生素 A 原活性是 β-胡萝卜素的 1/2。维生素 A 和 β-胡萝卜素的分子结构如图6-10所示。

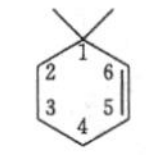

β-紫罗宁

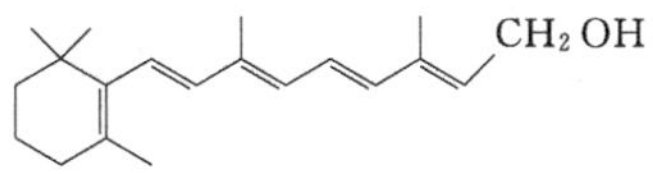

视黄醇，维生素 A_1

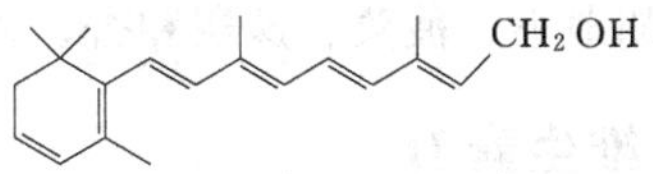

3,4-脱氢视黄醇，维生素 A_2

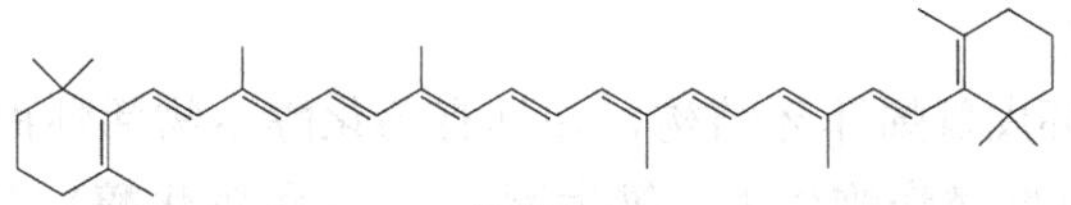

β-胡萝卜素

图 6-10　维生素 A 和 β-胡萝卜素的化学结构

维生素 A 与类胡萝卜素溶于脂肪和脂溶剂中，性质比较稳定，一般加工对其影响不大，但易受氧化、紫外光破坏。高温和金属离子、脂肪酸败可加速其氧化分解。维生素 A 氧化可使其完全失去活性。其氧化速率受酶、水分活度、氧气和温度所影响。在食物中含有磷脂、维生素 E、维生素 C 等抗氧化剂时可增加维生素 A 与类胡萝卜素的稳定性。

2. 生理功能

维生素 A 在体内主要参与细胞膜的结构与功能，其生理功能如下。

① 维生素 A 是眼内感受暗光或弱光物质——视紫红质的主要成分，有保护弱光下视力的作用。维生素 A 缺乏时可使暗适应力下降，导致夜盲症。

② 维护上皮组织健康、预防干眼病。维生素 A 缺乏时可引起细胞角化增生，影响组织器官正常功能，以眼睛、皮肤、呼吸道等最显著。缺乏维生素 A，眼部因泪液分泌减少眼球结膜干燥、变厚失去透明度，严重时导致失明称干眼病，儿童和婴儿在缺乏维生素 A 时易患此病，所以维生素 A 又称抗干眼病维生素。

③ 维生素 A 是一般细胞代谢和结构的重要成分，促进生长发育和繁殖。缺乏时可导致发育不良。

④ 提高机体免疫力，有抗癌作用，预防上皮组织得肿瘤。

维生素 A 是脂溶性维生素，在体内有蓄积性，长期或一次摄入过量维生素 A 可引起中毒。维生素 A 中毒的症状主要有骨和关节疼痛，摄入过量维生素 A 会出现皮肤干燥和瘙痒，脱发、鳞片样脱皮、恶心呕吐、头痛眩晕、视觉模糊、肌肉失调、食欲消失、肝肿大等症状。

3. 推荐摄入量与食物来源

中国居民现在的膳食结构中，维生素 A 的主要来源是胡萝卜素。考虑到胡萝卜素吸收率和生理功效均比较低，有人曾建议供给量中至少应有 1/3～1/2 来自动物性食物的维生素 A，其余的可来自 β-胡萝卜素。

胡萝卜素在体内转化为维生素 A 的值，按常用的换算关系计算。

1 国际单位（IU）维生素 A＝0.3μgRE（RE 为视黄醇当量）

1μg 视黄醇＝1μg RE

1μgRE＝1/6μg β-胡萝卜素＝1/12μg 其他维生素 A 原

即膳食中总视黄醇当量（μgRE）＝视黄醇（μg)＋1/6 β-胡萝卜素（μg)＋1/12 其他维生素 A 原。

中国营养学会建议中国居民膳食维生素 A 推荐摄入量（RNI）：成年男性为每天 800μgRE，成年女性为每天 700μgRE（表 6-2)。

维生素 A 仅存在于动物性食品中，最好的来源是动物肝脏、蛋、全奶、鱼卵，鱼肝油中含量很高，可作为婴幼儿的补充来源。植物性食物中，有色蔬菜和某些水果等都有丰富的胡萝卜素，如胡萝卜、菠菜、辣椒和杏、柑橘等。

二、维生素 D

1. 结构与理化性质

维生素 D 类是指含环戊氢烯菲环结构，并具有钙化醇生物活性的一大类物质。功能上可防治佝偻病，所以又称抗佝偻病维生素，维生素 D_2（麦角钙化醇）及维生素 D_3（胆钙化醇）是最重要的维生素 D。维生素 D_2 是酵母等食物中的麦角固醇经日光或紫外光照射后的产物，但麦角固醇不能被人体直接吸收。维生素 D_3 是由贮存于皮下 7-脱氢胆固醇在日光或紫外光照射下转变而成的。因此，凡经常接受阳光照射者不会发生维生素 D 缺乏症。能转化为维生素 D 的固醇称为维生素 D 原。

维生素 D 结构如图 6-11 所示。

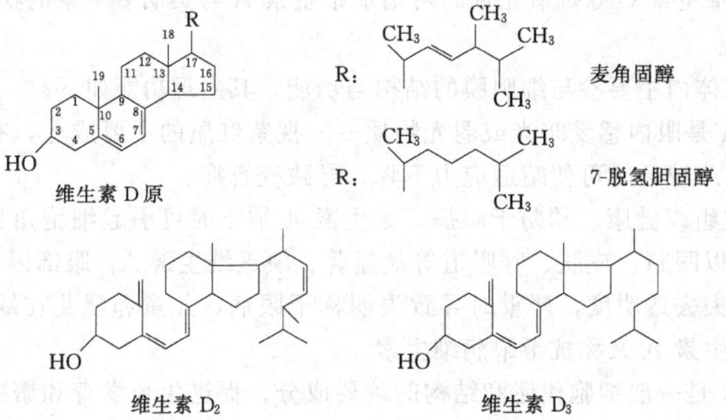

图 6-11　维生素 D 的化学结构

维生素 D 溶于脂肪和脂溶剂中，性质稳定，在中性及碱性溶液中耐高温和抗氧化。但不耐酸。通常的烹调加工不会引起维生素 D 损失，但脂肪酸败可使其受到破坏。在食物中增加抗氧化剂可增加维生素 D 的稳定性。

2. 生理功能

维生素 D 的生理功能主要体现在：促进小肠钙磷吸收利用，通过维生素 D 内分泌系统调节血清钙磷平衡；刺激破骨细胞的形成和活性，对骨骼与牙齿的发育起重要作用；维持血液中正常的氨基酸浓度；调节柠檬酸代谢。

膳食中摄入不足或人体缺乏日光照射是维生素 D 缺乏症的主要原因，严重缺乏时婴儿和儿童可使骨骼和牙齿生长发育障碍引起佝偻病，患儿在初期常因血钙降低而引起神经兴奋性增高，并出现烦躁、夜惊、多汗、食欲不振及易腹泻，如继续加重，前额突出似方匣、鸡胸等。若佝偻病延续至 2～3 岁，则出现脊柱弯曲、弓形腿等骨骼变形，影响婴幼儿的健康。成人缺乏时可使骨骼脱钙引起骨软化症、骨质疏松症、手足痉挛等症，女性发病率高于男性，特别是孕妇、乳母和老年人。

维生素 D 是人体必需的营养素，但与维生素 A 一样，长期摄入过量维生素 D 可引起中毒。通常食物来源的维生素 D 不致过量中毒，但是，过量摄入强化的维生素 D 可产生一定的毒性，尤其是婴幼儿。因此，用维生素 D 强化食品时，应该十分谨慎。其中毒症状包括食欲不振、恶心、皮肤瘙痒、多尿等，进而发展成肾功能减退和心血管系统异常，严重的维生素 D 中毒可导致死亡。

3. 供给量与食物来源

经常接受阳光照射的成人一般不会缺乏维生素 D，但婴幼儿因阳光照射不够，需要适当加以补充。由于人体可以合成维生素 D，目前其确切需要量难以确定。另外维生素 D 的需要量还与膳食中的钙磷浓度、个体生长发育的生理阶段等有关。维生素 D 的活性以维生素 D_3 为参考标准，在食物中的含量以胆钙化醇表示。常用换算关系：1μg 维生素 D_3＝40IU 维生素 D_3。

中国营养学会建议供给量：中国 60 岁以上人群 RNI 为 15μg/d，其他人为 10μg/d，UL 为 20μg/d（表 6-2）。

维生素 D 主要存在于动物性食物中，尤以海水鱼肝脏（如沙丁鱼）、鱼肝油制剂、动物肝脏、奶油和蛋黄含量最为丰富。奶类和瘦肉中维生素 D 不高。天然食物中维生素 D 含量均不高，所以适当地进行日光浴，尤其是对婴幼儿、老年人和特殊工种人群非常重要。

三、维生素 E

1. 结构与理化性质

维生素 E 是指具有 α-生育酚生物活性的含苯并二氢吡喃结构的一类物质（图 6-12）。人体缺乏维生素 E 的主要症状是不能生育，所以称维生素 E 为生育酚。维生素 E 溶于乙醇、脂肪和脂溶剂，对热和酸稳定，但对碱不稳定，易受氧、紫外光破坏，金属离子（如铁离子、铜离子等）、脂肪酸败可加速其氧化分解。

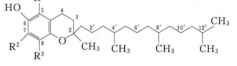

图 6-12　维生素 E 的化学结构

在一般烹调温度下损失不大，但油炸时损失较多。凡引起类脂部分分离、脱除的加工方法与脂肪氧化都可能造成维生素 E 的损失。维生素 E 在食品加工中是一种很好的抗氧化剂，常作为油脂抗氧化剂。

2. 生理功能

① 维生素 E 是一种高效抗氧化剂，抑制不饱和脂肪酸的氧化，与硒协同作用清除自由基，可保持细胞膜的完整性。

② 保持红细胞的完整性，调节体内某些物质的合成。

③ 可以降低血清胆固醇，调节血小板的黏附力和聚集作用，具有抗动脉粥样硬化的功能。

④ 维护骨骼肌、心肌、平滑肌和心血管系统的正常功能。

⑤ 维生素 E 还能提高机体免疫力，预防衰老，与动物生殖有关。

维生素 E 几乎贮存于人体所有的组织中，又可在体内保留比较长的时间，正常情况下很少出现维生素 E 缺乏症。长期缺乏者血浆中维生素 E 浓度下降，引起红细胞寿命缩短，发生溶血性贫血，补充维生素 E 后会显著好转。

与其他脂溶性维生素比较，维生素 E 的毒性较低。但若长期每天大量摄入维生素 E，可引起中毒症状。尤其是婴幼儿对毒副作用更加敏感，若补充维生素 E，宜在可耐受最高剂量以下。

3. 需要量与食物来源

维生素 E 的需求量尚未确定。由于维生素 E 的摄入量与多不饱和脂肪酸的摄入量成正比，有人建议对于成年人每克多不饱和脂肪酸约需 0.4mg 维生素 E。根据新的调查结果和中国膳食结构，中国营养学会建议成人维生素 E 适宜摄入量是 14mg α-TE（α-TE 为 α-生育酚当量）（表 6-2）。

维生素 E 广泛分布在天然食物中，含量受食物种类、收获时间和加工、贮存方法等影响。含量丰富的有各种植物油脂、麦胚、豆类、坚果类及绿色植物，人体肠道内能合成一部分，一般情况下不致缺乏。

目前许多国家已批准维生素 E 作为食品中的抗氧化剂，有的国家将它添到糖果、糕饼、乳制品等食品中作营养强化剂。

四、维生素 K

1. 结构与理化性质

维生素 K 是甲基萘醌衍生物。它有两个来源，一个是来自天然食物中，包括存在于绿叶蔬菜和动物肝脏的维生素 K_1（叶绿醌）及人体肠道细菌产生的、也存在于发酵食品中的维生素 K_2；另一个是来自人工合成，包括有维生素 K_3 和维生素 K_4，为甲基萘醌衍生物，二者都具有维生素 K 生理活性。维生素 K 是凝血酶原的重要组成成分，故又称凝血维生素。结构如图 6-13 所示。

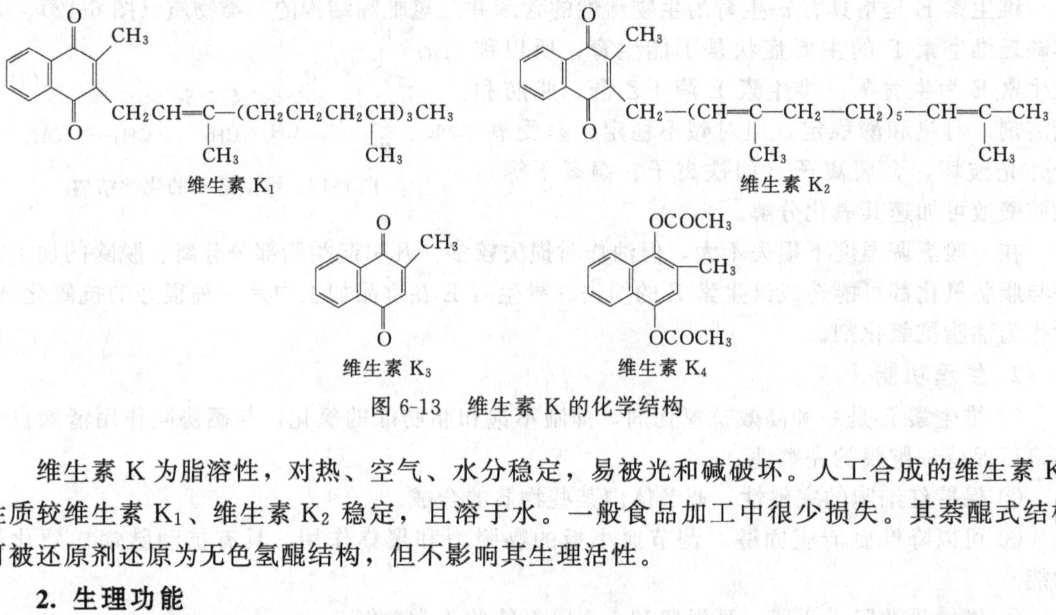

维生素 K_1　　维生素 K_2

维生素 K_3　　维生素 K_4

图 6-13　维生素 K 的化学结构

维生素 K 为脂溶性，对热、空气、水分稳定，易被光和碱破坏。人工合成的维生素 K，性质较维生素 K_1、维生素 K_2 稳定，且溶于水。一般食品加工中很少损失。其萘醌式结构可被还原剂还原为无色氢醌结构，但不影响其生理活性。

2. 生理功能

与其他脂溶性维生素一样，维生素 K 在小肠中吸收有赖于胆盐和胰脂酶的存在，经淋巴吸收进入血液中，主要贮存在肝、肾等组织中。在体内贮存时间很短，经代谢排出。

肝脏中存在的凝血酶原前体没有生理活性。维生素 K 的生理功能主要是促进凝血酶原前体转变为凝血酶原，从而具有促进凝血的作用。也有人认为它参与物质和能量代谢，能影响平滑肌功能，具有类似于激素的作用。维生素 K 缺乏时，可使血液凝固发生障碍，轻者凝血时间延长，重者有出血现象。

3. 供给量与食物来源

目前 FAD/WHO 尚未有正式的维生素 K 供给量标准。

维生素 K 在食物中分布很广，尤以绿叶蔬菜如莴苣、甘蓝中最丰富，大豆、动物肝脏、鱼肉也是维生素 K 良好的食物来源，但鱼肝油中含量很少。人体肠道细菌可合成维生素 K_2，不是维生素 K 的主要来源。

第四节　维生素类似物

生物类黄酮、辅酶Q、硫辛酸、乳清酸和牛黄酸等有些化合物，其活性极似维生素，因而曾被列入维生素类，通常称为"类维生素"。它们许多生理功能对人体健康是非常重要的，在近年来特别受到重视。

一、胆碱

1. 结构和理化性质

胆碱是卵磷脂和神经鞘磷脂的组成残基之一，也是乙酰胆碱的前体。卵磷脂是自然界分布最广泛的磷脂，植物种子、动物的卵、神经组织中含量丰富，尤其是在蛋黄中含量最多。神经鞘磷脂主要存在于大脑和神经组织中。从生物功能角度看，二者都非常重要，但从食品工业角度讲，卵磷脂更重要。

胆碱属强有机碱，具有亲水性。耐热，在干燥环境中稳定，但在强碱环境中易被破坏，往往以盐（氯化胆碱和酒石酸胆碱）的形式作为营养强化剂添加到婴幼儿食品中。

2. 生理功能

在体内，能从一种化合物转移到另一种化合物上的甲基称为不稳定甲基，此甲基有重要生理功能。胆碱在代谢中是甲基的供体。胆碱生理作用通过磷脂的形式来实现。磷脂双分子层与脂蛋白构成生物膜的镶嵌结构，维护生物膜的完整性。胆碱是乙酰胆碱的前体，食物中的磷脂被机体吸收后释放出胆碱，再与醋酸反应合成乙酰胆碱，这种物质是一种神经递质，可提高神经细胞的信息传递速率，使记忆力加强，提高智力。目前这种功能在婴幼儿食品中越来越得到重视。胆碱可以促进脂肪代谢，并可防止脂肪在肝脏中的异常积累而出现脂肪肝。此外，胆碱是卵磷脂的组分之一，卵磷脂作为良好的乳化剂具有预防心血管疾病的作用。

对于人类，胆碱可以自身合成，胆碱缺乏症极为罕见。但婴幼儿自身合成量不能满足生理需求，常作为营养强化剂添加到婴幼儿食品中。

3. 食物来源及供给量

中国成人胆碱 AI 为 500mg/d；UL 为 3500mg/d。

胆碱在食物中分布很广，食物中良好来源为大豆、动物肝脏、谷胚等，蔬菜中含量较高的是莴苣和花菜，一般蔬菜和水果中含量较少。

二、生物类黄酮

1. 结构和理化性质

黄酮类化合物是一类天然水溶性色素，多呈浅黄至无色，对热、氧、干燥和适中酸度相对稳定，但遇光迅速破坏，色泽易受 pH 和金属离子的影响，遇铁离子变为蓝绿色，在碱性溶液中变为黄色。在某些水果、蔬菜（如芦笋、马铃薯、洋葱等）预煮加工过程中，若加入硬水，因为硬水 pH 值往往高达 8，预煮水呈碱性，食物的色泽就会出现变黄现象。用柠檬酸调整预煮水的 pH 值便不产生这种问题。如若不暴露在强光下，生物类黄酮一般不会因食物加工或贮藏而遭受损失。

2. 生理功能

生物类黄酮的生理功类似于维生素 C，能保持毛细血管壁通透性；通过抗氧化剂及清除自由基抑制动物脂肪的氧化，保护含有类黄酮的蔬菜和水果不受氧化破坏，并可抑制癌细胞生长和保护细胞免受致癌物的损害；具有杀菌和抗生素的作用，这种作用可提高普通食物抵抗传染病的能力，以及对维生素 C 有增效作用。另外，还有降血脂、降胆固醇等作用，柑橘皮和芦笋加工的下脚料是生产降血压药物的良好来源。

3. 食物来源及供给量

生物类黄酮广泛分布于蔬菜、水果中，食物中柑橘、芦笋含量特别丰富，大豆、茶叶也是其良好来源。

三、辅酶 Q

1. 结构和理化性质

辅酶 Q（CoQ，泛醌）属于醌类化合物，脂溶性，分子中的苯醌结构可加氢还原成苯酚结构，苯酚结构也可通过脱氢氧化成苯醌结构，两者之间发生的反应是可逆的。在体内保持动态平衡。结构如图 6-14 所示。

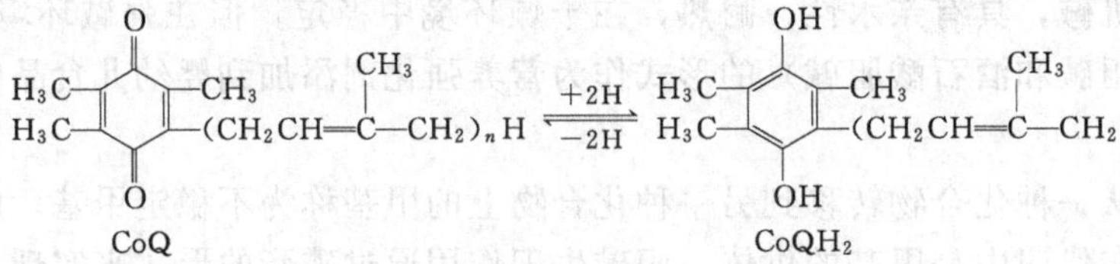

图 6-14　辅酶 Q 的化学结构

2. 生理功能

辅酶 Q 存在于绝大多数活细胞的线粒体中，在呼吸链序列中排在黄素核苷酸之后，是呼吸链中的一个重要的递氢体，参与营养物质释放能量的过程。其中 $CoQ_n(n=10)$ 还是一种有效的免疫激活剂，从而提高机体免疫力。CoQ 的生理功能与维生素 E 和硒密切相关。

3. 食物来源及供给量

辅酶 Q 在人体内能够合成。应激情况下，机体需求量增加，需从外界补充。辅酶 Q 在食物中分布很广，其中以大豆、植物油及许多动物组织的含量较高。

第五节　食品加工中维生素损失的一般情况

食物加工以后可进一步改善和提高其营养价值，使食品产生令人愉快的风味，满足人们在色、香、味、质地、体态等各方面的不同需求，并且可以防止食品的腐败变质，延长其保质期。但是食品中的各种营养素也会在加工中受到不同程度的破坏损失，尤其是食品中的维生素，其损失程度取决于特定维生素对加工条件的敏感性。引起维生素损失的主要因素有高温、氧气、阳光、pH、水分、酶、金属离子等。如何在加工过程中保持原料中原有的维生素是经常遇到的问题。食物种类很多，相应的加工方法根据原料的种类和品种等具体情况而异，本节就几种常见的食品加工操作对维生素的影响介绍如下。

一、原料的洗涤和去皮

果蔬原料的表面附着尘土、部分微生物和可能残留的农药等，在加工前必须经过洗涤。在此过程中一般很少有维生素的损失。但要防止机械损伤和不恰当的洗涤方法，影响色泽和造成水溶性维生素损失。例如，蔬菜先切后洗，菜切得越碎，洗涤次数越多，在水中浸泡时间越长，则水溶性维生素的损失越大。动物性原料也同样如此。

因为果蔬的表皮有的粗厚、坚硬，有的具有不良风味，还有的容易在加工中引起不良后果，所以大多数果蔬在加工时需要去除表皮。果蔬的表皮和皮下组织的维生素含量比其他部位高，因而在去皮过程中会造成一定的维生素损失。

二、原料的热烫和漂洗

热烫是将原料用热水或蒸汽进行短时间加热处理。果蔬在装罐和冷冻前大多需要热烫。热烫的目的主要有钝化酶的活性，防止酶褐变，改善组织，脱除组织内部的部分空气，杀灭部分微生物等。热烫时维生素的损失量受到热烫类型、热烫温度和热烫时间以及冷却方法等因素的影响。

原料热烫的方法有热水处理、蒸汽处理和微波处理三种。果蔬热烫后必须急速冷却，一般采用流动水漂洗冷却和冷风冷却两种。对于一般果蔬而言，采用热水热烫和流动水漂洗，水溶性维生素损失量最大。采用蒸汽热烫和冷风冷却，原料中的水溶性维生素的损失量较热水热烫小，若在冷风中喷入少量水雾效果更佳，但也不可避免。微波处理无需加热，维生素损失几乎没有。

热烫时的高温对原料中的维生素可造成破坏。一般短时间高温热烫，维生素的保持较好，热烫的时间越长，维生素的损失越大。热烫的终点通常以果蔬中的过氧化物酶完全失活为准。因为酶的钝化和热烫脱除了原料组织内部的部分空气，减少了维生素的氧化，热烫本身又是保存维生素的一种方法。

此外，食品单位表面积越大，热烫时维生素损失越多；还会受到产品的成熟度等影响。

三、加热

热加工是食品加工中应用最多的一种方法，也是食品保藏最重要的方法，例如牛奶的杀菌、果蔬的热烫和干制等。加热是造成食品原料中维生素损失的最重要因素。加热影响维生素的损失取决于：食品中其他化学成分、加热温度和时间、食品的酸度、食品的物理形态、食品的含氧量以及有无金属离子存在等。所以热加工时应采用合理的温度和时间，降低加热容器的含氧量等，把维生素破坏尽可能减少到最小。热处理以维生素 C 和维生素 B_1 损失最大。食品中的有机酸有利于两者的保存。通常原料的表面积越大，加热温度越高，加热时间越长，上述两种维生素的损失越大。其他的维生素如维生素 B_2、维生素 B_6、烟酸、维生素 A 和维生素 D 等在一般加工条件下影响较小。

四、贮存

食品中的维生素含量随着贮存时间的延长而下降，最重要的影响因素是温度。低温条件下的维生素损失比高温环境下贮存要低。其他因素有食品的酸度、光照、空气和包装等。维生素受贮存的影响较大，对维生素 B_2、胡萝卜素、烟酸影响较小。

此外，冷冻加工中有可能因为去皮、修整和解冻时汁液渗出等造成维生素的大量损失。干燥过程中维生素 C、B 族维生素和脂溶性维生素都不同程度的受脱水影响。有资料表明，维生素对辐射敏感，其中以维生素 C、维生素 B_1 和维生素 E 最为显著。

总之，维生素在食品加工中将受到一定程度的破坏损失。尤其是维生素 C 和维生素 B_1，它们易溶于水，不稳定，易破坏。目前对维生素在食品加工中的变化和稳定性还没有完全掌握，主要是因为食品加工的复杂性和食品成分之间可能发生的相互作用。因此，这是食品科学家需要进一步研究的课题。

思 考 题

1. 维生素有哪些共同特点？

2. 维生素是怎样分类的？它们各自有什么特点？

3. 引起维生素缺乏常见的原因有哪些？

4. 简述维生素 C 的理化性质、对人体的生理功能及食物来源。

5. 简述维生素 B_1、维生素 B_2、尼克酸的理化性质、对人体的生理功能、食物来源及相应的缺乏症状。

6. 简述维生素 B_6 和维生素 B_{12} 对人体的生理功能，它们的缺乏症各有何症状？

7. 叶酸、泛酸和生物素对人体有什么生理功能？

8. 简述维生素 A 对人体的生理功能。

9. 简述维生素 A 与 β-类胡萝卜素的理化性质及食物来源。

10. 简述维生素 D 的理化性质、对人体的生理功能及食物来源。

11. 维生素 A、维生素 D 的缺乏症和过多症有哪些？

12. 简述维生素 E 的理化性质、对人体的生理功能及食物来源。

13. 简述维生素 K 对人体的生理功能及食物来源。

14. 胆碱、生物类黄酮的理化性质各有哪些？

15. 简述胆碱、生物类黄酮、辅酶 Q 对人体的生理功能。

16. 简述胆碱、生物类黄酮的食物来源。

17. 热烫时维生素的损失受哪些因素的影响？

第七章 水和矿物质

学习目标

1. 掌握重要矿物质钙、磷、铁、锌、硒、碘、钾、镁等对人体的生理作用及相应的缺乏症状。
2. 理解食品加工对矿物质营养价值的影响。
3. 了解主要矿物质的食物来源与供给量以及水的生理作用和供给量。

第一节 水

水是所有营养素中最重要的一种，对人类生存的重要性仅次于氧气。一个绝食的人失去体内全部脂肪以及半数蛋白质后，还能勉强维持生命。膳食中缺乏某些必需维生素或矿物质尚能继续存活数周，甚至数年。但是如果缺水，则只能活几天。

一、水的生理功能

1. 细胞和体液的重要组成成分

水是人体含量最大和最重要的部分。水在人体内的含量与性别、年龄等有关。新生儿含水量占体重的75%～80%，成年男子约为60%，成年女子约为50%，体内所有组织中都含有水，但分布并不均匀，如血液含水90%，肌肉含水70%，骨骼含水22%。人体的水可分为细胞内液和细胞外液，前者占体重的40%，后者占体重的20%。

2. 促进物质的代谢过程

水具有溶解性强的特点，可溶解许多物质，能参与各种营养素的代谢过程，有助于体内的化学反应。细胞必须从组织间液摄取营养，而营养物质必须溶于水后才能被充分吸收。物质代谢的中间产物和最终产物也必须通过组织间液运送和排除，所以细胞外液对于营养物质的消化吸收、运输和代谢，都有重要作用。

3. 调节体温

水的比热容大，能够吸收较多热量而本身温度升高不多。蒸发热也大，1g水在37℃时完全蒸发掉，要吸收580cal热。汗液的蒸发可散发大量热量，从而避免体温过高。血液中90%以上是水，它的流动性大，能随血液循环迅速到达全身而调节体温，使体温不因内外环境温度的改变而有明显变化。

4. 水是体腔、关节、肌肉的润滑剂

如泪液可以防止眼球干燥，唾液、消化液有利于吞咽和咽部的湿润以及胃肠的消化。关节滑液、胸膜和腹膜的浆液、呼吸道和胃肠道黏液等也有良好润滑作用，这些都与人体水分有关。

5. 水是体内输送养料和排泄废物的媒介

水流动性大，它把氧气、营养物质、激素等运送到组织，又通过小便、汗液以及呼吸等途径把代谢废物和有毒物质排出体外。

二、人体对水的需要与水平衡

1. 水的需要量

影响人体需水量的因素很多，如体重、年龄、气温、劳动及其持续时间，都会使人体对水的需求量产生很大差异。年龄越大，每千克体重需要的水量相对较小，婴儿及青少年的需水量在不同阶段亦有不同，到成年后则相对稳定。通常，一个体重 60kg 的成人每天与外界交换的水量约 2.5kg，即相当于每千克体重约 40g 水。婴儿所需水量是成人的 3～4 倍。此外人体每日所需水量亦可按能量摄取的情况进行估计。一般来说，成人每摄取 1kcal 能量约需水 1ml，婴儿则为 1.5ml。这意味着成人每日需水约 2500ml。婴儿每日摄能 700kcal 时，需水约 1050ml。夏季天热或高温作业、剧烈运动都会大量出汗，此时需水量较大。当人体口渴时，即需补充水分。

2. 水的来源

要维持体内水平衡，不断地补充水是必要的。体内水的来源主要有如下三个方面。

（1）食物中含有的水　各种食物的含水量亦不相同，成人一般每日从食物中摄取约为 800ml 的水。食物中的含水量受食物种类和数量、食物含盐量等因素的影响。

（2）饮水　饮料水是人体所需水的主要来源，包括茶、饮料、各种汤类等，成人每日饮水约 1400ml，当气候炎热或剧烈运动大量出汗时，人体需大量补水。

（3）代谢水　即来自体内碳水化合物、脂肪、蛋白质代谢时氧化产生的水。不同成分在氧化过程中生成的水量、CO_2 的排出量及 O_2 的消耗量不同，酒精和脂肪氧化生成的水量较大，蛋白质最少，来自代谢水约 300ml。

3. 人体水分排泄

人体水分的排泄途径有肾、肺、皮肤和消化道等，其中以肾的排出最为重要。肾在排水的同时，对水有重吸收作用。正常成人每日排出的水受饮食状况、生活环境、劳动强度等多种因素的影响有较大的变动，一般约 2500ml（表 7-1）。人体主要通过以下途径将水排出体外。

（1）尿液　是人体水分重要的排泄途径，一个成年人普通膳食时通过尿液排出约 1500ml 水。尿液是人体代谢产物的排泄形式，其中溶解着蛋白质、核酸等的代谢终产物尿素和尿酸以及电解质等。

（2）皮肤蒸发　人体经皮肤排出水分 400～800ml。皮肤蒸发有两种形式，其一是隐性蒸发，在较冷的环境中通过皮肤散发水分；其二是出汗，出汗与环境温度和活动强度有关，出汗伴随着电解质流失，因此，高温作业在补充水分时最好饮用淡盐水，以补充盐分损失。

（3）肺呼吸　通过肺呼吸排出水分约 400ml。

（4）粪便　人体每天经粪便排出约 150ml 水，每日由消化道分泌的消化液有 8000ml 左右，其中大多数在完成消化作用后在大肠内被重吸收。

4. 水平衡

人体在正常情况下，经皮肤、呼吸道以及尿和粪的形式使一定数量的水分排出体外，因此应当补充相当数量的水，才能处于动态平衡。每人每天排出的水和摄入的水必须保持基本相等，这称为"水平衡"，否则会出现水肿或脱水。人体缺水或失水过多时，表现出口渴、黏膜干燥、消化液分泌减少、食欲减退、各种营养物质代谢缓慢、精神不振、身体乏力等症状。当体内失水达到 10％时，很多生理功能受到影响；若失水达到 20％时，生命将无法维持。事实上，人绝食 1～2 周，只要饮水，尚可以生存，但若绝水，生命只能维持数天。然而，人若饮水过多，会稀释消化液，对消化不利，故吃饭前后不宜饮水过多。

表 7-1　每日人体水分平衡情况（成年人）

摄入	数量/ml	排出	数量/ml
固体食物中的水	800	尿液	1500
饮水	1400	呼吸	400
生物代谢	300	皮肤蒸发的水	400～800
		粪便中的水	150
总摄入	2500	总排出	2450～2850

第二节　矿　物　质

一、矿物质概述

矿物质又称无机盐。存在于食品内的各种元素中，除去碳、氢、氧、氮 4 种元素主要以有机化合物的形式出现外，其他各种元素不论含量多少，都称为矿物质。食物中的矿物质含量通常以灰分的多少来衡量。

1. 矿物质的分类

（1）常量元素　常量元素又称宏量元素或大量元素。每种常量元素的标准含量均占人体总重量的万分之一以上，需要量在每天 100mg 以上。这些元素包括钙、磷、钾、钠、氯、硫和镁 7 种元素。

（2）微量元素　微量元素又称痕量元素。它们在体内存在的浓度很低，每种微量元素的标准量在 0.01％ 以下。微量元素虽然需要量少，但却很重要，其中一些为人体所必需，称为必需微量元素。现在已知有 14 种微量元素为人和动物所必需，即铁、锌、铜、碘、锰、钼、钴、硒、铬、镍、锡、硅、氟、钒，其中后 5 种是在 1970 年前后才确定为必需的。近年有人认为砷、钿、溴、锂有可能也是必需的。随着分析技术的发展，可以预见，新的必需元素会陆续被发现。

此外，食物中的矿物元素按其对人体健康的影响可分成必需元素、非必需元素和有毒元素三类。其中有毒元素常指某些重金属元素，其中以汞、镉、铅最为重要。在正常情况下，它们的分布比较恒定，并不对人体构成威胁。但当食物受到"三废"污染，或在食品加工的过程中因设备等受到污染时，大量重金属元素进入食品后可使人体中毒。

2. 矿物质的特点

① 矿物质在体内不能合成，必须从食物和饮水中摄取。摄入体内的矿物质经机体新陈代谢，每天都有一定量随粪、尿、汗、头发、指甲及皮肤黏膜脱落而排出体外，因此，矿物质必须不断地从膳食中供给。

② 矿物质在体内分布极不均匀，如钙和磷主要分布在骨骼和牙齿，铁分布在红细胞，碘集中在甲状腺，钴分布在造血系统，锌分布在肌肉组织等。

③ 矿物质相互之间存在协同或拮抗作用，如膳食中钙和磷比例不合适时，可影响这两种元素的吸收；过量的酶干扰钙的代谢；过量的锌影响铜的代谢；过量的铜可抑制铁的吸收。

④ 某些微量元素在体内虽需要量很少，但其生理剂量与中毒剂量范围较窄，摄入过多易产生毒性作用，如硒易因摄入过量引起中毒，对硒的强化应注意用量不宜过大。

3. 矿物质的功能

矿物质摄食后与水一道吸收，人体矿物质的总量不超过体重的 4％～5％，但却是机体不可缺少的成分，其主要功能如下。

(1) 构成人体组织的重要成分　体内矿物质主要存在于骨骼中并起着维持骨骼刚性的作用。它集中了 99% 的钙与大量的磷和镁。硫和磷是构成机体内某些蛋白质的成分。细胞中普遍含有钾，体液中普遍含有钠，铁为血红蛋白的组成成分等。

(2) 维持神经、肌肉的兴奋性　钙是正常神经冲动传递所必需的元素，钙、镁、钾对肌肉的收缩和舒张均具有重要的调节作用。如钾离子和钠离子可提高神经肌肉的兴奋性，而钙离子和镁离子则可降低其兴奋性。

(3) 维持组织细胞渗透压与机体的酸碱平衡　矿物质与蛋白质共同维持着细胞内外液的渗透压，在体液储留和移动过程中起重要作用。此外，矿物质中由酸性离子、碱性离子的适当配合，和碳酸盐、磷酸盐以及蛋白质组成一定的缓冲体系，可维持机体的酸碱平衡。

(4) 机体的某些特殊生理功能　某些矿物质元素对机体的特殊生理功能有重要作用，如甲状腺中的碘对呼吸、生物氧化和甲状腺素的作用具有特别重要的意义。

(5) 构成酶系的活化剂　如氯离子对唾液淀粉酶、盐酸对胃蛋白酶、镁离子对氧化磷酸化的多种酶类都具有激活作用。

(6) 改善食品的感官性状与营养价值　矿物质中有很多是重要的食品添加剂，它们对改善食品的感官质量和营养价值有很重要的意义。例如，多种磷酸盐可增加肉制品的持水性和黏着性，对改善其感官性状有利。氯化钙是豆腐的凝固剂，还可防止果蔬制品软化。此外，儿童、老人和孕妇容易缺钙，儿童和孕妇普遍易缺铁，故常将一定的钙盐和铁盐用于食品的强化，借以提高食品的营养价值。

二、重要的矿物质

机体中每一种必需矿物质元素至少有一种特殊的生理作用，一些常量矿物质元素常具有多种功能，如钙、磷等。若膳食中长期缺乏或由于其他原因引起摄入不足，可影响相应的生理机能。

1. 钙

钙是人体含量最多的无机元素，其量仅次于碳、氢、氧、氮，居第五位。正常情况下，成人体内含钙总量约 1200g，占体重的 1.5%～2%。其中 99% 集中于骨骼和牙齿中，存在形式主要为羟磷灰石结晶，也有部分非结晶型的磷酸钙。幼年时期非结晶型的磷酸钙占的比例较大，成年后结晶型的羟磷灰石占优势。体内其余 1% 的钙常以游离或结合状态存在于软组织及体液中，这部分钙统称为混溶钙池。

(1) 生理功能　体内的钙主要分布在骨骼和牙齿，并与混溶钙池保持着相对的动态平衡，骨骼中的钙不断从破骨细胞中释出进入混溶钙池，保证血浆钙的浓度维持恒定，而混溶钙池中的钙又不断沉积于成骨细胞中。

钙除了是骨骼和牙齿的重要组成成分外，还参与凝血过程，降低毛细管及细胞膜的通透性和神经肌肉的兴奋性（血浆钙下降则神经肌肉的应激性大增，导致手足抽搐，反之则可引起心脏、呼吸衰竭）；对许多参与细胞代谢的酶具有重要的调节作用，如钙离子激活 ATP 酶、脂酶和蛋白质水解酶等，且是淀粉酶活性必不可少的部分。

(2) 吸收与代谢　人体对钙的吸收很不完全，通常有 70%～80% 不被吸收而由粪排出。这主要是钙与食物中的植酸、草酸，以及脂肪酸等形成不溶性的钙盐所致。植物含植酸、草酸较多，故植物性食品中钙的吸收率较低。钙的吸收率还取决于维生素 D 的摄入量及受太阳紫外线的照射量。此外，膳食纤维亦可影响钙的吸收，这可能是食物纤维中的糖醛酸残基与钙结合所致。

钙的吸收也受膳食中钙含量及年龄的影响,膳食中钙的含量高,其吸收率相对下降,并随年龄增长吸收率降低,如婴儿的吸收率大于 50%,儿童约为 40%,成年人为 20%,老年人仅为 15%左右。此外,还有许多因素可促进钙的吸收。

维生素 D 可促进小肠对钙的吸收,从而使血钙升高并促进骨中钙的沉积。乳糖对提高钙吸收的程度与乳糖的数量成正比,主要是由于乳糖经肠道菌发酵产酸,降低肠内 pH,与钙形成乳酸钙复合物可增强钙的吸收。蛋白质也促进钙的吸收,这可能是蛋白质消化后所释出的氨基酸与钙形成可溶性钙盐的结果。人们在进食不同食品时应尽量发挥上述有利因素的作用,而避免其不利因素,但对某一特定食品需作具体考虑。

营养状况良好时,每天进出体内的钙大致相等,处于平衡状态。体内钙大部分通过肠黏膜上皮细胞的脱落及消化液的分泌排入肠道。每天排入肠道的钙约 400mg,其中有一部分可被重吸收,其余部分则由尿排出,每天约 100～350mg。此外,在高温环境中工作的人,每天通过汗液排出的钙可达 100mg,乳母平均每天可在泌乳时排出钙 100～300mg。

(3)缺乏与过量　人群中钙的缺乏比较普遍,钙摄入量仅为推荐摄入量的 50%以下。人体长期缺钙就会导致骨骼、牙齿发育不良,血凝不正常,甲状腺机能减退。儿童缺钙会出现佝偻病,若血钙降低,轻者出现多汗、易惊、哭闹,重者出现抽搐;中老年人缺乏易发生骨质疏松、骨质增生、肌肉痉挛、四肢麻木、腰腿酸痛、高血压、冠心病等;孕妇缺钙不仅影响胎儿的正常发育,还容易在中年后患骨质疏松症。但过量钙的摄入可能增加肾结石的危险性,持续摄入大量的钙可使降钙素分泌增多,以及发生骨硬化。

(4)供给量与食物来源　钙的需要量可通过测定各种年龄幼小动物和死亡婴儿体内的含钙总量,以此估计在不同年龄阶段每天体内钙的平均贮留量,再考虑到钙的内源性损耗,即可估计人体钙的需要量。对于成人则常用一般的平衡法,使其达到适当的正钙平衡,此法也可用于婴幼儿、青少年、孕妇及乳母。若在此基础上再进一步考虑到食物中钙的吸收率(平均 20%～30%),则可估计出人体每日钙的供给量。

中国推荐的每日膳食中钙的参考供给量:成人为 800mg,老年人和儿童、青少年为 1000mg,孕妇 1000～1500mg,乳母 1500mg。由于钙与人体健康密切相关,增加膳食中钙的摄入和适当地补钙,是不容忽视的营养问题。

食物中含钙丰富的乳及乳制品,因其吸收率高,是人体最理想的钙源。此外,豆腐或豆制品、排骨、虾皮、海带、绿色蔬菜等也是钙的良好来源。至于谷类、肉类、水果等食物含钙较少,且谷类等植物性食品含植酸较多,不利于钙的吸收。蛋类的钙主要存在于蛋黄中,因有卵黄磷蛋白之故,吸收也不好。为了补充食品中的钙可按规定进行食品的营养强化,其中在食品中加入骨粉或蛋壳粉也是很好的方法。富含钙质的食物详见表 7-2。

表 7-2　含钙丰富的食物　　　　　　　　　　　　　　　　　　　mg/100g

食物	含量	食物	含量	食物	含量
虾皮	991	苜蓿	713	酸枣棘	435
虾米	555	芥菜	294	花生仁	284
河虾	325	雪里蕻	230	紫菜	264
泥鳅	299	苋菜	187	海带(湿)	241
红螺	539	乌塌菜	186	黑木耳	247
河蚌	306	油菜薹	156	全脂牛奶粉	676
鲜海参	285	黑芝麻	780	酸奶	118

2. 磷

磷也是人体必需的元素之一，在成人体内的总量为 650g 左右，约占体重的 1%。它是细胞膜和核酸的组成成分，也是骨骼的必需构成物质。体内的磷约有 85%～90% 以羟磷灰石形式存在于骨骼和牙齿中，其余 10%～15% 与蛋白质、脂肪、糖及其他有机物结合，分布于细胞膜、骨骼肌、皮肤、神经组织及体液中，其中一半左右在肌肉组织中。

（1）生理功能　磷是构成骨骼和牙齿的重要成分。磷为骨和牙齿的形成及维持所必需，例如在骨的形成过程中 2g 钙需要 1g 磷。

磷参与能量代谢。磷在机体的能量代谢中具有很重要的作用，ADP、ATP、磷酸肌酸等作为贮存、转移和释放能量的物质，是细胞内化学能的主要来源。

磷是构成生命物质成分。磷是核糖核酸（RNA）和脱氧糖核酸（DNA）的组成成分。磷脂是构成所有细胞膜的必需成分，并参与脂肪和脂肪酸的分解代谢。

磷是酶的重要组成。磷是很多酶系统的辅酶或辅基的组成成分，如焦磷酸硫胺素、磷酸吡哆醛、辅酶 I 和辅酶 II 等。

磷还可使物质活化，以利于体内代谢反应的进行，以及磷作为多种磷酸盐的形式组成机体的缓冲系统，还参与调节机体的酸碱平衡，如磷酸盐可与氢离子结合为磷酸氢二钠和磷酸二氢钠，并从尿液中排出，从而调节体液的酸碱平衡。

（2）吸收与排泄　从膳食摄入的磷 70% 在小肠吸收。食物中的磷大部分是磷酸酯化合物，必须分解为游离的磷，然后以无机磷酸盐的形式被吸收。正常膳食中磷吸收率为 60%～70%，牛奶喂养的婴儿对磷的吸收率为 65%～75%，母乳喂养者大于 85%，低磷膳食其吸收率高达 90%。

食物中的磷摄入后在肠道磷酸酶的作用下游离出磷酸盐，磷以无机盐的形式吸收，但植酸形式的磷不能被机体充分吸收、利用。谷类种子中主要是植酸形式的磷，利用率很低，若经酵母发面或预先将谷粒浸泡于热水中，可大大降低植酸盐含量，从而提高其利用率。此外，维生素 D 不仅可促进磷的吸收，而且还增加肾小管对磷的重吸收，减少尿磷的排泄。

（3）缺乏与过量　食物中磷的来源广泛，人体一般不会由于膳食原因引起营养性磷缺乏，只有在一些特殊情况下才会出现缺乏。如早产儿若仅喂以母乳，因人乳含磷量较低，不足以满足早产儿骨磷沉积的需要，可发生磷缺乏，出现佝偻病样骨骼异常。磷缺乏还可见于使用静脉营养过度而未补充磷的病人。在严重磷缺乏和磷耗竭时，可发生低磷血症。其影响包括厌食、贫血、肌无力、骨痛、佝偻病和骨软化、全身虚弱、对传染病的易感性增加、感觉异常、精神错乱甚至死亡。

摄入磷过多时，可发生细胞外液磷浓度过高，而表现为高磷血症，可能造成一些相应的危害。如可引起骨骼中骨细胞与破骨细胞的吸收，导致肾性骨萎缩性损害。血磷升高可使磷与血清钙结合而在组织中沉积，引起非骨组织的钙化。磷摄入量可干扰钙的吸收引起低钙血症，导致神经兴奋性增强而引起手足抽搐和惊厥。

（4）供给量与食物来源　如果食物中钙和蛋白质的含量充足，则磷也能满足需要。通常磷的摄入大于钙，一岁以下婴儿只要喂养合理，钙能满足需要，则磷也能满足需要。一岁以上的幼儿以至成人，由于所吃食物种类广泛，磷的来源不成问题。理论上膳食中的钙磷比例维持在 1:（1～1.5）比较好，婴儿则以母乳中的钙磷比例为宜，为（1.5～2）:1。中国营养学会在参考国内外大量资料后提出中国居民膳食磷的适宜摄入量（AI）：11～18 岁为 1000mg/d，18 岁以上成人、孕妇、乳母均为 700mg/d。

磷在食物中分布广泛，普遍存在于各种动植物食品中。肉、鱼、蛋、乳及其制品含量丰富，是磷的重要食物来源。谷类食物中的磷主要以植酸磷的形式存在，其与钙结合不易吸收，难以利用。

3. 铁

铁是人体必需的微量元素，也是体内含量最多的微量元素。人体内的铁含量随年龄、性别、营养状况和健康状况的不同而有个体差异。一般而言，成人体内含铁总量为3～5g，其中70％的铁存在于血红蛋白、肌红蛋白、血红素酶类、辅助因子及运铁蛋白中，称为功能性铁，其余30％的铁作为体内贮存铁，主要以铁蛋白和含铁血黄素形式存在于肝、脾和骨髓中。铁在人体的分布以肝、脾含量最高，其次为肾、心、骨骼肌和脑。

（1）生理功能　铁为血红蛋白、肌红蛋白、细胞色素及某些呼吸酶的组成成分，参与体内氧的运送和组织呼吸过程。如血红蛋白与氧进行可逆性的结合，使血红蛋白具有携带氧的功能，参与体内二氧化碳的转运、交换和组织呼吸。

铁在骨髓造血细胞中与卟啉结合形成高铁血红素，再与珠蛋白合成血红蛋白，以维持正常的造血功能。缺铁可影响血红蛋白的合成，甚至影响DNA的合成及幼红细胞的增殖。

此外，铁还对血红蛋白和肌红蛋白起呈色作用。特别是肌红蛋白中的铁与一氧化氮相结合，生成一氧化氮肌红蛋白可以使肉制品保持亮红色，在食品加工中起很重要的作用。

（2）吸收与排泄　食物中的铁大部分为三价铁，经胃酸作用还原成二价铁后被小肠吸收，铁吸收的主要部位在十二指肠和空肠。人体对食物铁的吸收率很低，约为10％。首先，食物铁被胃酸作用释放出亚铁离子，然后与肠道中的维生素C等结合，保持溶解状态，以利吸收，然后经过一系列的代谢、利用，最后将部分铁排泄。铁的吸收率受膳食因素的影响，如植物性食物中的非血红素铁受植酸盐、草酸盐、碳酸盐等因素影响而吸收率较低，一般只有3％～5％。影响铁吸收的主要因素有：①植物性食物中含有的植酸盐、草酸盐；②体内缺乏胃酸或服用抗酸药可影响铁吸收；③铁的吸收与体内铁的需要量和贮存量有关，一般贮存量多时其吸收率低，反之，贮存量低或需要量增加时则吸收率增高。

机体对铁的利用非常有效，如红细胞衰老解体后所释放的血红蛋白铁，可以反复利用，消耗很小。人体每天实际利用的铁远远超出同一时期内由食物供给的铁，如人体每天参加转换的铁约27～28mg。其中由食物吸收来的仅0.5～1.5mg。即只约占5％。机体消耗的铁主要来自消化道、泌尿道上皮细胞脱落的铁，妇女因月经的关系，铁损失比男性大。

机体对铁的排泄能力有限，成人每天约排出铁0.90～1.05mg，其中90％从肠道排出，尿中排出量极少。另外，月经、出血等也为铁的排出途径。

（3）铁的缺乏　铁缺乏可引起缺铁性贫血，由于膳食中铁的吸收率低，所以这是一种世界性的营养缺乏症，在中国患病率也较高。处于生长阶段的儿童、青春期女青年、孕妇及乳母若膳食中的铁摄入不足，就更易造成营养性贫血。如孕妇摄入铁不足，将导致新生儿体内贮存铁相对较少，在一岁内出现贫血。

贫血的症状：皮肤苍白、易疲劳、头晕、畏寒、心动过速、免疫力降低、儿童的学习能力降低等。

（4）供给量与食物来源　根据不同年龄的生理需要，铁的摄入量不同。按世界卫生组织（FAO/WHO）建议的估计，若食物中铁的平均吸收率为10％～20％，则对成年男子每日供给铁5～9mg即满足生理需要；妇女因月经损失较多，故供给量要比男子稍多。中国"推荐的每日营养素供给量"规定，铁的摄入量为：成年男性每日12mg，成年女性每日15mg，孕妇及乳母每日为18mg，4个月以上婴儿原有的铁贮存已耗尽，而奶类含铁量低，应注意补充含铁量高的食物。每日需补充6mg以上铁。

动物性食物中含有较丰富的铁，如猪肝、瘦肉、鸡蛋、禽类、鱼类及其制品等，均是食物铁的良好来源，而植物性食品含铁量通常不高，因有植酸盐等的作用较难吸收。最近报告显示，猪血的含铁量高，相对生物有效性亦好。

此外，为了提高铁的吸收率，可用一定的动物性食品来加强植物性食品铁的吸收。但并非所有动物性食品都促进非血红素铁的吸收，当用畜肉、鸡或鱼代替鸡卵蛋白时，可使铁吸收增加 2~4 倍。而用乳、蛋、干酪代替鸡卵蛋白时并不增加。此外，也可在食品加工时适当添加一定的铁强化剂，制成铁强化食品应用。

4. 锌

成人体内含锌量约为 1.5~2.5g，约为铁含量的一半。分布在人体所有的组织器官，主要集中于肝脏、肌肉、骨骼和皮肤（包括头发）中。血液中的锌有 75%~85% 分布在红细胞中，主要以酶的组分形式存在。3%~5% 在白细胞中，其余在血浆中，血浆中的锌则往往与蛋白质结合。

（1）生理功能　锌是很多酶的组成成分或酶的激活剂，人体内约有 100 多种含锌酶，并为酶的活性所必需。例如乙醇脱氢酶、碱性磷酸酶、羧肽酶等均依赖于锌的存在而起作用。这些酶在参与组织呼吸、能量代谢及抗氧化过程中发挥重要作用。

锌参与蛋白质的合成及细胞生长、分裂和分化等过程，促进生长发育。锌的缺乏可引起DNA、RNA 及蛋白质的合成障碍，细胞分裂减少，导致生长停止。锌还是胰岛素的组成成分（每分子胰岛素中有 2 个锌原子），因而与胰岛素的活性有关。

另外，锌可提高机体免疫功能；维持细胞膜结构；与唾液蛋白结合成味觉素可增进食欲，缺锌可影响味觉和食欲。锌对皮肤和视力具有保护作用，还与性机能有关，缺锌可引起皮肤粗糙和上皮角化。

（2）吸收与排泄　锌由小肠吸收，吸收率为 20%~30%。锌的吸收与铁相似，可受多种因素影响。膳食中的植酸、草酸及过量的膳食纤维、钙、铁会降低锌的吸收，半胱氨酸、组氨酸有利于锌的吸收。

体内的锌经代谢后主要由肠道排出，少部分随尿排出，汗液和毛发中也有微量排出。

（3）缺乏与过量　引起锌缺乏的主要因素有：①膳食摄入不平衡，动物性食物摄入偏少，有偏食习惯等；②特殊生理需要量增加，如孕妇、乳母和婴幼儿对锌的需要量增加；③腹泻、急性感染、肾病、糖尿病、创伤及某些利尿药物增加锌的分解与排出。缺锌可引起食欲减退或异食癖，生长发育停滞，儿童长期缺乏锌可导致侏儒症。成人长期缺锌可导致性功能减退、精子数减少、胎儿畸形、皮肤粗糙、免疫功能降低等。

盲目过量补锌或食用因镀锌罐头污染的食物和饮料等均有可能引起锌过量或锌中毒。过量的锌可干扰铜、铁和其他微量元素的吸收利用，影响中性粒细胞和巨噬细胞活力，抑制细胞杀伤能力，损伤免疫功能。成人摄入 2g 以上锌可发生锌中毒，引起急性腹痛、腹泻、恶心、呕吐等临床症状。

（4）供给量与食物来源　中国规定了每日膳食中锌的供给量：儿童 1~9 岁为 9mg，10岁以上及成人均为 15mg，孕妇、乳母为 20mg。

锌的食物来源很广，普遍存在于动植物组织中。许多植物性食品如豆类、小麦含锌量可达 15~20mg/kg，但因其可与植酸结合而不易吸收。而谷类碾磨后，可食部分含锌量显著减少（可高达 80%），蔬菜、水果含锌很少（约 2mg/kg）。

动物性食品是锌的良好来源，如猪肉、牛肉、羊肉等含锌 20~60mg/kg，鱼类和其他海产品含锌也在 5mg/kg 以上。通常，动物蛋白供给充足时，也将能提供足够的锌。

5. 碘

碘是人类首批确认的必需微量元素之一。成人体内含碘总量约为 20～50mg。其中约 70%～80%存在于甲状腺中，其余分布在骨骼肌、肺、卵巢、肾、淋巴结、肝、睾丸和脑组织中。甲状腺的聚碘能力很高，其碘浓度可比血浆高 25 倍（当甲状腺功能亢进时甚至可高达数百倍），碘在甲状腺中以甲状腺素及三碘甲腺原氨酸的形式存在。血液中含碘 30～60μg/L，主要以蛋白质结合碘形式存在。

（1）生理功能　碘的功能是参与甲状腺素的合成并调节机体的代谢。它主要促进幼小动物的生长、发育和调节基础代谢。特别是通过对能量代谢、蛋白质、脂肪、糖类营养素的代谢等影响个体体力与智力的发展，以及神经、肌肉组织等的活动。碘是胎儿神经发育的必需物质。膳食和饮水中碘供给不足时，可产生碘缺乏症，即地方性甲状腺肿、地方性克汀病和对儿童智力发育的潜在性损伤。

（2）吸收与排泄　食物中的碘进入胃肠道转变为碘化物后吸收迅速，约 3h 几乎完全被吸收。进入血液中的碘分布于各组织，如甲状腺、肾腺、唾液腺、乳腺、卵巢等，其中只有甲状腺能利用碘合成甲状腺素。

体内的碘主要经肾脏排泄，约 90%的碘随尿排出，10%由粪便排出，极少随汗液排出。

（3）缺乏与过量　长期碘摄入不足或长期摄入含抗甲状腺素因子的食物，可引起碘的缺乏。碘缺乏的典型症状为甲状腺肿大。孕妇严重缺碘可影响胎儿神经、肌肉的发育及引起胚胎期胎儿死亡率上升；婴幼儿缺碘可引起生长发育迟缓、智力低下，严重者发生呆小症。碘强化措施是防治碘缺乏的重要途径，如在食盐中加碘及自来水中加碘等。中国为改善人群碘缺乏的状况在全国范围内采取食盐加碘的防止措施，经多年实施已取得良好的防治效果。

碘摄入过量可引起高碘性甲状腺功能亢进、乔本甲状腺炎等。

（4）供给量与食物来源　碘的平均需要量（EAR）为 120μg/d。中国居民每日膳食碘的推荐摄入量（RNI）：4 岁以下幼儿为 50μg，儿童为 90～110μg，青少年和成年人为 150μg，乳母和孕妇为 200μg。碘的可耐受最高摄入量（uL）：成人为 1000μg，7～17 岁为 800μg。

碘的主要来源是碘盐，海产品中以海带和紫菜碘含量最高。其他食品中的碘含量则主要取决于该动植物生长地区的地质化学状况。通常，远离海洋的内陆山区，其土壤和空气中含碘较少，水和食物中的含碘也不高，因而可能成为缺碘的地方性甲状腺肿高发区。缺碘性甲状腺肿患者不均匀分布于世界各地，尤以内陆山区为最多。日本进食海藻和其他海产品很普遍，是世界上甲状腺发病率最低的国家。某些食物中的含碘量如表 7-3 所示。

表 7-3　某些食物的含碘量　　　　　　　　　　　　　　　　　　　　　μg/kg

名　　称	含碘量	名　　称	含碘量
海带(干)	240000	蛏干	1900
紫菜(干)	18000	干贝	1200
发菜(干)	11000	淡菜	1200
鱼肝(干)	480	海参(干)	6000
蚶(干)	2400	海蜇(干)	1320
蛤(干)	2400	龙虾(干)	600

注：引自武汉医学院主编《营养与食品卫生学》，1981 年。

6. 硒

20 世纪 70 年代中国科学工作者发现了克山病和缺硒的关系，首次证明了硒也是人类必需的微量元素。成人体内含硒约 14～20mg。硒存在于所有细胞与组织器官中，其含量在肝、肾、胰、心、脾、牙釉质和指甲中较高，肌肉、骨骼和血液中浓度次之，脂肪组织最低。

（1）生理功能　硒是人体谷胱甘肽过氧化物酶的重要组成部分，以硒胱氨酸的形式存在于该酶分子中，主要功能是以谷胱甘肽过氧化物酶的形式发挥抗氧化作用，保护细胞膜和血红蛋白免受氧化、破坏。故硒可增强人体免疫系统的功能，预防心脑血管疾病和某些癌症。

（2）吸收与排泄　硒主要是在小肠吸收，人体对食物中硒的吸收良好，吸收率为50%～100%。硒的吸收与硒的化学结构和溶解度有关，硒蛋氨酸较无机形式硒易吸收，溶解度大的硒化合物比溶解度小的更易吸收。

人体内的硒经代谢后大部分经尿排出，少量从肠道排出，粪中排出的硒大多为未被吸收的硒。硒摄入量高时可在肝内甲基化生成挥发性二甲基硒化合物，并由肺部呼气排出。此外，少量硒也可以从汗液、毛发排出。

（3）缺乏与过量　硒缺乏已被证实是发生克山病的重要原因，克山病在中国最早发现于黑龙江省克山地区。其易感人群为2～6岁的儿童和育龄妇女。临床上主要症状表现为心脏肿大、心功能不全、心力衰竭、心源性休克、心律失常、心动过速或过缓等。

缺硒还可导致大骨节病，表现为骨端软骨细胞变性坏死，肌肉萎缩和发育障碍，行走无力。儿童因蛋白质营养不良而造成的生长阻滞，有的补硒后可得到改善。缺硒还与新生儿溶血性贫血，感染敏感性有关。此外，某些癌症发病率高（如食管癌、胃癌、直肠癌），也与缺硒有关。

硒摄入过多可引起中毒。中国湖北恩施县的地方性硒中毒，与当地水、土壤中含硒过高，导致粮食、蔬菜、水果中含硒高有关。硒中毒主要表现为头发变干、变脆、易断裂及脱落、肢端麻木、抽搐，甚至偏瘫，严重者可致死亡。

（4）供给量与食物来源　中国的每日膳食中推荐硒的供给量标准为：儿童1～3岁20μg；3～6岁40μg，7～12岁的儿童和其他人均为50μg，一般每日摄入量不宜超过400μg。通常认为人体对硒的需要量以不会得克山病为标准。

海产品及肉类为硒的良好来源，其一般含硒量均超过0.2mg/kg。且肝、肾比肌肉组织的含量高4～5倍。蔬菜和水果含硒量较低，通常在0.01mg/kg以下。在食品加工时，硒可因精制和烧煮过程而有所损失，所以越是精制或长时间烧煮加工的食品，其含硒量越少。

7. 镁

（1）存在与功能　正常人体含镁20～28g，是必需常量元素中含量最少的，其中70%的镁存在于人的骨骼中，其余则分布在人的各种软组织及体液内。

镁是蛋白激酶催化多种酶蛋白磷酸化的必需底物，对能量和物质代谢有十分重要的意义。镁离子是细胞内液的主要阳离子，它与钙离子、钠离子、钾离子一起和相应的负离子协同作用，维持体内酸碱平衡和神经肌肉的应激性。镁为维护心脏正常功能所必需，可以预防高胆固醇所引起的冠状动脉硬化。另外，镁与神经肌肉活动、内分泌调节作用也密切相关。

（2）吸收与排泄　食物中的镁主要在空肠末端和回肠吸收，吸收率一般为30%～50%。人体对镁的吸收受多种因素影响，例如它受食物中镁含量的影响显著。当摄入量少时吸收率增加，而摄入量多时则吸收率下降。此外，氨基酸、乳酸等可促进镁的吸收，而磷酸、草酸、植酸、长链饱和脂肪酸和膳食纤维等可抑制镁的吸收。

镁被机体吸收、代谢后可有大量从胆汁、胰液、肠液分泌到肠道，其中60%从肠道排出。有些从汗液和脱落的皮肤细胞丢失，其余从尿排出。每天排出 50～120mg，占摄入量的 1/3～1/2。肾脏是维持体内镁稳定的重要器官。当镁摄入过多、血镁过高时，肾过滤过的镁增加，肾小管重吸收差，尿镁增加。反之则少。

（3）缺乏与过量　各种食物中含有丰富的镁，一般不会发生镁缺乏。但长期慢性腹泻、厌食、呕吐，输注无镁的静脉营养液，透析丢失镁，糖尿病酮症，甲状腺功能亢进，肝硬化，低血钾，高血钙，肾小管中毒及使用某些激素、药物等导致的吸收障碍或排出增多情况下可出现镁缺乏。镁缺乏的表现主要在神经系统和心血管系统两方面。常见为肌肉震颤，手足抽搐，共济失调，谵妄，昏迷以及心律不齐，血压升高。另外，缺镁还会引起蛋白质合成系统的停滞，激素分泌的减退，消化器官的功能异常，脑神经系统的障碍等。

在正常情况下，肠、肾及甲状旁腺等能调节镁代谢，一般不易发生镁中毒。但大量注射或口服镁盐也可导致镁中毒，引起消化系统、神经肌肉系统、心血管系统的相应改变。另外，还可引起低血钙，影响骨质组成和血液凝固。

（4）供给量和食物来源　中国镁推荐值为成人 350mg/d。患有急慢性肾脏病，肠功能紊乱，吸收不良综合征，长期服用泻药、利尿药或避孕药以及甲状旁腺手术后，都应增加供给量以避免镁缺乏。

植物性食物含镁较多，粗粮、干豆、坚果、绿叶蔬菜中含量都比较丰富，肉类、海产品也是镁的良好来源。精制食品以及油脂含镁量最低。

三、其他矿物质

除了以上所述的重要矿物质以外，其他常见矿物质的生理功能及食物来源见表 7-4。

表 7-4　钾、钠、氯、铜、氟、铬、锰、钼的生理功能及食物来源

名称	主要生理功能	缺乏症状	食物来源	AI(成人)
钾	为细胞内的主要阳离子。参与维持细胞内正常渗透压、体内酸碱平衡、神经肌肉的应激性，并参与碳水化合物和蛋白质的正常代谢	倦怠、嗜睡、肌肉无力及心律失常	水果、蔬菜、谷物、肉类	2000mg/d
钠	为细胞外液的主要阳离子。参与维持体内的酸碱平衡、体内水分的恒定、神经肌肉的应激性、正常血压等生理过程，并参与碳水化合物和蛋白质的正常代谢	倦怠、恶心、心率加快、血压下降、严重缺乏可发生昏迷	食盐	2200mg/d
氯	为胃酸的主要成分，是细胞外液的主要阴离子，参与维持体内酸碱平衡，激活唾液淀粉酶	食欲不振	食盐	3400mg/d
铜	为多种含铜酶(胺氧化酶、细胞色素氧化酶、SOD等)和铜结合蛋白(金属硫蛋白、转铁蛋白等)的组成成分。参与铁代谢，维持造血机能和促进结缔组织形成,对中枢神经系统的健康有一定意义	人类铜缺乏很少见，如营养不良可能引起铜缺乏。机体出现骨骼缺损、腹泻、肝脾肿大及心血管病等	可可、动物的肝肾、黑胡椒含铜丰富，其次为龙虾、坚果、大豆粉	2mg/d
氟	为人体骨骼和牙齿的组成成分，对防治龋齿和骨质疏松有重要意义	人类氟缺乏很少见，低氟量供水地区龋齿及老年人骨质疏松发病率增高	茶叶含氟丰富，饮水是人们氟的主要来源	1.5mg/d
铬	为葡萄糖耐量因子(GTF)的组成成分，对DNA合成、增强免疫功能及预防动脉硬化等有一定影响	人类铬缺乏极少见	原粮、豆类含铬丰富，其次为畜禽的肝、肾等	50μg/d
锰	为体内多种酶组成成分或酶的激活剂，参与骨骼形成、结缔组织生长及常量营养素的能量代谢	人类锰缺乏极少见	茶叶含锰丰富，其次为坚果、糙粮、豆类等	3.5mg/d
钼	为黄嘌呤氧化酶、醛氧化酶和亚硫酸盐氧化酶的辅基，因而参与体内相应的氧化反应	人类钼缺乏极少见。低钼在克山病中可能起一定作用	动物的肝、肾含钼丰富，其次为干豆和谷物	60μg/d

注：食盐含钠 40%，含氯 60%。

四、食品加工对矿物质含量的影响

不同食品中矿物质的含量变化很大，这主要取决于生产食品的原料品种的遗传特性及农业生产的土壤、水分或动物饲料等。矿物质元素与维生素类的有机营养素不同，加热、光照、氧化剂等能影响有机营养素的稳定性因素，但不会影响矿物质的稳定性，然而一些加工过程对食品中矿物质元素的含量有较大的影响。

食品加工时矿物质的变化，随食品中矿物质的化学组成、分布以及食品加工的不同而异。其损失可能很大，也可能由于加工用水及所用设备不同等原因不但没有损失，反而可能增加。

1. 烫漂对食品中矿物质含量的影响

烫漂和沥滤对矿物质影响很大，矿物质损失程度的差别则与其溶解度有关。菠菜在烫漂时矿物质的损失如表 7-5 所示。

表 7-5　烫漂对菠菜矿物质的影响

名称	含量/(g/100g)		损失率/%
	未烫漂	烫漂	
钾	6.9	3.0	56
钠	0.5	0.3	43
钙	2.2	2.3	0
镁	0.3	0.2	36
磷	0.6	0.4	36
硝酸盐	2.5	0.8	70

注：引自 Fennema O. R, Food Chemistry, 1985 年。

由表 7-5 可看出在此过程中钙不但没有损失，还略有增加，至于硝酸盐的损失无论从防止罐头腐蚀和对人体健康来说都是有益的。

2. 烹调对食品中矿物质含量的影响

烹调时食品中的矿物质有一定损失，尤其是从汤汁内流失。烹调对不同食品的不同矿物质含量影响不同。矿物质的损失与食品种类、矿物质性质和烹饪方法有关。

如马铃薯在烹调时的铜含量随烹调类型的不同而有所差别（表 7-6）。铜在马铃薯皮中含量较高，煮熟后含量下降，而油炸后含量却明显增加。

表 7-6　烹调对马铃薯铜含量的影响　　　　　　　　　mg/100g 鲜重

烹调类型	含量	烹调类型	含量
生鲜	0.21	马铃薯泥	0.10
煮熟	0.10	法式油炸	0.27
烤熟	0.18	马铃薯皮	0.34
油炸薄片	0.29		

注：引自 Fennema O. R., Food Chemistry, 1985 年。

3. 碾磨对食品中矿物质含量的影响

碾磨可使食品中矿物质的含量较明显下降，谷类中的矿物质主要分布在其糊粉层和胚组织中，碾磨可使其矿物质的含量减少，碾磨次数越多，其矿物质的损失率越高，矿物质不同，其损失率亦不同。这与维生素的损失相一致。小麦磨粉后某些微量元素的损失如表 7-7 所示。

表 7-7 碾磨对小麦微量元素的影响

名称	小麦/(mg/kg)	白面粉/(mg/kg)	损失率/%	名称	小麦/(mg/kg)	白面粉/(mg/kg)	损失率/%
锰	46	6.5	85.8	钼	0.48	0.25	48
铁	43	10.5	75.6	铬	0.05	0.03	40
钴	0.026	0.0003	88.5	硒	0.63	0.53	15.9
铜	5.3	1.7	67.9	镉	0.26	0.38	—
锌	35	7.8	77.7				

注：引自 RechciglM.，1982 年

由表 7-7 可见，小麦碾磨成粉后，其锰、铁、钴、铜、锌的损失严重。钼虽然也集中在被除去的麦麸和胚芽中，但集中的程度较低，损失也较低。铬在麦麸和胚芽中的浓度与钼相近。硒的含量受碾磨的影响不大，仅损失 15.9%，镉在碾磨时所受的影响似乎很小。

此外，食品中的矿物质还可因加工用水、设备，以及与包装材料接触而有所增加。尤其是食品加工时使用的食品添加剂更是食品中矿物质增加的重要原因。通常用于食品强化的矿物质有钙、铁、锌、铜、碘等。

总之，食品加工对矿物质含量的影响与多种因素有关。它不但包括加工因素，而且还与食品加工前的状况有关。例如食品中的碘含量，首先取决于其所处的地理位置。海产品和近海的蔬菜等含有较多的碘，动物食用高碘饲料可使乳制品含碘量增高，食品加工可损失一定量的碘。烫漂和沥滤也可使食品中的碘有所损失，鲜鱼中的碘在煮沸时损失可达 80%，不需与水接触的加工则损失较小。

因此，一方面要控制加工方法，避免将食物中的必要矿物质损失掉；另一方面也要求确保食品加工过程中不能混入超过食品卫生标准规定的其他非必需矿物质元素。

五、矿物质的科学应用

1. 与长寿有显著关联的微量元素

经对上海、广西、湖北三个区域长寿老人及每个区域的相应对照组头发中微量元素分析发现，锌、铜对三个地区长寿影响都是最显著的，因此，适当补充锌、铜对老年人的健康是有益的。

长寿老人头发中锶、锰、钙、铁含量都高于一般老年人，这或许是由于这些元素在免疫学中的作用而使他们获得高寿的原因，但这些元素的含量又比成年人低（铁除外），故也容易患各种疾病。气虚及肺肾两虚的长寿老人头发中镍、钛含量最低。随着长寿老人虚损强度的加重，发中锶、镍、锰、钙含量逐渐降低，因此，测量头发中锶、锰、铁、镍、钛含量有助于脏器功能的诊断。

2. 与美容有关的微量元素

有机锗 132 用于化妆品，不仅作用于皮肤的表面，而且通过微血管、皮下细胞作用于皮肤的深层，更能有效地发挥化妆品中各成分的作用，起到事半功倍的效果。可用于基础化妆品、舞台化妆品、毛发化妆品、口腔卫生用品等，特别是对皮肤化妆品效果更佳。有机锗加入化妆品，将会大大改善化妆品的品质，增强保健功能，在国内外均引起人们的兴趣。

思 考 题

1. 为什么必须对食盐加碘？
2. 试述中小学生正确的补钙方法。
3. 如何正确选择饮料水？

4. 人体的水平衡是如何维持的？

5. 水有何营养作用？

6. 碘的缺乏会对人体造成何种危害？它的食物来源有哪些？

7. 缺铜的个体会出现哪些症状？

8. 锌有何生理功能？

9. 缺铁对人有何影响？缺铁性贫血患者的饮食应注意哪些？

第八章 营养与能量平衡

第一节 能量来源及能值

人体的一切生命活动都要有能量供给，如细胞的生长繁殖、组织的更新、营养物质的运输、代谢废物的排泄、心脏的跳动、肌肉的收缩和神经的传导等。这些能量来源于人体每天摄入的食物，主要是碳水化合物、脂肪、蛋白质三种营养素，营养学上将这三种营养素称为"产能营养素"或"热源质"。人体不仅在运动或劳动时需要能量，即使在静止不动状态下也需要一定的能量以维持正常的心跳、呼吸、体温和腺体分泌等生理活动。

食物能量的最终来源是太阳能，植物利用太阳能通过光合作用，把二氧化碳、水和其他无机物转变成有机物以供生命活动所需，动物和人则是通过各种代谢活动将植物的贮能（如淀粉）变成自己的潜能，以维持自身的生命活动。

一般情况下，健康人从食物中摄取的能量和所消耗的能量保持平衡状态。当人体摄入的能量不足时，机体会动用自身的能量储备甚至消耗自身的组织以满足生命活动的能量需要，人若长期处于饥饿状态则将导致生长发育迟缓、消瘦、活力消失，甚至生命活动停止而死亡。长期摄入过多的能量，会使人发生脂肪堆积，引起肥胖疾病。但任何人在 1d 内摄入和消耗的能量总量并非总是相等，一般在 5～7d 内可达到平衡。

一、能量单位

能量有多种形式，并可有不同的表示。人们对机体所摄入和消耗的能量，通常用热量单位即卡（cal）或千卡（kcal）表示。1cal 相当于 1g 水从 15℃升高到 16℃，即温度升高 1℃所需的热量，营养学上用千卡作为常用单位。

现在国际上则以焦耳（J）为热量单位。1J 相当于用 1N 的力将 1kg 物体移动 1m 所消耗的能量。日常应用以千焦（kJ）和兆焦（MJ）作为单位。1000 焦称为 1kJ，1000kJ 称为 1MJ。

焦与卡的换算关系如下：

$$1kcal = 4.184kJ$$

$$1kJ = 0.239kcal$$

近似计算为：

$$1kcal = 4.2kJ$$

$$1kJ = 0.24kcal$$

二、人体能量来源及转化

人类通过食用动物性或植物性食物中的碳水化合物、脂肪和蛋白质来获取能量，以维持体内各种生命活动和对外做功。每克碳水化合物、脂肪和蛋白质在体内氧化产生的热能值称为能量系数（或热能系数）。食物能量系数通常是用弹式测热器进行测定。弹式测热器是一个密闭的高压容器，内有一白金坩埚，其中放入待测的食物试样，并充以高压氧，使其置于已知温度和体积的水浴中，用电流引燃食物试样在氧气中完全燃烧，所产生的热量使水和量热计的温度升高，由此计算出该食物试样所产生的能量。用此法测定的每克碳水化合物、脂肪、蛋白质的能量系数分别为：

碳水化合物： 17.15kJ（4.1kcal）

脂肪： 39.54kJ（9.45kcal）

蛋白质： 23.64kJ（5.65kcal）

纯酒精吸收快，一般能量系数为7kcal，但酒精在体内氧化产生的能量只能以热能的形式出现，并向外散发，不能用于机体做功，故又称为空热能。

碳水化合物和脂肪在体内可以完全被氧化成 CO_2 及 H_2O 所产生的热量与测热器中所测热量相同。蛋白质在体内不能完全氧化，其最终产物除 CO_2 及 H_2O 以外，还有不能再进行分解的尿素、肌酐、尿酸等含氮物被排出体外。每克蛋白质产生的含氮物在测热器中还可产生 5.44kJ（1.3kcal）热能，计算能量系数时这部分应予扣除。此外，三种营养素在消化吸收过程中所造成的损失也应减去。糖、脂肪和蛋白质的消化吸收率分别为 98%、95% 和92%。故三大营养素的能量系数为：

碳水化合物： 17.15kJ×98%＝16.8kJ（4kcal）

脂肪： 39.5kJ×95%＝37.5kJ（9kcal）

蛋白质： (23.64−5.44)kJ×92%＝16.7kJ（4kcal）

如果以植物性食物为主的膳食结构，其消化吸收率低于上述估计值，则能量系数下降，尤其是蛋白质。

第二节 影响人体能量需要的因素

人体的能量需要是指正常人由食物摄取的并与所消耗部分相平衡的能量。成年人能量的消耗主要用于维持基础代谢、体力消耗和食物的特殊动力作用；对于孕妇应包括子宫、乳房、胎盘、胎儿的生长及体脂储备，乳母则需要合成乳汁；婴幼儿、儿童、青少年应包括生长发育的能量需要；创伤病康复期间也需要特殊的能量。

一、基础代谢

基础代谢是维持生命最基本活动所必需的能量需要。具体地说，它是机体处于清醒、空腹（进餐后 12～16h）、静卧状态，环境温度 18～25℃时所需能量的消耗。这包括：维持肌肉的紧张状态和体温、血液循环、呼吸活动，以及与生长有关的腺体分泌和细胞代谢活动等。

1. 基础代谢率

在上述条件下所测定的基础代谢速率称为基础代谢率（BMR）。它是指单位时间内人体所消耗的基础代谢能量。过去常用单位时间内人体每平方米体表面积所消耗的基础代谢能量

表示 [kJ/(m²·h)]。

由于基础代谢与体表面积密切相关，而人的体表面积又与体重和身高相关，故实际工作中，在计算基础代谢能量之前，首先要根据身高体重求出体表面积，再按体表面积与该年龄的基础代谢率进行计算。计算体表面积（m²）公式为：

体表面积(m²)＝0.00659×身高(cm)＋0.0126×体重(kg)－0.1603

因此，人体一昼夜基础代谢的能量消耗＝BMR×体表面积（m²）×24（h）。表 8-1 列出了不同年龄的基础代谢率 BMR。

表 8-1　人体基础代谢率 BMR

年　龄/岁	男		女	
	/[kJ/(m²·h)]	/[kcal/(m²·h)]	/[kJ/(m²·h)]	/[kcal/(m²·h)]
1	221.8	53.0	221.8	53.0
3	214.6	51.3	214.2	51.2
5	206.3	49.3	202.5	48.4
7	197.9	47.3	190.0	45.4
9	189.2	45.2	179.1	42.8
11	179.9	43.0	167.4	40.0
15	174.9	41.8	158.6	37.9
20	161.5	38.6	147.7	35.3
25	156.9	37.5	147.3	35.2
30	154.0	36.8	146.9	35.1
40	151.9	36.3	146.0	34.9
50	149.8	35.8	141.8	33.9
60	146.0	34.9	136.8	32.7
70	141.4	33.8	132.6	31.7
80	137.9	33.0	129.2	30.9

2. 影响基础代谢的因素

人体热能的基础代谢率受到很多因素的影响，如身体大小、性别、年龄、气候、营养与机能状况等。通常男性比女性高，儿童比成人高，寒冷气候中比温热气候中高。正常情况下，成年人相当于体表面积 1m² 的基础代谢约为 40kcal/h（167.36kJ/h）或 1kg 体重为 1kcal/h。以 60kg 体重男子为例，24h 的基础代谢为 1kcal/(kg·h)×60kg×24h＝1440kcal（6.0MJ）。女性比男性约低 5%，老人比成人低 10%～15%。

人体安静时能量代谢在 20～30℃ 的环境中最为稳定。当环境温度低于 20℃ 时，代谢率即开始增加，在 10℃ 以下时，代谢率显著增加。这主要是由于寒冷刺激，反射性地引起肌肉紧张性收缩加强。当环境温度超过 30℃ 时，代谢率也会增加。这可能是由于体温升高，酶的活性提高。细胞生化反应速度加快，发汗以及循环呼吸机能加强造成。

有研究资料表明，中国各地区热能摄取量与地区纬度之间呈明显正相关。纬度每差10°，热能摄取量相差 1.853J（0.4433cal），此数值相当于中等劳动强度所消耗总热能的15%。如以北纬 45°、35°、25°分别代表中国东北、华北和华南，则东北地区居民热能摄取量比华北和华南分别高约 15% 和 30%。

儿童和青少年正处于生长发育时期，能量的供给除保证正常需要外，还要充分保证生长发育对能量的需要。中年以后基础代谢率逐渐下降，活动量减少，对于能量的需求也相对减少：通常 40～49 岁减少 5%，50～59 岁减少 10%，60～69 岁减少 20%，70 岁以上减少 30%。

同时基础代谢率还与营养及机能状况等有关。同等体重情况下，瘦高体型的人体表面积大散发能量也多，其基础代谢率高于矮胖者；人体瘦体组织消耗的热能占基础代谢的 70％～80％，这些组织包括肌肉、心、脑、肝、肾等，所以，瘦体质量大，肌肉发达者，基础代谢水平高。这也是男性的基础代谢水平高于女性 5％～10％的原因。人与人之间基础代谢水平的个体差异，遗传因素是关键的影响因素之一。

二、食物的特殊动力作用

人体摄入任何食物后，都可使安静状态下的机体发生能量代谢增高，使机体向外界散失的热量比进食前有所增加，这种由于摄取食物而引起的机体能量代谢的额外增高现象即为食物特殊动力作用（SDA），又称为食物的热效应（TEF）。它只是增加机体能量消耗，并非增加能量来源。

在天然食物中，蛋白质、脂肪和碳水化合物等各种营养素都以大分子形式存在，并不能被人体直接吸收和同化，所以必须先进行消化。食物在消化过程中出现一系列的化学变化，通过酶的参与作用，将食物中的淀粉分解成单糖，甘油三酯分解成甘油一酯、甘油和脂肪酸，蛋白质分解成氨基酸等可同化的形式，然后再完成消化、转运、代谢和贮存等作用。在这个过程中同时引起体温升高和散发能量都需要消耗能量，这种因摄食而引起的能量的额外消耗就称为食物特殊动力作用，也就是食物在整个消化过程中能量消耗的结果。

但是，摄食不同的食物增加的能量消耗有很大的差异。其中蛋白质的食物动力作用最强，相当于蛋白质本身所产生热能的 30％，持续时间也较长，有的可达 10～12h。另外，碳水化合物约为其本身所产生热能的 5％～6％，脂肪约为 4％～5％。一般情况下，成人摄入的普通混合膳食中，每日由于食物特殊动力作用所引起的额外增加的能量消耗约为 627～836kJ，相当于基础代谢的 10％。

此外，摄入的葡萄糖和脂肪酸在体内进行合成代谢时均需一定能量，由氨基酸合成蛋白质所需能量更高。首先，激活每分子氨基酸和形成肽链的连接需要 2mol 的 ATP 和 1mol 的 GTP（鸟苷三磷酸），每个核苷酸掺入 DNA（脱氧核糖核酸），信使 RNA（核糖核酸）或转移 RNA 也都需要 1 个以上的高能磷酸键，每分子氨基酸转运透过细胞膜也需要 3mol ATP，故蛋白质的合成需要消耗大量的能量。而蛋白质被消化分解成氨基酸后，在肝脏脱氨并合成尿素时也需要消耗一定能量。

三、体力活动

人在一天 24h 中除了睡眠，大约有 2/3 的时间进行着各种各样的工作、学习、劳动、运动、娱乐休闲等活动，这些活动都需要消耗能量，除基础代谢消耗的能量外，从事各项体力活动所消耗的能量在人体总能量消耗中占重要部分。

体力活动所消耗的能量与体力活动强度大小、活动时间长短以及动作的熟练程度有关。在活动中，人体本身的重量是一个负荷，人的活动需要肌肉及其他组织做功，肌肉活动越强，能量消耗越大，所以劳动强度是决定能量消耗的主要因素。在同样的劳动强度条件下，持续的时间和工作熟练程度也会影响能量的消耗。持续时间越长，工作越不熟练，能量的消耗越大。

根据劳动强度的不同，中国将一般男性的体力劳动分为五级（因女性无极重体力劳动，故分为四级）。

1. 极轻体力劳动

身体主要处于坐位的工作，如办公室、开会、读书和装配或修理钟表等。

2. 轻体力劳动

以站立为主的工作，如商店售货、实验室工作和教师讲课等。

3. 中等体力劳动

如重型机械操作、拖拉机驾驶、汽车驾驶和一般农用劳动等。

4. 重体力劳动

如非机械化农业劳动、半机械化搬运工作、炼钢和体育活动等。

5. 极重体力劳动

如非机械化的装卸工作、采矿、伐木和开垦土地。

一般而言，每日热能的需求（包括基础代谢和食物特殊动力作用）为 10032～16720kJ（2400～4000kcal），孕妇和乳母需在原有基础上额外补加 300kcal/d。中国营养学会根据中国情况、劳动强度、生理特点制定了热量每天供给量标准（见表 8-2）。

表 8-2　中国热量每天供给量标准

劳动强度	热量供给量/kcal	
	男 性	女 性
轻体力劳动	2600	2400
中等体力劳动	3200	2600
重体力劳动	3400	3000
极重体力劳动	4000	孕妇、乳母＋300

另外，正处于生长发育的机体还要额外消耗能量维持机体的生长发育。婴幼儿、儿童、青少年生长发育需要的能量主要用于形成新的组织及新组织的新陈代谢，3～6 个月的婴儿每天有 15%～23% 的能量贮存于机体建立的新组织。婴儿每增加 1g 体重约需要 20.9kJ（5kcal）能量。孕妇的能量消耗主要用于子宫、乳房、胎盘、胎儿的生长发育及体脂储备，乳母的能量消耗除自身的需要外，也用于乳汁合成与分泌。

第三节　能量消耗的测定方法

人体能量的需要量实际就是能量的消耗量。测定人体能量的消耗可为合理供给能量提供依据，在临床和实际中具有重要意义，同时也是营养学工作和研究中经常进行的工作。能量消耗的测定方法很多，可根据不同研究目的和具体条件选用。

一、直接测热法

直接测热法是直接收集和测量人体所散发的全部热量的一种方法。将测试对象进入一间绝缘良好的小室内，小室四周被水层所包围，测试者在室内静卧或从事各种活动，机体所散失的热量被水吸收，并使水温上升，利用仪表准确测出一定时间内水温上升的度数，即表示这段时间内机体所散发的热量，亦可反映机体能量代谢情况或表示出机体能量需要量。此种方法数据准确度高，但仪器设备投资大，而且不适宜复杂的现场测定，因此实际工作中很少使用。

二、间接测热法

间接测热法又称气体代谢法，它的基本原理是碳水化合物、脂肪和蛋白质在生物体内氧化分解产生二氧化碳和水，并释放出能量满足机体需要，因此测定一定时间内氧气的消耗量就可计算生成的热量。间接测热法又可分为开放式和闭合式两种。

1. 开放式

开放式适用于测定运动时的能量消耗。其具体步骤是：先用气袋收集测试对象在运动过程中的呼出气，分析其中氧和二氧化碳的体积分数，从而计算出测试对象单位时间内的耗氧量和二氧化碳产生量，求出呼吸商（RQ），根据呼吸商测出相应的氧热价，将该氧热价乘以单位时间内的耗氧量，得出产热量。某项运动的净耗能量应等于运动过程中（运动时间和恢复时间）的总耗能量减去相应时间的静息耗氧量。

凡运动时间极短（几秒钟），运动当时基本上处于闭气状态的运动项目，在测定能量消耗时，可以不收集运动时的呼出气体，运动的热能完全以恢复期所消耗的能量计算。

2. 闭合式

闭合式适用于测定基础代谢率（BMR）。其具体步骤是：测试对象从闭合装置中摄取氧，根据闭合装置中氧量减少的情况得出测试对象单位时间内的耗氧量，将耗氧量与 4.825（kcal）（人体在静息状态下消耗的食物为混合食物，其呼吸商一般为 0.82，氧热价为 4.825kcal）相乘即得出 BMR。

目前，已有全自动的精密气体代谢测定仪问世，它们能自动分析气样和测出气体体积。有学者试图用心率间接推算出运动时的能量消耗，但由于心率的个体差异较大，影响因素较多，故准确性较低。随着科学家研究的不断深入，该测试的仪器和手段将日趋改进和完善。

三、生活观察法

生活观察法是详细观察和登记测试对象 1d 中各种活动的内容及时间，然后将各项活动的热能消耗率乘以从事该活动所占用的时间；将 24h 内各项活动的热能消耗量相加，得出某人 1d 的能量消耗。在此基础上，再加 10％的食物特殊动力作用所消耗的热量，就是 1d 的热量需要量。采用观察法观察的时间（d）越长，代表性越强，偏差越小。如某人一星期中休息 2d、工作 5d，就应将 7d 消耗的热能相加，再算出每天能量消耗的平均值。观察法简单易行，但要求测试对象密切配合，各项活动须计时准确，否则会影响测试结果。

四、体重平衡法

此法只适用于健康成年人。健康成年人机体有维持能量平衡的调节机制。使热能的摄入与消耗相适应，体重保持相对平衡。因此，精确地计算出一定时期（连续 15d 以上）所摄入的食物热量，并测定此时期始末的体重。根据体重的变化，按每克体重相当于 33.48kJ 热能计算，即可得出此时期的热量消耗。例如，某人在 15d 测试期的始末，体重分别为 60kg 与 61.5kg，平均每天增加 100g 体重；测试期中平均每天摄入食物热量 15066kJ。每天增加 100g 体重，说明摄入的热量比消耗的热量多 3348kJ（100×33.48kJ）。因此，此人每天实际消耗热量为 11718kJ（15066kJ—3348kJ）。

经常测量体重是监测能量是否平衡的最简便的方法。如果体重恒定或相当于标准体重，说明这段时间内能量摄入平衡，即摄入量和消耗量大致相等。一般来说体重有所增加，则说明能量的摄入大于消耗，过剩的能量以脂肪的形式积累在体内。如在没有疾病的情况下体重减少，则说明能量的摄入长期低于消耗，因而只能利用体内脂肪来满足所需能量。中国成人标准体重可参考下列公式计算：

标准体重(kg)＝身高(cm)－100　　（身高＞165cm）

标准体重(kg)＝身高(cm)－105(男)　　（身高＜165cm）

标准体重(kg)＝身高(cm)－110(女)　（身高＜165cm）

如实测体重在标准体重±10％之间，属正常；在±(10％～20％)，属过重或瘦弱。如某一男子身高为170cm，他的标准体重应为70kg。体重在63～77kg是正常的，超出或低于这个范围都不能算能量的摄入平衡。

第四节　能量的供给与食物来源

一、能量的供给

能量的消耗是确定能量需要量的基础。能量的供给也应根据能量的消耗而定，不同人群的需要和供给量各不相同。

碳水化合物、脂肪和蛋白质三大产能营养素在体内各有其特殊的生理作用，与身体健康密切相关。但它们又相互影响，尤其是碳水化合物与脂肪在很大程度上可以相互转化，并具有对蛋白质的节约作用。故三大产能营养素在总能的供给中应有一个适宜的比例。过去西方国家的高脂肪、高蛋白膳食结构给当地人们的身体健康带来许多不良影响。世界各地营养调查结果表明，每人每日膳食总能摄入量中碳水化合物占40％～80％不等，大于80％和小于40％是对健康不利的两个极端，大多控制在50％～65％，最好不应低于55％。脂肪在各国膳食中的供能比例为15％～40％不等，尤其是西方国家食用动物脂肪量过多，随着对脂肪与心血管疾病和癌症发病关系的深入认识，现在大多控制在30％以下，而以15％～25％为宜。蛋白质则以15％～20％较好。

二、能量不平衡的危害

在一般情况下，正常成人从食物中摄入的热能与体内消耗的热能维持一个动态平衡过程。一旦机体的热能收支不平衡，首先反映在体重的变化，然后发展到身体机能降低，引起疾病，甚至缩短寿命。因此，热量不足或热量过剩对人体健康都会造成危害。

1. 热量不足的危害

当人体热能摄入不足时，体内贮存的糖原首先被消耗，脂肪被氧化，甚至体内的蛋白质也被动供能，体重减轻，导致肌力减弱，工作效率下降。长期热能摄入不足，会影响蛋白质的吸收利用，造成体内蛋白质缺乏，出现蛋白质热能营养不良。临床上表现为消瘦，贫血，神经衰弱，皮肤干燥，脉搏缓慢，免疫力、健康水平下降等。因贫困及不合理喂养造成的儿童能量轻度缺乏较为常见。

2. 能量过剩的危害

若摄入的食物超过需要量，即热能过剩，多余的热能就会在体内转化为脂肪贮存起来，尤其容易积聚在皮下组织。长期热能过剩，会使体脂增多，体重增加，造成肥胖。肥胖对健康不利，因为身体肥胖，不但有大量脂肪积聚在皮下，而且还有许多脂肪沉积在内脏上，影响内脏正常的生理功能。此外，肥胖还易并发糖尿病、胆结石、胰腺炎、痛风症和某些癌症等。伴随经济发展和生活水平的提高，能量摄入与体力活动的不平衡造成饮食不良性肥胖已成为肥胖症及慢性病发病率增加的重要原因。

造成热能不平衡的原因主要有两方面：饮食和运动。就个体而言，可能是摄入热量过剩或不足，也可能是缺乏运动或运动过度。另外，某些疾病也可使热能代谢失去平衡。为了避免热能摄入量过多或过少对人体造成的危害，就要注意保持热量的收支平衡，积极参加体育锻炼。定期观察体重变化或测量皮脂厚度，及时纠正能量失调，以使能量摄入和消耗保持动态平衡。

三、能量的食物来源

食物中的碳水化合物、脂肪和蛋白质是人体能量的主要来源。按照等能定律，从能量供给上讲，3种物质比例的变化并不影响能量的摄取，可以在一定程度上相互代替。1g 碳水化合物＝0.45g 脂肪＝1g 蛋白质，因而在特殊情况下可以摄取一种或两种，这也是制造特殊食品的重要依据。不同的营养素在人体代谢中各自具有特殊的生理功能，长期摄取单一营养素会造成营养不平衡，影响健康。

碳水化合物、脂肪和蛋白质3种产能营养素普遍存在于各种食物中。但是动物性食物通常比植物性食物含有更多的脂肪和蛋白质，是膳食热能的重要构成部分。而在植物性食物中，粮食以碳水化合物和蛋白质为主；根茎类植物含有大量的碳水化合物；油料作物则含有丰富的脂肪，其中大豆含有大量油脂与优质蛋白质，它们都是较经济的能量来源，也是中国膳食热能的主要来源。水果、蔬菜类植物一般含能较少，但硬果类例外，如花生、核桃等可含有大量脂肪和蛋白质，从而具有很高的热能。

另外，各国的营养学家对乙醇在体内的代谢问题已经进行过多次研究。通过实验已经证明，在适量饮用乙醇的情况下，乙醇可以提供一定能量。因为乙醇全部燃烧，每克产生29.26kJ（7kcal）热量，其中70％可被机体利用，即可提供20.9kJ（5kcal）的热量。但是过度饮用乙醇会影响其他营养素，如蛋白质、无机盐、维生素的摄取，且过多酒精也可损伤肝脏、胃及神经系统，因此在摄取时一定要注意量的问题。

工业食品所含能量的多少是其营养学方面的一项重要指标。为了满足人们的不同需要，可把食品分为低热能食品与高热能食品。前者主要由含热能低的食物原料（包括人类不能消化、吸收的膳食纤维等）所制成，用以满足肥胖症、糖尿病患者的需要。后者则是由含能量高的食物，特别是含脂肪量高而含水量少的原料制成，如奶油、干酪、巧克力制品及其他含有高比例的脂肪和糖所制成的食品。它们的能量密度高，可以满足热能消耗大、持续时间长，特别是满足处于高寒地区工作和从事考察、探险、运动时的需要。但是，不管是哪种食品，都应有一定的营养密度。而且从总的情况来看，在人体所需热能和各种营养素之间应保持一定的平衡关系。

思 考 题

1. 试述能量的作用和生物学意义。
2. 试分析影响不同生理人群能量需要量的主要因素。
3. 何谓基础代谢，影响基础代谢的因素有哪些？
4. 下述所列人群中哪些人的基础代谢率更高？为什么？
   婴儿，成人；男子，女子；胖人，瘦人。
5. 食物的特殊动力作用是什么？它是如何产生的？
6. 如何测定或估算某一人体或人群的能量消耗量？
7. 能量平衡失调对人体有何危害？
8. 怎样通过合理膳食防止人体能量失衡及相应疾病的发生？
9. 随着年龄的增长能量的需求量有何变化？为什么？
10. 能量的食物来源有哪些？如何看待乙醇在供能方面的作用？

第九章　营养与膳食平衡

学习目标

1. 掌握膳食营养素参考摄入量的基本概念和膳食结构与膳食类型。
2. 理解居民营养状况的调查情况。
3. 了解膳食指南与膳食平衡宝塔。

合理的营养是保证人体健康的重要因素之一，良好的膳食结构是合理营养的前提。足够的营养素和能量对增强人体的体质，预防疾病和促进人体健康有非常重要的作用。营养素和能量的主要来源是食物。随着社会经济的发展和营养学研究领域的进展，人们对所消费的食物种类及其数量的选择也发生了变化，不断地探索膳食结构。

第一节　膳食营养素参考摄入量的基本概念

随着经济发展，膳食模式改变出现一些慢性疾病高发的问题。为此，以预防慢性疾病为目标，在推荐的每日膳食营养摄入量（RDA）基础上发展起来一组每日平均营养素摄入量的参考值，即我国现行的中国居民膳食营养素参考摄入量（DRI），包括以下4项营养水平指标。

1. 平均需要量

平均需要量（EAR）是指可以满足某一特定性别、年龄及生理状况群体中的50％个体需要量的摄入水平。这一摄入水平不能满足群体中另外50％个体对该营养素的需要。EAR是制定RNI的基础。

2. 推荐摄入量

推荐摄入量（RNI）相当于传统使用的RDA，是指可以满足某一特定性别、年龄及生理状况群体中绝大多数（97％～98％）个体需要量的摄入水平。长期摄入RNI水平可满足身体对该营养素的需要，保持健康和维持组织中适当的储备。RNI的主要用途是作为个体每日摄入该营养素的目标值。如果需求量呈正态分布时，且已知EAR的标准差，则RNI＝EAR＋2SD（SD为标准差）。如果关于需要量变异的资料不够充分，不足以计算SD时，一般假设EAR的变异系数为10％，则RNI＝1.2EAR。

3. 适宜摄入量

适宜摄入量（AI）是通过观察或实验获得的健康人群某种营养素的摄入量。在缺乏肯定的资料作为EAR和RNI的基础时，可设定用AI代替RNI。AI的主要用途是作为个体营养素摄入量的目标，是通过观察或实验获得的健康人群某种营养素的摄入量，例如纯母乳喂养的足月产健康婴儿，出生4～6个月的营养素全部来自母乳，母乳的营养素量就是它们的AI值。

4. 可耐受最高摄入量

可耐受最高摄入量（UL）是平均每日摄入营养素的最高限量。即这个量对一般人群中的几乎所有个体健康都无任何副作用和危险。制定 UL 的目的是为了限制膳食和来自强化食物及膳食补充剂的某一营养素的总摄入量，以防止该营养素引起的不良作用。"可耐受"指这一剂量在生物学上大体是可以耐受的，但不表示可能是有益的，健康个体摄入量超过 RNI 或 AI 均没有明确的益处。当摄入量超过 UL 而进一步增加时，损害健康的危险性也随之增大。

第二节 膳食结构与膳食类型

一、膳食结构

当今世界各国膳食结构主要分三大类型。

① 以动物性食物为主的膳食结构。即肉、禽、乳及其制品、油脂等食物的消费量在全日膳食中占主要比重，提供的能量比例较大。机体能量过剩，营养不平衡。该类型是经济发达国家模式、过剩型膳食结构。

② 以植物性食物为主的膳食结构。以粮食作为全日膳食中主要消费食物，动物性食物提供机体的能量低于 10%。该类型是发展中国家模式、营养不足型膳食结构。

③ 以植物性食物为主，动植物食物并重的膳食结构。以日本为典型代表，介于东西方国家的新型食物消费型。动植物食物摄入比重相当，这种混合型的膳食结构是比较合理的，称为"日本模式"。

二、膳食类型

膳食是人们有规律进食的食物或食品。实际生活中，由于地区、民族或个人信仰与生活习惯等的不同，世界各国人们有不同的膳食结构和食物消费。

膳食类型指人们长期经常进食食物的质与量的组成及烹调方式的类型，包括如下 4 种类型。

(1) 素膳 素膳是主要或完全由植物性食品构成的膳食，又分纯素膳和广义素膳。纯素膳是完全不含动物性食品的膳食，如谷类、豆类、果蔬等植物性食品。广义素膳是完全无肉的膳食，仅仅排除由屠宰动物制成食品的膳食，可有乳或蛋及其制品。广义素膳可保证机体达到氮平衡，从营养学的观点看比纯素膳好。

(2) 混合膳食 混合膳食是指植物性食品和动物性食品构成的膳食。不但适合人类消化道解剖结构，也为其提供饱腹、易消化和全面的营养创造了有利条件。

(3) 平衡膳食 平衡膳食是指膳食中所含营养素种类齐全、数量充足，配比适宜，既能满足机体生理需要，又可避免因膳食构成的营养素比例不当，甚至某种营养素缺乏或过剩所引起的营养失调。

(4) 合成平衡膳食 合成平衡膳食是由纯净的 L-氨基酸、单糖、必需脂肪酸、维生素和矿物质等人工合成的膳食。配比符合平衡膳食要求，不含高分子类难消化物质，可被机体全部吸收利用。

第三节 居民营养状况调查

为了确切地掌握居民某一段时间的营养状况和其动态发展趋势，需要进行居民营养状况调查与监测。居民营养状况调查简称营养调查，是运用各种手段准确了解某一人群甚至个体各种营养素指标的水平以判断其当前营养状况。目的是了解居民的膳食和与营养状况密切相关的居民体质及健康是否达到合理的营养要求，及时找出居民的营养需求和膳食中存在的缺陷，从而提出有针对性的改进措施，为进一步营养监测和制定营养政策提供基础情况。食品生产者应及时准确地了解营养调查的有关资料，恰当地调整食品生产方向，为人们提高丰富的可供选择的食物，增进人们健康。营养调查的内容包括膳食调查、体格检查和生化检验三部分。

一、膳食调查

膳食调查的目的是了解调查期间调查对象通过膳食所摄取的热能和各种营养素的数量和质量，对照 RNI 评定正常营养需求得到满足的程度。膳食调查常用的方法有称量法、查账法和询问法等，可根据具体情况选择其中的一种。

1. 称量法（称重法）

称重法是指对某一膳食单位（团体、家庭或个人）所消耗的食物全部分别称重的方法。一般应连续进行 4d 以上，调查对象至少占同类人员的 10% 以上，且不得少于 20 人。此法细致，可调查出每日膳食的组成情况，但较费力。

2. 查账法

该法通过查阅过去一定时期内食物消费总量和同一时期的进餐人数，根据混合系数粗略算出每人每日各种食物的摄入量，再按照食物成分表计算这些食物所供给的热能和营养素数量。此法简便、快速，基础是膳食账目，最适合建有伙食账目的集体食堂等单位。缺点是不够精确。

3. 询问法（24h 回顾法）

此法是根据由经过询问调查单位或对象提供的每一个 24h 内的膳食情况，对其食物摄入量加以估算评价的一种方法。计算方法与查账法相同。此法适合于特殊情况下人群（如病人、散居儿童等）的调查，可用于调查单位和对象，工作简便但结果比较粗糙。

4. 膳食营养评价

膳食营养调查后，要对其结果进行评价。膳食营养评价的方法有：将膳食调查所得到的资料进行整理和计算。随着科技的进步，应用于膳食营养计算、膳食营养评价、营养配餐的设计、营养治疗膳食设计等多种软件的开发，使原来繁杂、费时的计算变得方便快捷，调查者也可以根据工作需要自行编程，通过计算，求出每人每日各类食物的摄入量和各种营养素与热能的摄入量，将结果与每人每日 RNI 比较，通过计算食物热能、蛋白质和脂肪的来源、分布及每人每日营养素摄入量占 RNI 或 AI 的百分数等评定膳食营养状况。由于在制定 RNI 时留有一定的安全系数，所以，营养素的摄入量不一定要达到 100%，一般认为营养素摄入量如达到 RNI 的 80% 以上（除热能为 90% 以上外）可以保证大多数人不致发生缺乏病症状，低于 60%（除热能为 50% 外）即为摄入不足。

（1）食物构成 较为合理的组成为以谷类为主食，蔬菜为副食，搭配少量豆制品和动物性食品。同时适当补充功能性食品，以调整膳食平衡，促进健康。

（2）能量 在各种营养素中，热能摄入量与需要量的差别不大，占标准的 90% 左右为正常，低于 80% 为摄入量不足，摄入量长期超过 30% 有害无益；包括热能食物来源分布百分比和热能营养素来源分布百分比（蛋白质 10%～15%；脂肪 20%～30% 为宜，其中饱和脂肪酸提供的能量不及总能量的 10%）以及三餐热能比〔(2～3)∶4∶

（3～4）]，一餐能量不超过全日的 50％。

（3）营养状况　包括蛋白质来源分布和百分比，一般认为来自动物和豆类的蛋白质占蛋白质总量的 30％～50％为宜，低于 10％就认为蛋白质来源较差。当热能供给充分时，蛋白质量在 RNI 的 80％以上，一般认为多数成人不致产生缺乏症。

（4）维生素与无机盐　包括维生素 A、维生素 C、维生素 D 来源；维生素 B_1、维生素 B_2、烟酸与能量供给比例；钙、铁等来源和其占 RNI 百分比。对其食物来源和百分比进行分析可进一步了解维生素与无机盐的营养状况。

二、营养状况的体格检查

营养是人体生长发育和维持正常体质的重要因素之一，体格检查就是借助临床检查来观察进餐者的与营养状况有关的体质和有无营养缺乏病的特征。人体营养状况的体质检查通常包括体格检查、相关生理功能检查和缺乏症体征检查三个方面，进行时可根据具体情况加以选择检查项目。体重、身高和皮褶厚度常常用来作为评价营养状况的必测指标。

1. 体重、身高

这是人体测量资料中最基础的数据，在反映人体营养状况上比较确切。为了避免测量上的误差，宜在清晨空腹排便后测定体重，身高的测量在上午 10 时左右为宜，此时身高处于中等水平。身高的测量方法是赤脚立于地面，脚跟靠紧，膝伸直，上肢自然下垂，肩自然放松，头正，眼耳在一个平面上。身高反映骨骼发育特别是钙、维生素 D 和蛋白质在体内的吸收利用和储备情况，显示机体的发育和潜在能力。

体重计算公式参见第八章第三节体重平衡法。

国际上对儿童体重、身高的评价方法是按相当标准值的百分比（％）来评价。即标准体重的 90％～100％、身高 95％～100％范围内为营养正常；在体重的 75％～89％、身高 90％～94％范围内为Ⅰ°营养不良；在体重的 60％～74％、身高 85％～89％范围内Ⅱ°营养不良；体重＜60％和身高＜85％为Ⅲ°营养不良；体重和身高超过 100％为营养良好。

另一种常用的方法是体质指数（BMI）。体质指数（BMI）＝体重(kg)/[身高(m)]^2，单位为 kg/m^2。此指数判断标准为：成人男、女分别为 20～25、19～24 为正常，BMI＞25、24 为肥胖或超重，BMI＜20、19 为慢性营养不良。

2. 皮褶厚度

皮褶厚度主要表示皮下脂肪厚度，WHO 推荐的测量点通常为三处：脐旁 1cm 处、肩胛下和三头肌处。

测定时用皮褶厚度测量仪测量肩胛下和三头肌处皮褶厚度，二者相加即为皮褶厚度。皮褶厚度一般与身高、标准体重结合起来判断。

评价方法：三头肌＋肩胛下部或脐周＋肩胛下部，男 10mm 以下、10～40mm 和 40mm 以上分别为甚瘦、中等和肥胖的界限；女 20mm 以下、20～50mm 和 50mm 以上分别为甚瘦、中等和肥胖的界限。

3. 评价指数

人体测量资料的评价指数较多，一般按一定公式计算。例如，Kaup 指数＝体重(kg)×10^4/身高 (cm)^2。此指数正常范围为 15～19，19～22 为良好，13～15 为消瘦，10～13 为营养不良，10 以下为消耗性疾病，22 以上为肥胖。

第四节 膳食指南与膳食平衡宝塔

一、膳食指南

1. 平衡膳食的要求

合理的膳食既应能满足人体生理需要，又应保持合适比例，避免比例失调和某些营养素过剩引起人体不必要的负担与代谢紊乱，使人体营养需要与膳食供给之间建立平衡关系。

（1）要满足身体的各种营养需要　人体需要足够的能量以维持体内外的活动。适当的蛋白质供机体生长发育，组织的修补和更新以及维持正常的生理功能。充足的无机盐参与构成身体组织和调节生理机能。适量的膳食纤维维持正常的排泄和预防某些疾病。丰富的维生素以保证身体健康、维持身体的正常生长发育，并提高身体抵抗力。充足的水分以维持体内各种生理程序的正常进程。合理的平衡膳食应能够满足人体各种营养需要，达到促进健康的目的。

（2）每日应有的食物种类　合理的膳食应以粮食类为能量主要来源，数量应与热能需要量相适应，最好粗细搭配混用。1d进食的蛋白质中，动物性来源的优质蛋白质数量最好能达全部蛋白质的1/3。合理的平衡膳食还应包括丰富的蔬菜、水果类和适量的烹调油类。一般摄入的食物种类越多，营养素摄入越全面。

（3）要有合理的膳食制度　合理安排一日餐次、两餐间隔时间及每餐的数量和质量。比较合理的餐次为3餐/d，儿童适当加餐以4～6餐/d为宜。热能的分配要合理，早、中、晚餐的热能比例大致为3∶4∶3为宜。食物组成要能促进消化、引起食欲。食物的安全性是第一位的，所以保证清洁卫生、防止食物污染等是摄入食物的首要前提。

2. 中国的膳食指南

膳食指南是指依据营养学理论，结合人群实际情况对一个国家或地区在一定时期内所有居民或特殊人群制定的摄取平衡膳食以促进健康的总指导原则。

中国营养学会1989年提出的中国膳食指南如下：食物要多样，饥饱要适当，油脂要适量，粗细要搭配，食盐要限量，甜食要少吃，饮酒要节制，三餐要合理。1997年中国居民膳食指南专家委员会根据全国营养调查资料、有关研究报告及中国居民膳食结构的变化及居民膳食中存在的缺陷，修订了《中国居民膳食指南》，强调"常吃奶类、豆类或其制品"以弥补膳食钙严重不足的缺陷；提倡居民注重食品卫生，增强自我保护意识；根据孕妇、乳母、婴幼儿等不同人群的特点制定不同人群的膳食指南要点。2007年再次对《中国居民膳食指南》进行修订：指出要以科学证据为基础，密切联系我国居民膳食营养的实际，建议居民选择平衡膳食、注意食品卫生、进行适当的身体活动、保持健康的体重，对各年龄阶段的居民合理摄取营养、避免由不合理的膳食带来疾病具有普遍的指导意义。

2016年国家卫生计生委根据中国居民膳食结构特点，新出版了《中国居民膳食指南》（2016年版）：针对2岁以上的所有健康人群提出6条核心推荐，突出强调"平衡膳食"，把"健康体重"概念提到建议前列，特别指出肥胖是众多慢性疾病的危险因素。具体内容如下。

（1）食物多样，谷类为主　每天的膳食应包括谷薯类、蔬菜水果类、畜禽鱼蛋奶类、大豆坚果类等食物。平均每天摄入12种以上食物，每周25种以上。每天摄入谷薯类食物250～400g，其中全谷物和杂豆类50～150g，薯类50～100g。食物多样、谷类为主是平衡膳食模式的重要特征。

(2) 吃动平衡，健康体重　各年龄段人群都应天天运动、保持健康体重。食不过量，控制总能量摄入，保持能量平衡。坚持日常身体活动，每周至少进行 5 天中等强度身体活动，累计 150min 以上。主动身体活动最好每天 6000 步。减少久坐时间，每小时起来动一动。

(3) 多吃蔬果、奶类、大豆　蔬菜水果是平衡膳食的重要组成部分，吃各种各样的奶制品，经常吃豆制品，奶类富含钙，大豆富含优质蛋白质。餐餐有蔬菜，保证每天摄入 300～500g 蔬菜，深色蔬菜应占 1/2。天天吃水果，保证每天摄入 200～350g 新鲜水果，果汁不能代替鲜果。吃各种各样的奶制品，相当于每天液态奶 300g。经常吃豆制品，适量吃坚果。

(4) 鱼、禽、蛋和瘦肉摄入要适量　每周吃鱼 280～525g，畜禽肉 280～525g，蛋类280～350g，平均每天摄入总量 120～200g。优先选择鱼和禽，吃鸡蛋不弃蛋黄。少吃肥肉、烟熏和腌制肉制品。

(5) 少盐少油，控糖限酒　培养清淡饮食习惯，少吃高盐和油炸食品。成人每天食盐不超过 6g，每天烹调油 25～30g。控制添加糖的摄入量，每天摄入不超过 50g，最好控制在25g 以下。每日反式脂肪酸摄入量不超过 2g。足量饮水，成年人每天 7～8 杯（1500～1700ml），提倡饮用白开水和茶水，不喝或少喝含糖饮料。儿童少年、孕妇、乳母不应饮酒，成人如饮酒，男性一天饮用酒的酒精量不超过 25g，女性不超过 15g。

(6) 杜绝浪费，兴新食尚　珍惜食物，按需备餐，提倡分餐不浪费。选择新鲜卫生的食物和适宜的烹调方式。食物制备生熟分开、熟食二次加热要热透。学会阅读食品标签，合理选择食品。多回家吃饭，享受食物和亲情。传承优良文化，兴饮食文明新风。

3. 中国特定人群膳食指南

某些特定人群膳食指南概括如下。

(1) 婴儿　鼓励母乳喂养。母乳喂养 4 个月后逐步添加辅助食品。

(2) 幼儿与学龄前儿童　每日饮奶。养成不挑食、不偏食的良好饮食习惯。

(3) 学龄儿童　保证吃好早餐，少吃零食，饮用清淡饮料，控制食糖摄入，重视户外活动。

(4) 青少年　多吃谷类，供充足的能量。保证肉、鱼、蛋、奶、豆类和蔬菜的摄入。参加体力活动，避免盲目节食。

(5) 孕妇和乳母　保证充足的能量。增加鱼、肉、蛋、奶和海产品的摄入。孕妇妊娠后期保持体重的正常增长。

(6) 老年人　食物要粗细搭配，易于消化。积极参加适度体力活动，保持能量平衡。

二、膳食平衡宝塔

中国居民平衡膳食宝塔是为帮助居民把膳食指南的原则具体应用于日常膳食实践，中国居民膳食指南专家委员会针对中国居民膳食的主要缺陷，按平衡膳食的原则，推荐了中国居民各类食物的适宜消费量，并以宝塔形式表达，称"中国居民平衡膳食宝塔"。它形象地表达了膳食指南的三个关键，即多样、平衡和适量，提出了一个营养上较理想的膳食模式，见图 9-1。

膳食平衡宝塔共分 5 层，包含人们每天应吃的主要食物种类，体积和份数由下至上依次减少，在一定程度上反映各类食物在膳食中的地位和应占比重。

第 1 层谷类食物位居底层，每人每天应摄入 250～400g。谷类、薯类及杂豆是人体能量的主要来源，与《中国居民膳食指南》的第一条食物多样、以谷类为主相吻合。

第 2 层是蔬菜和水果，每人每天应吃蔬菜 300～500、水果 200～400g，主要提供膳食

盐	<6g
油	25～30g
奶及奶制品	300g
大豆及坚果类	25～35g
畜禽肉	40～75g
水产品	40～75g
蛋 类	40～50g
蔬菜类	300～500g
水果类	200～350g
谷薯类	250～400g
全谷物和杂豆	50～150g
薯类	50～100g
水	1500～1700ml

每天活动6000步

图 9-1　中国居民平衡膳食宝塔（2016 年版）

纤维、矿物质和维生素，与《中国居民膳食指南》的第三条多吃蔬菜、奶类和大豆相吻合。

　　第 3 层是鱼、禽、肉、蛋等动物性食物，每天应摄入 125～225g（鱼虾类 50～100g，畜、禽肉 50～75g，蛋类 25～50g），主要提供蛋白质、脂肪、维生素 A、B 族维生素和微量元素铁、锌等，与《中国居民膳食指南》的第四条经常吃适量鱼、禽、蛋、瘦肉，少吃肥肉和荤油相吻合。

　　第 4 层为奶类和豆类食物，每天应吃相当于鲜奶 300g 的奶类及奶制品和相当于干豆 30～50g 的大豆及制品，主要提供蛋白质、脂肪、膳食纤维、钙和 B 族维生素，与《中国居民膳食指南》的第三条常吃奶类、豆类或其制品相吻合。

　　第 5 层塔顶是烹调油和食盐，每天烹调油不超过 25g 或 30g，食盐不超过 6g。油脂类是纯热能食物，植物油主要提供维生素 E 和必需脂肪酸。

　　膳食平衡宝塔还建议：健康成人每天身体活动应达到 6000 步的活动量。每周约相当于 4 万步。如果身体条件允许，每天最好进行 30 分钟中等强度的运动。与《中国居民膳食指南》的第二条各年龄段人群都应天天运动、保持健康体重相吻合。

　　中国目前的食物结构属于温饱型，以粮谷类等植物性食物为主，动物性食品为辅。能量基本满足需要，能量和蛋白质主要来源于谷类，动物性蛋白质仅占 11%。脂肪摄入过多，动物性脂肪比重远远超过 WHO 建议目标，钙、铁、锌和维生素摄入低于供给标准。根据目前的食物结构，中国提出膳食结构改进目标是降低谷类食品的摄入量，占 60%～65%；提高蛋白质数量，达到（70±5）g/d，蛋白质热比成人为 12%，儿童为 14%；同时改进蛋白质质量，增加豆类和动物性食物比重，大豆蛋白质占总蛋白质的 20%，动物蛋白质占总蛋白质的 25%。改善摄入脂肪的质量，提高植物油和鱼类摄入以增加不饱和脂肪酸摄入。降低食盐摄入，每人每天应低于 6g。三餐能量合理分配。膳食结构改进目标中所建议的一些食物的摄入量可能与大多数人当前的实际膳食有一定的距离，但为了改善中国居民的膳食营养状况，应该逐步达到这一目标。

第五节　营养食谱的设计

一、营养食谱设计的原则

合理的营养食谱是利用平衡膳食的理论,合理搭配各种食物原料,提供人体所需要的热能和各种营养素,达到营养素的摄入量标准,并合理分配到各餐中,以满足人体生理的需求。根据原料的营养素分布与特点,用适当的烹调方法,以促进人体食欲,提高食物中营养素的消化吸收率。

二、营养食谱设计的方法

食谱每天编制成为一日食谱,每周编制成为一周食谱。完整的食谱应包括一日三餐饭、菜的名称,食物原料的种类、数量、烹调方法和膳食制度等。目前食谱设计常用的方法有三种:营养成分计算法、食品交换份法和计算机食谱编制法。

1. 营养成分计算法

主要是根据人体的营养素需要量,分别计算并确定出主食、副食和调味品的数量,结合原料特点,合理烹调,并将其分配到一日三餐中。设计步骤为:先确定热能和营养素的推荐摄入量,然后依次计算并确定出主食、副食、调味品的种类和数量,接下来将各种食物合理分配至三餐中,最后将设计结果以食谱形式出现。

2. 食品交换份法

食品交换份法是将日常常用食物按所含营养素的特点进行分类,按照各类食物的习惯食用量,确定一份适当的食物质量,计算出每份食物中三大营养素和热能的含量,列表对照以供交换使用,然后根据不同的热能需要量,按蛋白质、脂肪、碳水化合物的推荐摄入量标准比例计算出各类食物的交换份数。每个人按照其年龄、性别、工作性质、劳动强度、所需热能,对照选配食物,基本上能满足平衡膳食的需要。设计步骤为:对日常食物进行分类,计算营养素含量,计算每交换份不同食物的质量,安排各类食物的分配数量。在食谱设计时,根据人体的热能需要,对照食物份额,选择食物的种类和数量,合理分配到三餐中,编制成一日食谱。

3. 计算机食谱编制法

有一系列的营养软件,可提供营养素分析、食谱编制、营养与膳食调查数据的统计整理等服务,一些软件还建立了食物营养素和有关资料的查询系统等。计算机软件进行食谱编制大大提高了工作效率,方便了营养工作者的工作。

三、食品交换份法设计营养食谱举例

食品交换份法在国内外普遍采用,设计步骤如下。

1. 计算食品交换份

例:某女性患糖尿病,68 岁,身高 160cm,体重 65kg,轻体力劳动,空腹血糖7.5mmol/L,餐后 2h 血糖 12mmol/L,血脂正常,用单纯饮食控制。糖尿病正常体型轻体力劳动者每日热量供给量 125kJ/kg 体重。糖尿病患者每增加 10 岁,每日热量供给量比规定酌情减少 10%。

标准体重:160－105＝55 (kg)

体型：体重范围为 44～66kg，该例属正常体型。

每日热能：$55 \times 125 \times (1-0.2) = 5500$kJ $= 1315$kcal $= 14.6$ 交换份（注：$68-55 \approx 20$，故减去 0.2）

由于每一食品交换份的任何食谱所含的热能相似，多定为 377kJ 即 90kcal，所以每日热能为 14.6 交换份。蛋白质、脂肪、碳水化合物占每日膳食总能量的 15％、25％、60％。

蛋白质：$1315 \times 15％ \div 4 \approx 49$（g）

脂肪：$1315 \times 25％ \div 9 \approx 36$（g）

碳水化合物：$1315 \times 60％ \div 4 \approx 197$（g）

2. 粗配食谱

① 首先设定必需的常用食物的用量。

② 用每天碳水化合物摄入总量减去以上常用食物中碳水化合物量，得谷薯类碳水化合物用量，除以相当于 1 个交换份该类食物所含碳水合物含量，得谷薯类用量，再乘以相当于 1 个交换份的该类食谱所含蛋白质、脂肪含量；依此类推，计算出蛋白质、脂肪用量，肉类和油脂的用量。

3. 根据粗配食谱中选用食物的用量，计算该食谱的营养成分

该营养素应达到推荐摄入量标准的 80％～100％。若不符合要求，则应进行调整，直至符合要求为止。

4. 编排一周食谱

一日食谱确定以后，可根据食用者饮食习惯、市场供应情况等因素在同一类食物中更换品种和烹调方法，编排成一周食谱。

思 考 题

1. 膳食营养素参考摄入量包括哪些指标？

2. 当今世界各国膳食结构主要分哪三大类型？

3.《中国居民膳食指南》包括哪些内容？

4. 营养调查包括哪些内容？膳食调查有哪些方法？各适合哪些人群？

第十章 不同人群的营养

第一节 孕妇的营养与膳食

一、孕妇的营养需要

妇女从妊娠期开始到哺乳期，由于孕育胎儿、分娩及分泌乳汁的需要，对多种营养素的需要较正常时增加，是需要加强营养的特殊生理过程。孕妇的营养状况是否良好，关系到妊娠过程、胎儿和婴儿的正常生长发育。据有关资料表明，孕妇严重营养不良时可能造成低出生体重儿、早产儿和出生婴儿先天畸形的发生率增加，影响胎儿大脑发育直至成人体力、智力的全面发展。孕妇的营养状况还影响本身的健康，营养不良的孕妇容易出现呼吸道、泌尿系统感染，严重时可引起妊娠毒血症、子痫症等并发症。据报道，中国孕妇贫血患病率平均达 30% 左右，孕末期更高。

1. 孕妇的合理营养

适合孕期的平衡膳食是指这种膳食既要保证孕妇热量和各种营养素的生理需要量，又要使摄入的热量适宜，各种营养素之间比例合理，同时供给富含各种维生素及无机盐的食物。

2. 热能需要

孕妇在整个妊娠期，体重可增加 11kg 以上，其中胎儿 3.2kg 左右，导致孕期的总热能需要量增加。中国营养学会建议孕妇于妊娠 4 个月起每天可增加 200kcal 热能摄入量。热能的摄入是否适宜一般可根据定期测量体重的增长是否正常来判断，一般认为体重每周增加 350～400g 为宜。

3. 蛋白质

蛋白质应满足母体和胎儿生长的需要，孕期对蛋白质的需要量增加，蛋白质摄入不足，易发生妊娠并发症，如先兆子痫。足月胎儿体内含蛋白质 400～500g，加上胎盘及孕妇其他有关组织增加的需要，共需蛋白质近 1000g，这些蛋白质均需孕妇在妊娠期间不断从食物中获得。WHO 建议妊娠后半期较非孕妇女应每日增加摄入优质蛋白质 9g。中国膳食因摄入植物性食品较多，中国营养学会推荐在孕中期较非孕妇女应每日增加蛋白质 15g，孕末期以每日增加 20g 为宜。其中动物类和豆类食品等优质蛋白质应占 1/3 以上。

4. 无机盐

孕期膳食中可能缺乏的无机盐是钙盐、铁盐、锌盐、碘盐。孕妇钙摄入不足，易患手脚抽搐或骨质软化症；铁摄入不足，易发生缺铁性贫血；碘摄入不足，易发生甲状腺肿大，并影响胎儿发育，发生克汀病。中国营养学会推荐孕中期每日钙摄入量为 1000mg，孕末期为

1500mg；孕中期每日铁摄入量为 25mg，孕末期为 30mg；建议孕妇每日锌摄入量由非孕妇女的 11.5mg 增至 16.5mg；孕期每日膳食中碘的摄入量由非孕妇女的 150μg 增至 175μg。

5. 维生素

孕期需要特别考虑的维生素是维生素 A、维生素 D、B 族维生素（维生素 B_1、维生素 B_2、烟酸、维生素 B_6、叶酸、维生素 B_{12}）和维生素 C。叶酸与维生素 B_{12} 不足易患巨红细胞性贫血，同时导致畸形儿发生比例增加。

二、孕妇的合理膳食

1. 孕早期膳食（1～3 个月）

此期胎儿生长发育缓慢，一般体重增加较少，孕妇膳食中热能及各种营养素的需要量可与孕前基本相同。在此期间孕妇常伴有恶心、呕吐、食欲不振等症状，膳食宜清淡易消化、少吃多餐。

2. 孕中（4～6 个月）、末期（7～9 个月）膳食

怀孕 3 个月以后，孕妇体重每周平均增加约 350～400g，各种营养素及热能需要相应增加。此期膳食中碳水化合物占总能量仍以 55%～60% 为宜，膳食中应有一定量的膳食纤维，以促进排便。不宜过分摄取油腻食品，防止体重增加过多，一般占总能量 20%～25% 为宜，但要注意不饱和脂肪酸的摄入。怀孕 3 个月以后，母体也开始在体内储备蛋白质、脂肪、钙、铁等多种营养素，以备分娩及泌乳的需要，要提供孕妇膳食中优质蛋白质和富含各种维生素及钙、铁等无机盐的食物。

第二节　哺乳期妇女的营养与膳食

一、哺乳对乳母健康的影响

产妇哺乳不仅为婴儿提供了丰富的食物，而且有利于母体的健康。哺乳对乳母健康的影响表现为：促进产后子宫的恢复，避免发生乳腺炎，延长恢复排卵时间，预防产后肥胖，降低骨质疏松的发病率，降低乳腺癌和卵巢癌的发病概率等。

二、哺乳期妇女的营养需要

母乳是保证婴儿健康成长最理想的食品。良好的乳母膳食要能保证乳汁的正常分泌并维持乳汁质量的稳定。若乳母膳食中某些营养素供给不足，首先动用母体的营养储备稳定乳汁成分。乳母营养长期不足将导致母体营养缺乏，乳汁分泌量下降，在哺乳期中应重视乳母的合理营养，保证母婴健康。

1. 热能

授乳期妇女基础代谢上升 10%～20%，分泌乳汁需消耗能量，加之自带孩子操劳能量消耗增多。通常每产生 100ml 乳汁约消耗 85kcal 热量，按每日分泌 750～850ml 计，则需多耗 643～723kcal 热能。若按哺乳期为 6 个月计，每日可贮存脂肪提供能量为 200kcal，还需从膳食中增加热能以满足需要。中国营养学会建议 1～6 个月乳母膳食中应每日增加能量摄入 500kcal；6 个月以后应每日增加能量摄入 500～650kcal。

2. 蛋白质

母乳中蛋白质平均含量为 1.2g/100ml，按每日分泌 850ml 乳汁计算约需 10g 高生物价优质蛋白质，膳食蛋白质转变为乳汁蛋白质的有效转换率为70％。中国营养学会建议哺乳期乳母蛋白质较成年女子多摄入20g膳食蛋白质，其中一部分为优质蛋白质。

3. 脂肪

膳食中脂肪低于1g/kg体重时泌乳量下降，乳汁中脂肪含量也降低，乳脂肪酸种类与膳食有关，膳食中含不饱和脂肪酸较多时，乳汁中亚油酸的含量相应也多。中国营养学会推荐摄入量占总能量的20％～25％为宜。

4. 无机盐

乳母需要补充钙和铁等矿物质。当膳食中钙不足时，可能动用母体的钙贮存以维持乳汁中钙含量的稳定。中国营养学会推荐每日乳母钙摄入量为1500mg，每日膳食乳母铁摄入量为28mg。

5. 维生素

乳母授乳期膳食中的各种维生素都应适量增加。中国营养学会推荐乳母维生素A的RNI为1200μg RE，较一般妇女增加400μg RE。维生素D几乎不能通过乳腺，母乳中维生素D含量很低。乳母每日膳食中维生素D RNI为10μg，乳母应注意多晒太阳、适量补充鱼肝油。

大多数水溶性维生素均可通过乳腺进入乳汁，但当乳汁中含量达一定程度后即不再增加。中国营养学会推荐乳母每日膳食维生素B_1、维生素B_2、烟酸分别为2.0mg、2.1mg和20mg。乳母每日膳食维生素C为130mg，较一般妇女增加30mg。哺乳期水溶性维生素的供给量见表10-1。

表 10-1　哺乳期水溶性维生素的供给量

维生素	RNI	AI	维生素	RNI	AI
维生素 B_1	1.8mg/d		泛酸		7.0mg/d
维生素 B_2	1.7mg/d		叶酸	500μg/d	
维生素 B_6		1.9mg/d	烟酸	18mg NE/d	
维生素 B_{12}	2.8μg/d		胆碱	500μg/d	
维生素 C	130mg/d		生物素	35μg/d	

6. 水分

水分摄入不足直接影响乳汁分泌量，除每日多饮水外，还应摄入一定量的骨头汤、肉汤、菜汤和粥等，以增进乳汁分泌。

三、哺乳期妇女的合理膳食

乳母的合理营养就是选用营养价值较高的食品，调配成平衡膳食。每天4～5餐，我国民间习惯产妇多吃鸡蛋、红糖、小米、芝麻以及一些催乳的汤类如鸡、鸭、鱼、肉汤，豆类及豆制品等。

哺乳期的膳食原则是产后1h可进流食、半流食；产后次日每日4～5餐，可进食普通食物，增加蛋白质25～35g，多汤汁及膳食纤维食物，补充维生素和铁；产褥后期：多食动物性食物和豆类食品，含维生素D和含铁丰富的食物，多食蔬菜和水果。

第三节　儿童和青少年的营养

一、婴幼儿的营养与膳食

婴幼儿按不同年龄分为以下几个阶段：新生儿期（出生至1个月）；婴儿（满月～满1

周岁）；幼儿期（1～3 岁）；学龄前（4～6 岁）；学龄期（7～12 岁）。婴幼儿期是人类生长发育的高峰期，需要大量的营养素。营养与热能的供给，对婴幼儿的体力、智力的发育有直接明显的作用。婴幼儿各种生理机能还不完善，消化器官幼嫩，不适当的膳食易导致功能紊乱和营养不良。所以，婴幼儿膳食有一定特殊要求，食物供给不仅要保证营养需要，而且也要适合婴幼儿的生理特点，合理喂养。

1. 婴幼儿营养需要

（1）蛋白质　蛋白质以占摄入总能量的 15％为宜。初生到 1 岁期间，体重将增加至出生时的 3 倍。需要优质蛋白质（母乳 2g/kg；牛乳 3.5g/kg；部分或全部代乳品 4g/kg），但婴儿肾脏及消化器官未发育完全，过高地摄入蛋白质不但没有好处，可能还产生负面影响。

（2）脂肪　婴幼儿每日脂肪约需 4g/kg 体重，约占总能量的 30％～35％为宜。1～6 岁幼儿每日脂肪约需 3g/kg 体重，脂肪除了提供能量，还供给婴幼儿生长发育所需的必需脂肪酸和脂溶性维生素。

（3）碳水化合物　一般占 50％～55％为宜。4 个月左右的婴儿能较好地消化淀粉食品，早期添加适量淀粉可刺激唾液淀粉酶分泌。充足的碳水化合物对保证体内蛋白质很重要，婴儿每日碳水化合物约需 10～12g/kg 体重，2 岁以上约 10g/kg 体重。要控制蔗糖的摄入，防止从小养成偏喜甜食的习惯而影响正常的食欲，防止龋齿的发生。

（4）热能　婴幼儿生长发育非常旺盛。出生后至第一周热能需要 60kcal/（d·kg 体重）；2～3 周热能需要 100kcal/（d·kg 体重）；2～6 个月为 110～120kcal/（d·kg 体重）。出生头几个月生长发育最迅猛，能量的 1/4～1/3 用于生长发育。

三大热源质之间保持合理比例，在保证蛋白质需要的前提下，要注意碳水化合物及脂肪等主要产能营养素的合理供给。小儿蛋白质、脂肪和碳水化合物供给量按热能计算：蛋白质 15％、脂肪 30％～35％、碳水化合物 50％～55％。

（5）维生素　膳食中应特别注意维生素 A、维生素 D、维生素 B_1、维生素 B_2、烟酸、维生素 C 的供给。

（6）无机盐　婴幼儿较易缺乏的有钙、铁、碘、锌等。

（7）水分　水分的需要量取决于热能的需要，并与饮食的质量、肾脏浓缩功能等有关。小儿年龄越小，需水量越大；进食量大，摄入蛋白质、无机盐多者需要量增加。婴儿约需水 150ml/（kg 体重·d），1～3 岁 120ml/（kg 体重·d），4～6 岁 100ml/（kg 体重·d）。

2. 婴幼儿喂养

（1）婴儿喂养　通常分为母乳喂养、混合喂养和人工喂养。

① 母乳喂养　母乳是婴儿最佳的食物，其中的营养素含量及构成常被看作是婴儿营养需要的最好标准。能完全满足 4～6 月龄以内婴儿需求不会出现营养不良。母乳喂养有以下几方面的优点。

a. 母乳营养成分最适合婴儿生长发育需要，亦与婴儿消化功能相适应。蛋白质、脂肪和糖比例适宜，易消化吸收，其乳白蛋白与酪蛋白的比例为 8∶2，优于牛奶。乳白蛋白在胃内形成细软凝块，易消化。母乳蛋白中必需氨基酸含量与组成优于牛奶，氨基酸能被婴儿最大程度利用。母乳中含丰富的亚油酸，并含有脂肪酶，脂肪乳化为细小颗粒，易消化吸收。

b. 母乳中还含有一定量的牛磺酸、花生四烯酸和二十二碳六烯酸，利于婴儿生长发育，特别是脑组织的生长发育。

c. 母乳中乳糖含量约 7％，高于牛奶，且可增强钙、镁等多种矿物质的吸收，乳糖可促进肠道乳酸杆菌生长，抑制大肠杆菌的繁殖。

d. 母乳中钙磷比例适宜，易吸收。

e. 母乳中富含免疫物质可增强婴儿的抗感染能力。初乳中含大量分泌型 IgA 抗体，附在肠黏膜表面，抵御感染和过敏源的侵入，增强新生儿抗病力；母乳中含特异性免疫物质，具有抗胃肠道感染和抗病毒活性的作用。母乳中溶菌酶和吞噬细胞有效地抵制致病菌和病毒的侵袭，有利于婴儿肠道的健康。

f. 哺乳行为可增加母子间情感的交流，促进婴儿的智力发育。

② 混合喂养和人工喂养　凡不能用母乳喂养，以牛、羊奶或植物性代乳品喂养婴儿的称人工喂养，必需营养成分和能量尽可能与母乳相似，易消化吸收，清洁卫生。若母乳不足或其他原因，采用母乳和牛乳等同时喂养的称混合喂养。牛奶是人工喂养中应用最普遍的食物，与母乳所供热能大致相等，但营养成分差异大：蛋白质含量为 3.5%，以酪蛋白为主，在胃中易形成较大的凝块不易消化。脂肪含量与母乳相似，但亚油酸含量低，挥发性脂肪酸较多，脂肪球直径较大，刺激肠胃道，不易消化吸收。乳糖含量比母乳低。无机盐含量偏高，加重婴儿肾脏的负担。钙磷比不适宜，不利于钙的吸收。

牛奶喂养 3～4 个月婴儿需稀释降低蛋白质和无机盐，加 5%～8% 碳水化合物，使能量接近人乳，成为良好的代乳品。全脂奶粉可为婴儿提供所需营养素，是较好的婴儿主食，但在加工中 B 族维生素、维生素 C、赖氨酸等可有损失，长期食用全脂奶粉的婴儿应注意补充这些营养素。

代乳品如豆浆、鸡蛋、米粉等。豆浆蛋白质的营养价值低于牛奶，但价格便宜。

③ 辅助食品及断奶食品　随婴儿生长至 4～6 个月时，无论用人乳、牛乳或代乳品喂养，将逐渐不能满足婴儿正常生长发育的需要，需及时增加各种辅食以弥补奶类的不足。食物添加顺序为先单纯后混合，先液体后固体，先谷类、水果、蔬菜，后鱼、蛋、肉。食物品种和数量由少到多，循序渐进，并随时观察婴儿的消化适应情况，原则有四条，即婴儿身体健康、消化正常、结合月龄、适时添加。

断奶食品的添加顺序为：由于维生素 D 不能进入乳汁，维生素 C、维生素 D 含量较多的食品首先补充，其次是含铁丰富的食物。4～5 月龄，添加的食物有米糊、粥、水果泥、菜泥、蛋黄、鱼泥、豆腐和动物血；6～9 月龄，添加的食物有稀粥、饼干、面条、水果泥、菜泥、全蛋、肝泥和肉泥等；10～12 月龄，逐渐添加馒头片、面包片、稠粥、烂饭、肉末和碎菜等。

（2）幼儿膳食　幼儿膳食优先保证富蛋白质、维生素、无机盐等食品。牛奶是不可缺少的食品，每日牛奶至少 350ml；瘦肉类（畜、禽、鱼等）75～125g，鸡蛋 50g；蔬菜 75～200g；每周应安排一次动物肝脏以及至少 1 次海产品，以补充视黄醇、铁、锌、碘；常吃豆腐或豆干；动物蛋白质占总蛋白质量的 1/3 以上（或动物及豆类蛋白质占 1/2 以上）。多食黄绿色蔬菜和新鲜水果，以增加维生素 A、维生素 C、铁、钙的摄入。

幼儿食物烹调宜清蒸、焖煮，要细软煮烂。既要保证营养，又要色香味美，多样化，不宜添加味精等调味品，以原汁原味最好。

膳食安排为一日三餐两点制，早餐、午餐和午点提供一日能量和营养素分别为 25%、35%、5%～10%。

二、儿童和青少年的营养与膳食

1. 学龄前儿童的营养与膳食

足够的能量和营养素的供给是其生长发育的物质基础。中国营养学会推荐的能量供给量为 5.4～7.1MJ/d，蛋白质为 45～60g/d，钙 800mg/d，铁、锌 10mg/d，维生素 A 500～700μg/d，其他营养素按供给标准。牛奶仍是首选食品，每日至少 350ml，鸡蛋 1 个，瘦肉 100g 及适量豆制品，蔬菜 150g 左右和适量水果，建议每周进食一次动物肝脏 100～125g，以保证蛋白质、维生素的需要。

膳食安排为每日三餐两点制。可逐渐由软食过渡到普通食物，饮食品种及烹制方法不必限制太严，同时培养他们良好的饮食习惯及卫生习惯。

2. 学龄儿童的营养与膳食

7～12 岁学龄儿童能量供给量要充足，为 2000～2200kcal。据中国学龄儿童实际情况，应在上午加课间餐，营养素和能量约占全日推荐量的 10％，则膳食安排为早餐可降为 25％、午餐 35％、晚餐 30％。应有一定数量的动物及豆类食品及新鲜蔬菜水果，按供给标准注意提供钙、铁、锌、维生素 A、维生素 B_1、维生素 B_2、维生素 C 丰富的食品。

3. 青少年的营养与膳食

青少年时期是生长发育的第二高峰期，需要充足和合理的营养。由于体重、身高增加加速，热能需求相对成人高，在热能供给充分的前提下，注意保证蛋白质的摄入量和提高利用率。利用主副食搭配，充分发挥蛋白质的互补作用。蛋白质热比最好达 13％～15％，保证充足供应钙、铁、锌、碘及维生素 A、维生素 B_1、维生素 B_2、维生素 C 摄入量，多摄食鲜奶，并经常供给黄、绿、红色蔬菜，以保证各种维生素及无机盐供给。一日合理的膳食为：谷类 400～600g，瘦肉类 100g，鸡蛋 1～2 个，大豆制品适量，果蔬 500～700g，烹调用油 30～50g。定期更换食谱，粗细搭配，力争膳食多样化。定时定量，不乱吃零食，不偏食、不暴饮暴食，培养良好的饮食习惯。

膳食安排基本与成人相同，早、午、晚餐热能比例分别为 30％：（35％～40％）：（30％～35％）。目前不少学生由于学习任务繁重，早餐营养不符合标准，采取课间加餐制显得十分必要，如我国推行学生"豆奶计划""课间奶"等对全面提高青少年身体素质有重要的意义。

4. 大学生的营养与膳食

大学生处于生长发育的最后阶段，营养供给也十分重要，根据近年中国大学生的膳食调查，学生的膳食结构和习惯不太合理，维生素 A、维生素 B_2 明显不足，优质蛋白质比例偏低，部分女生热能达不到应有水平，部分学生脂肪摄入过高，不重视早餐甚至有不吃早餐的习惯。针对这种情况，一方面需要向大学生宣传普及营养学知识，大力向学生宣传早餐的重要性；另一方面进一步改进高校膳食管理，并提供方便、营养、卫生、安全的饮食。

第四节　老年人的营养与膳食

一、老年人的衰老生理特征

随年龄增加，机体细胞及器官发生一系列变化，专家认为 40～50 岁身体形态和功能逐渐出现衰老现象。一般认为 45～65 岁为初老期，65 岁上为老年期。

老年人生理特点：老年人细胞和组织再生能力相对低，细胞代谢减慢，功能降低，对营养物质的吸取下降，基础代谢下降，90 岁比 30 岁的基础代谢降低约 20％。组织蛋白质以分解代谢占优势，易出现负氮平衡，代谢脂肪、碳水化合物的能力下降。脂肪成分随年龄增长而增加，体脂占总体重的比（20～60 岁）：男性由 11％增加到 30％，女性由 33％上升至

45%。重要的无机盐、维生素在体内含量降低。人体中水分含量随年龄增加而下降。老年人免疫力下降，易感染疾病。随年龄增长，胃肠蠕动减慢，消化液和酶分泌降低，结缔组织老化，胶原僵化，牙齿缺损，听觉、味觉、嗅觉降低，身高、体重下降等，而血清总脂质、中性脂肪及胆固醇升高。环境因素对人衰老过程的影响是相当大的，其中营养又是一个重要方面。所以根据老年期代谢特点，老年人应在饮食营养等方面结合生理改变的特点作相应的调整。

二、老年人的营养需要

1. 能量

老年人基础代谢率比青壮年期降低 10%～15%；体力活动逐渐降低，能量消耗下降，一般认为 50～60 岁减少 10%、61～70 岁减少 20%、70 岁上减少 30%。

2. 蛋白质

老年人对食物蛋白质利用率下降，所以对蛋白质的需要量应比正常成人略高，特别应保证生理价值高和易于消化吸收的优质蛋白质的供给。

3. 碳水化合物

老年人对葡萄糖耐受差，糖类过多易发生糖尿病及诱发糖源性高脂血症，所以，老人对糖类摄入要适宜，约占总热能的 60%～65% 为宜。果糖对老年人较为适宜，膳食中应多吃粗粮、水果和蔬菜以增加（提供）膳食纤维的摄入量。

4. 脂肪

老年人血清总脂、甘油三酯及胆固醇均较青壮年高，高胆固醇血症和高甘油三酯血症是动脉粥样硬化的因素，老人要减少动物性脂肪的摄入量，应增加亚油酸的摄入量，以防脑细胞退化。一般每日膳食中脂肪占总能量的 20%～25%，最好以豆油、芝麻油、花生油与动物油脂混用。

5. 钙、铁

老年人体内脏器功能衰退，钙的吸收、利用和贮存能力降低，要适当补充。老人造血机能下降，对铁的吸收率也比一般成人差，老年性贫血较为常见，所以老人应吃易被吸收的富含铁的食物。

6. 维生素

老人由于牙齿脱落咀嚼不好，胃肠道消化功能减退等，使果蔬食用量受限；另外食物烹调过烂也导致维生素缺乏。所以老人膳食中应多含新鲜有色的叶菜或各种水果，多食用一些粗粮、鱼、豆和瘦肉以补充维生素。

三、老年人的合理膳食

目前 WHO 营养专家小组对老年人饮食营养提出了 7 个方面的新标准：脂肪占 15%～30%（其中饱和脂肪酸占 0～10%、多不饱和脂肪酸占 3%～7%）；蛋白质占 10%～15%；游离糖小于食物总量的 10%；食物纤维 16～24g；食盐小于 6g；食物胆固醇小于 300mg。

食物加工方面，老人因咀嚼功能差，各种消化酶分泌下降，食物应切碎煮烂或选较柔软的食物，少吃油炸或过于油腻的食品。随年龄增长肝脏合成糖原的能力下降，糖原储备较少，易感饥饿。在膳食制度上应少吃多餐或在主餐之间加一次餐，吃一些易消化的食物。避免暴饮暴食。

第五节　特殊环境人群的营养与合理膳食

一、高温作业人员的营养与膳食

通常把 35℃以上的生活环境或气温 30℃以上、湿度超过 80％的工作场所称为高温环境，如冶炼工业、机械铸造工业等。高温环境中由于机体过热，人体可出现一定的生理功能变化如体温调节、水盐代谢、消化和循环等方面生理功能的改变，引起机体内许多物质代谢的改变，可使蛋白质分解加速，消化功能下降，钾钠大量丢失，无机盐代谢紊乱和血清钾浓度下降，水溶性维生素的散失等。高温环境条件下人群的食品营养要求如下。

1. 水和无机盐

高温环境中，机体为散发热量而大量出汗，每天出汗量达 3～5L，汗液中 99％为水，0.3％为无机盐，还有少量氨基酸，如不及时补充水和无机盐就会中暑。高温作业者应及时按出汗量少量多次饮水，考虑到汗液可损失多种无机盐，可饮用淡盐水补充 NaCl，也可服用混合盐片（钠、钾、钙、镁、氯、硫酸盐、磷酸盐、柠檬酸盐、乳酸盐和碳酸氢钾等）。提倡多吃富钾的豆类。

2. 蛋白质

高温环境下生活、作业人员汗氮、尿氮和粪氮排泄均增加，应增加蛋白质供应量，建议每日为 90～120g。

3. 维生素

在各种维生素中，汗液、尿液排出水溶性维生素 C、维生素 B_1、维生素 B_2 较多。接触热辐射及强光刺激的工作者应适当增加维生素 A 供给量（可达 5000IU/d）。多吃新鲜果蔬补充维生素。

4. 能量

高温环境一方面影响人体的基础代谢，另一方面，高的体力劳动强度也会影响能量需要。通过 22℃、37℃两种环境中比较从事各项强度劳动 1h 热能消耗，认为在高温环境中热能需要可增加 10％～40％，考虑到高温环境中人们的食欲较差，增加过多的热能存在困难，以 10％为宜。

二、低温作业人员的营养与膳食

人体长期处于环境温度 10℃以下或长期在局部 10℃环境下工作视为低温环境，如制冷业、冷库、南北极考察等。

1. 热能需要量

寒冷地区人体总热能需要量较温带同等劳动强度者为高，具体可因寒冷程度、防寒保温情况和体力活动的强度而不同。基础代谢在寒冷条件下可升高 10％～15％。寒冷刺激甲状腺素分泌增加，使体内物质氧化所释放的能量不能以 ATP 形式存在，而是以热能的形式散发。所以在寒冷情况下，总的热能需要可高达 5500～6000kcal（一般 3400kcal）。

2. 对生热营养素的需要量

一般认为脂肪占总能量的 35％～40％为宜。在低温条件下，大量增加膳食中脂肪含量时，还需注意碳水化合物含量，尚未适应寒冷气候的人，如膳食中脂肪大量增加，热能代谢将发生显著改变，能量代谢由碳水化合物型改变为脂肪型，体内有关的酶系统也发生全面改变，所以应注意膳食中碳水化合物供给量（占总热能的 45％～50％为宜）。寒冷地区蛋白质供应量也应适当增加，一般认为占热能的 13％～15％为宜，更重要的是应保持合理的必需氨基酸构成比例，特别是蛋氨酸在代谢适应过程中起主要作用，可通过甲基转移作用提供一系列寒冷适应过程所必需的甲基。

3. 对维生素的需要

寒冷地区营养调查表明，低温使人对维生素 A、维生素 D、维生素 B_1、维生素 B_2、维生素 C、烟酸需要量增加。

三、运动员的营养与膳食

1. 运动对人体生理的影响

运动员在训练和比赛时的生理变化主要因肌肉活动量大而引起。肌肉在活动时能量来源主要靠糖及脂肪的氧化分解，糖易氧化，耗氧量比脂肪少。在运动开始和大强度运动时，糖代谢所占比例较高，而运动强度小或糖原储备大量消化后，脂肪氧化的比例增加。

运动员体内储备的糖约 375～475g，但血糖仅维持 2min 快速奔跑，故体内的糖原储备是影响运动员耐久力的重要因素。这些糖原储备大约可供给持续 90～180min 的运动。参加运动使机体代谢增加，热能消耗增加，并短时大量出汗，机体对氮的排出明显增加，水分、无机盐、水溶性维生素的损失比正常人多。运动员在热和体力运动两种应激同时存在时处于失水、失盐状态，此时表现为体温升高、脉率加快、心血输出量下降，肌力减弱并疲劳。

2. 运动员的食品营养要求

适当的糖类，最好是易消化的降解淀粉，既快速供能又因渗透压小不致使人感到口渴。运动员排泄 1L 汗水大约耗能量 600kcal，所以在运动现场供应运动员的饮料应有 150g 低聚糖/L。中链甘油三酯可被迅速吸收利用，在体内氧化释放出大量热能。运动员在大运动训练和肌肉增长阶段需要较多的蛋白质，一定要供给高生物价的优质蛋白质。对多数运动项目来说，运动员需较多的维生素和无机盐，各类运动项目对营养有不同要求。

短跑运动员不仅要速度快而且灵敏度高，膳食应为高碳水化合物、高蛋白质和有足够的磷（跳高、跳远基本上同短跑）。

投掷运动员应摄入比短跑运动员更多的脂肪、蛋白质和碳水化合物类。

马拉松、长跑和竞走运动员：较高的碳水化合物、维生素 B_1、维生素 C、钾、钙、镁，适当摄入脂和蛋白质。

球类运动员应具较高的体力、速度、耐力和灵敏度，应供给丰富的碳水化合物、蛋白质、维生素 B_1、维生素 C 和磷，比赛中应提供含电解质和维生素的饮料。

举重、摔跤和柔道耗能量较多，要求碳水化合物、蛋白质、脂肪都有充分的供应，并注意钾、钙和钠的补充。

体操和技巧运动员要求高度的速率、协调和灵敏，所以需发热量高、蛋白质和维生素 B_1、维生素 C、钙和磷充足的食物，限制脂肪的摄入。

游泳运动员要求速度、力量、灵敏和耐力，且水中机体散热较多，应供给足够的生热营养素和维生素 B_1、维生素 C 和磷等。

射击和击剑项目对视力要求特高，提高维生素 A 十分重要。

登山运动员在高山缺氧环境下进行，食物应以碳水化合物为主，辅以适量蛋白质，维生素 C 供应要充足。

滑雪运动员在寒冷地区进行，食物应有足够的糖、脂及一定数量的维生素 B_1、磷及食盐。

四、职业性接触有毒有害物质人群的营养与膳食

1. 接触铅作业人员的营养要求与膳食

铅进入人体的途径主要是消化道和呼吸道，引起慢性或急性中毒。

（1）维生素 C　对预防铅中毒有较好效果，一是补充损失的维生素 C，二是维生素 C 与铅结合形成溶解度较低的抗坏血酸铅盐，降低铅的吸收，可减轻铅在体内吸收。

（2）钙、磷比与酸碱食品　铅在体内代谢情况与钙相似，当机体体液反应趋向酸性时，铅离子形成 $PbHPO_4$，反之则形成 $Pb_3(PO_4)_2$，前者在水中溶解度是后者的 100 倍，故主要在血液中出现，后者则主要在骨骼中沉积。急性铅中毒期应供多钙少磷的碱性食品，使铅以磷酸铅形式暂时沉积在骨骼中，待急性期过后，改用低钙多磷或正常磷的酸性膳食，使骨中铅以 $PbHPO_4$ 的形式溶出排出体外。

（3）蛋白质　一方面要供足够的蛋白质（14％～15％），另一方面要重视蛋白质的质，多摄入蛋、胱氨酸可减轻体重降低症状，蛋氨酸和维生素 C 还有促进红细胞生成作用。

（4）脂肪　可促进铅在小肠中的吸收，故铅作业人员保健餐中脂肪量不宜过多。

（5）果胶　可使肠道中铅沉淀，降低铅的吸收，所以可多吃含果胶的水果。

（6）维生素　维生素 A、维生素 B_2、维生素 B_{11}、维生素 B_{12}，在预防铅中毒方面均有一定作用。

接触铅作业人员的膳食要求品质优良充裕的蛋白质，额外补充维生素 C 125～150mg，其次有控制地食用少钙多磷的酸性食品（1∶8），最好与正常膳食、高钙高磷膳食或高钙少磷膳食交替使用；适量饮牛奶，多吃富果胶的水果，每天补充维生素 A 1000～2400IU 或胡萝卜素 2～3mg，多食富含维生素 B_1 食物，以改善神经症状。

2. 接触苯作业人员的营养要求与膳食

（1）蛋白质和脂肪　蛋白质对预防苯中毒有一定意义，当蛋白质不足时，高脂肪可增强机体对苯的易感性。苯为脂溶性，所以膳食中脂肪过多可促进苯的吸收，但目前脂肪营养与苯中毒关系难以确定。

（2）维生素　摄入苯的豚鼠摄入大量维生素可缩短其出血时间和凝血时间，额外补充维生素 C 120mg/d。维生素 K 对治疗苯中毒有一定疗效，对苯中毒时的氧化还原过程恢复有显著促进作用。维生素 B_1、维生素 B_2、烟酸对治疗苯中毒都有良好效果。

3. 接触磷作业人员的营养要求与膳食

（1）维生素　由于维生素 C 可促进磷在体内氧化，磷接触人员易缺维生素 C，每日应补充维生素 C 150mg；维生素 B_1、维生素 B_2 耗量同样增加，应分别补充 4mg、1.5mg。

（2）蛋白质　膳食中应摄入高营养价值的蛋白质，每日至少应供 90g，丰富的碳水化合物，脂肪应较少，以更好地保护肝脏。

4. 农药作业人员的营养

生产使用农药的人员都会受农药的危害。常用农药是有机氯和有机磷，在进入体内后可长期蓄积，损害中枢神经系统和肝肾等器官。酪蛋白高的膳食可缓解农药造成的危害，接触农药者每日应补充维生素 C 150mg。

5. 接触汞作业人员的营养要求与膳食

汞毒害表现在中枢神经系统和肾脏受损，接触汞人应补充优良蛋白质，其中胱氨酸的巯基可与汞结合排出体外。果胶物质可与汞结合，加速其排泄。硒和维生素 E 可缓解汞中

毒的作用。

综上所述，职业性接触有毒害物质人群膳食补充的主要原则是：首先要满足机体正常合理的营养要求，通过合理营养需要的满足来增强机体对外界有害因素的抵抗力；其次是根据各种有毒物质的特殊作用，给予特殊的营养补充。一般应给予保护肝脏的食物，如优良蛋白质和易吸收的碳水化合物并补充各种维生素，以增强肝脏解毒能力和保护肝脏的正常结构和功能。

第六节　糖尿病患者的营养与合理膳食

一、糖尿病的定义与分类

糖尿病是由于胰岛素分泌或作用的缺陷而引起高血糖，产生的一组新陈代谢疾病，其主要的临床症状为多尿、善渴、多吃、体重减轻、视力模糊、容易感染等。由于长期的高血糖，会使一些器官受损，尤其是眼睛、肾脏、神经、心脏和血管，导致其机能障碍甚至衰竭。

世界卫生组织于 1980 年分布了糖尿病的分类方法，到了 1985 年，世界卫生组织另外增添一个新的糖尿病类别，即营养失调性糖尿病。美国糖尿病学会专家委员会（ADA）于 1997 年 7 月对糖尿病的诊断标准和分类做了修正。

糖尿病的分类如下。

1. 胰岛素依赖型糖尿病

又叫 1 型糖尿病，是指胰脏细胞破坏，容易导致酮酸血症的糖尿病。

2. 非胰岛素依赖型糖尿病

又叫 2 型糖尿病，是由于胰岛素作用阻抗和分泌缺陷所引起的。此型糖尿病人不易得酮酸血症，除非合并感染等疾病；患者多为体型较肥胖者。

3. 其他型糖尿病

由胰脏疾病、内分泌疾病、药物或化学物品引起的胰岛素接受器异常，是 1985 年世界卫生组织列入的糖尿病新类别，但是并无充分的证据显示营养不良可直接导致糖尿病。

二、糖尿病的饮食控制原则

饮食控制是糖尿病综合治疗的一个重要方面。饮食调控目标为：①接近或达到血糖正常水平；②保护胰岛 β 细胞，增加胰岛素的敏感性；③维持或达到理想体重；④接近或达到血脂正常水平；⑤预防和治疗急、慢性并发症；⑥全面提高体内营养水平，增强机体抵抗力。

糖尿病人的饮食调控原则和合理膳食如下。

（1）合理控制总热能　肥胖者或消瘦者均应控制体重在理想体重范围内。

（2）合理选用碳水化合物　碳水化合物供能应占总热能的 60％左右，最好选用吸收较慢的多糖，如玉米、荞麦、燕麦、红薯等。

（3）增加可溶性膳食纤维的摄入　可选用高纤维膳食，每日膳食纤维供给量约为 40g。

（4）控制脂肪和胆固醇的摄入　每天脂肪供能占总热能的比例不高于 30％。一般建议饱和脂肪酸、单不饱和脂肪酸、多不饱和脂肪酸之间的比例为 1∶1∶1；每天胆固醇摄入量在 300mg 以下。

（5）选用优质蛋白质　多选用大豆、鱼、禽、瘦肉等食物，优质蛋白质至少占总蛋白质的 1/3。蛋白质提供的热能占总热能的 10％～20％。

（6）提供丰富的维生素和无机盐 多选用新鲜的蔬菜和水果，摄入甜水果或水果用量较大时要注意替代部分主食。

（7）食物多样 糖尿病人常用食品一般分为谷类、蔬菜、水果、大豆、奶、瘦肉、蛋、油脂等八类。每天都应吃到这八类食品，每类食品选用1～3种。

（8）合理进餐制度 糖尿病人进餐时间要定时、定量，一天可安排3～6餐。三餐比例可各占1/3，也可为1/5、2/5、2/5或其他比例。

另外要防止低血糖发生，急重症糖尿病患者的饮食摄入应在医师或营养师的严密监视下进行。

第七节 膳食营养与心脑血管疾病

一、膳食营养与动脉粥样硬化

（一）动脉粥样硬化的定义及发病原因

动脉粥样硬化是指在中等及大动脉血管内膜和中层形成的脂肪斑块，这些脂肪斑块主要由胆固醇和胆固醇酯组成。发生部位：冠状动脉、脑动脉、股动脉、髋动脉等处。常见并发症有冠心病、脑卒中、动脉瘤及外周血管病。根据流行病学、动物实验和临床观察，高血压、高血脂、肥胖、糖尿病、吸烟、缺乏体育锻炼、精神紧张及遗传等都是导致该病发生的重要因素。因此预防动脉粥样硬化应首先治疗高脂蛋白血症，尽早控制饮食是预防该病的重要环节。

（二）动脉粥样硬化患者的膳食原则

动脉粥样硬化的形成和发展与膳食因素关系密切，所以预防原则应建立在合理膳食基础上，控制总能量的摄入，限制饱和脂肪酸和胆固醇，增加膳食纤维和多种维生素，提倡体育锻炼。

1. 控制总热能的摄入

许多动脉粥样硬化患者合并有超重或肥胖，故在膳食中应控制总热能的摄入，并适当增加运动量，保持理想体重。这是防止高血脂、动脉粥样硬化和冠心病的有效措施之一。

2. 限制饱和脂肪酸和胆固醇的摄入量，调整膳食脂肪酸的组成和比例

总脂肪≤30%总能量。制备低脂肪膳食可用蒸、煮、拌等少油的烹调方法，肉汤类应在冷却后除去上面的凝固层。少用动物脂肪，限量食用植物油，多吃水产品尤其是高脂海鱼，膳食中饱和脂肪酸：单不饱和脂肪酸：多不饱和脂肪酸比例以1：1：1为宜。同时注意维生素的摄入。

轻度血浆胆固醇增高者，控制膳食胆固醇摄入量≤300mg/d，中度和重度增高者为摄入量≤200mg/d。

3. 保证优质蛋白质尤其大豆蛋白和高分子碳水化合物的摄入

应保证足够的蛋白质尤其是优质蛋白质的供给，特别是鱼类、豆类及大豆制品，目前认为植物蛋白中的大豆蛋白有很好的降低血脂作用。碳水化合物应占总热能的60%～70%，以谷类为主，粗细搭配，少食单糖、蔗糖和甜食。

4. 保证充足的维生素、无机盐和膳食纤维

多食新鲜蔬菜及瓜果类，保证每日摄入400～500g，以提供充足的维生素、矿物质和膳食纤维。应保证摄入足够数量的维生素，特别是维生素A、维生素C、维生素E和B族维生素。无机盐中硒、铬、镁、钙等在防止心血管疾病中有重要意义。膳食纤维，特别是可溶性膳食纤维对降低血胆固醇有明显的效果，因此应注意多食用新鲜蔬菜和水果，适当吃些粗粮。

另外，应该少饮酒和含糖高的饮料，多喝茶。

二、膳食营养与高血压

（一）高血压的定义及分类

高血压是一种常见的以体循环动脉血压增高为特征的临床综合征，高血压一般分为原发性和继发性。原发性高血压又称为自发性高血压，占 90％以上，由多种因素引起，包括遗传、性别、年龄、超重与肥胖、大量饮酒、精神神经因素及膳食因素等。继发性高血压由明确的疾病引起的，大约占高血压患者的 10％。如原发性肾病、内分泌功能障碍、原发性醛固醇增多等，消除病因，则高血压消失。血压水平的定义和分类见表 10-2。

表 10-2　血压水平的定义和分类

类别	收缩压/mmHg	舒张压/mmHg
理想血压	＜120	＜80
正常血压	＜130	＜85
正常偏高	130～139	85～89
高血压	≥140	≥90
1 级高血压(轻度)	140～159	90～99
2 级高血压(中度)	160～179	100～109
3 级高血压(重度)	≥180	≥110
单纯收缩期高血压	≥140	＜90

（二）高血压患者的膳食预防与控制原则

高血压患者的膳食预防与控制原则是：低钠盐，低热能，低脂肪（尤其是饱和脂肪酸），低胆固醇，丰富的 B 族维生素及维生素 C。

1. 限制钠的摄入量，适当补充钾

WHO 建议食盐的适宜摄取量是 3～4g/d，而我国居民的平均摄盐量是 12～16 g/d。对于高血压患者可根据病情提出相应的食盐限制原则：轻症患者低于 5g/d，重症患者不高于1～2g/d，对合并心衰者应严格限制食盐摄取。因而对一些含盐高的食物如腌菜、咸肉等应忌食。另外还要尽量避免一些含钠高的食物和食品添加剂，如味精、小苏打等。在限制钠的同时，还应注意补充钾，钾钠比值不低于 1.5：1。

2. 控制总热能的摄入

对于长期热能过量引起的肥胖和超重，应限制热能的摄入量和加强体育活动以达到减肥的目的，达到并维持理想体重。对于肥胖患者，每日热能供给量一般控制在 4.2～6.3MJ。

3. 限制饱和脂肪酸、限制胆固醇

脂肪供给热能不超过总能量的 25％，多不饱和脂肪酸：饱和脂肪酸大于 1。胆固醇每日不超过 300mg。

4. 补充钙和镁

钙有利尿降压作用。摄入含钙食物，能减少患高血压病的可能。增加镁的摄入，使外周血管扩张，血压下降。尤其病人在使用利尿剂时，尿镁排泄亦增多，更应注意补镁。富含钙的食物有牛奶、虾、鱼类、蛋类。富含镁的食物有香菇、菠菜、豆制品类、桂圆等。

5. 丰富的维生素及适量的膳食纤维

多摄入一些新鲜蔬菜水果和适量的粗粮。这两类是高钾、低钠食品,有较多食物膳食纤维,蔬菜水果还能提供丰富的维生素 C。

6. 限制饮酒

高血压病人应询问饮酒史,提倡少饮酒(每日饮酒应少于 50g 白酒)或完全戒酒,鼓励生产低酒精含量和无酒精的饮料。

第八节　膳食营养与肥胖病

一、肥胖的定义与种类

肥胖是指人体能量、脂肪的过量贮存,表现为脂肪细胞增多或细胞体积增大,即全身脂肪组织块增大,与其他组织失去正常比例的一种状态。常表现为体重增加,超过了相应身高所确定的标准体重。

肥胖分为遗传性肥胖、继发性肥胖和单纯性肥胖。评价指标见第八章第三节(体重平衡法)。

二、肥胖发生的原因

肥胖发生的原因是机体摄入能量超过体力活动消耗的能量,能量以脂肪的形式积存下来,造成体重增加导致肥胖。

另外,肥胖的发生还和社会因素、饮食因素、行为心理因素和遗传因素等有关,肥胖病以每年 7%～8% 的速度递增。随着人们生活条件的改善,动物性食品、脂肪等高热能食品摄入明显增加,而生活的便利,又导致体力劳动的减少。如由于交通的发达,使人们的形体活动量明显减少;电视机、电脑的普及使人们坐着的时间明显增多等。这些因素均会导致能量摄入大于支出,从而引起肥胖。

三、肥胖病者的合理膳食

肥胖对心血管系统、呼吸系统、内分泌系统、免疫系统等产生影响,肥胖影响儿童正常生长发育,对心理行为、智力行为也有不良影响。肥胖病患者细胞免疫功能低下,患糖尿病、心血管系统疾病和肿瘤的危险增加。

1. 合理控制总热能

从饮食角度讲,要量出为入。无论个体消化、利用食物的能力如何,出入平衡都不会发生肥胖病。肥胖者必定是入大于出。脂肪是人体能量的贮存形式,过多的营养物质均能转变为脂肪堆积在体内,达到一定水平,即为肥胖病。

2. 合理的饮食结构

平衡的营养膳食的摄入是机体组织和器官细胞正常代谢的前提,各国的有关政府部门为指导人的健康所发表的膳食指导方针可作为正常人和减肥者的参考。特异的肥胖者的减肥需要以代谢功能的特殊实验数据作依据,以便正确指导减肥者蛋白质、脂肪和碳水化合物的摄入比例。

3. 合理的进餐制度

进食的方式对肥胖的发生也有影响。据有人调查发现,在同一地区,在 1d 总食量相似的情况下，每天只进食 1 餐的比每天进食 2 餐的人群发生肥胖的比例高，而进食 2 餐的又比每天进食 3 餐的发生肥胖的比例高。

第九节 膳食营养与恶性肿瘤

一、肿瘤的定义

肿瘤是人体中正在发育的或成熟的正常细胞，在某些不良因素的长期作用下，细胞群出现过度增生或异常分化而生成的新生物，在局部形成肿块。但它与正常的组织和细胞不同，不按正常细胞的新陈代谢规律生长，变得不受约束和控制，不会正常死亡，导致了细胞呈现异常的形态、功能和代谢，以致可以破坏正常的组织器官的结构并影响其功能。

肿瘤有良性肿瘤和恶性肿瘤之分。良性肿瘤对局部的器官、组织只有挤压和阻塞的作用，一般不破坏器官的结构和功能，也很少发生坏死和出血。恶性肿瘤细胞还能向周围浸润蔓延，甚至扩散转移到其他器官组织，继续成倍增生，对人体或生命造成极大的威胁。

癌症的发病率受人体内因和外部环境的影响。癌症的致病内因有：先天性免疫缺陷、遗传因素、内分泌失调、年龄因素和胚胎残存组织。癌症的致病外因有：化学性因素、物理性因素、生物因素和其他因素等。例如，病毒可引起肿瘤，亚硝胺类化合物、慢性炎症、溃疡、烧伤、紫外线、少食食物纤维等因素均是诱发癌症的危险因素。

二、膳食因素对癌症的影响

医学研究表明，大约 1/3 的癌症发病与膳食有关。不良的饮食习惯和不合理的膳食结构都可能导致癌症的发病。膳食因素对癌症的影响主要表现在以下几个方面。

1. 脂肪摄入量过量

乳腺癌、结肠癌、直肠癌、子宫内膜癌、卵巢癌、前列腺癌、胆囊癌发病率与脂肪摄入过多有关。

2. 蔬菜和水果摄入不足

蔬菜和水果中含有丰富的抗坏血酸、胡萝卜素、膳食纤维、叶酸等，有资料显示摄入蔬菜和水果不足者易患肺癌、喉癌、口腔癌、胃癌、结肠癌、直肠癌等常见病。

抗坏血酸为抗氧化剂，可抑制活性氧自由基对细胞 DNA 的损伤，还能阻断致癌的亚硝胺类化合物在体内合成。膳食纤维可通过增加粪便量刺激肠道蠕动及稀释致癌物，减少致癌物对肠道的毒害。叶酸是参与 DNA、RNA 前体嘌呤和嘧啶以及蛋氨酸合成的重要成分，叶酸对多种癌症（肝癌、胃癌、结肠癌、肺癌、胰腺癌）有较好抑制作用。

蔬菜和水果中含有的多种抑癌物质起综合协同作用，而非单个营养素发挥作用，试图从中摄取单一物质来取代食物，难以达到保健目的，如单一物质补充过量反而有害。

3. 不良饮食习惯

经反复高温加热的剩油可产生致癌物和促癌物。根据报道，多次使用的剩油加到饮料中可诱发大鼠肿瘤。

4. 烟熏食物

熏肉在制作过程中产生致癌 3,4-苯并芘，并可渗透到食物去。

5. 饮酒

国外报道饮酒可增加妇女患乳腺癌的危险性，且随饮酒量增大而增高。

6. 霉菌及其毒素

已知有 20 多种霉菌及其毒素对动物有致癌性。中国食管癌和肝癌高发可能与居民摄入霉菌污染的食物有关。

三、具有防癌、抗癌作用的食物

足量的维生素 C、维生素 A，微量元素硒、钼等，可以起到抵消、中和、降低致癌物质的致癌作用，达到防癌、抗癌的作用。

1. 含维生素 C 丰富的食物

有各种新鲜蔬菜和水果，如芥菜、苤蓝、香菜、青蒜、荠菜、菜花、柿椒、柑橘、鲜枣、山楂、各种萝卜、圆白菜、草莓、绿豆芽、四季豆、番茄、冬笋、莴笋、香蕉、苹果、杏、猕猴桃等。

番茄具有其他蔬菜所没有的番茄红素，是一种使西红柿变红的天然色素，它能消灭某些促使癌细胞生成的自由基，因此具有抗癌作用。绿色蔬菜颜色越是浓绿，蔬菜的抗氧化剂含量也就越高，就越能有效地防癌、抗癌。

柑橘类水果中含有丰富的胡萝卜素，以及黄烷素等多种天然抗癌物质。据调查，柑橘类水果对胰腺癌有非常好的效果。

十字花科蔬菜：包括甘蓝、花椰菜、芥菜和萝卜等。此类蔬菜最好生食或半生半熟食用，因为烧得过熟会破坏其中的抗癌化合物。

大豆含有 5 种以上的抗癌物质，它们具有延缓和抑癌细胞生长、扩散的作用。麦麸类食物可使癌细胞退化、萎缩，对结肠癌有特效。

2. 含维生素 A 丰富的食物

鸡肝、牛肝、鸭肝、猪肝、带鱼、蛋、胡萝卜、红薯、豌豆苗、柿椒、莴笋叶等。

3. 含大蒜素丰富的食物

有资料表明含大蒜素的食物有明显的抗癌作用，主要有大蒜、葱。

4. 含微量元素丰富的食物

含硒、碘、锌、钼的食物能起到防癌、抗癌作用，硒可防止一系列化学致癌物诱发肿瘤的作用；碘可预防甲状腺癌；钼可抑制食道癌的发病率，这类食物具体如下。

（1）硒　芝麻、麦芽含量最高，海产品比肉类高，蔬菜较少，大蒜、芦笋含量较高。

（2）碘　海产品、海带、紫菜含量较高。

（3）锌　海产品及水生贝壳含量丰富。

（4）钼　豆科植物最高，蔬菜、动物肝脏含量较高。

5. 提高免疫力的食物

有猕猴桃、无花果、苹果、沙丁鱼、蜂蜜、牛奶、猪肝、猴头菌、海参、牡蛎、乌贼、鲨鱼、海马、甲鱼、山药、乌龟、香菇等。

牛奶含钙、B 族维生素、维生素 A、维生素 C、维生素 D 等都具有奇特的抗癌性。

四、减少患癌危险的合理饮食

由于膳食与癌症发生关系非常密切，而食物所含成分较复杂，有些进入人体后可转变为致癌物，长期使用可增加患癌的危险性。另外有些食物成分中又含有抑癌物，可减少患癌的危险性。因此合理的饮食对于维护健康、减少患癌危险十分重要。

① 食物多样化，营养要平衡，减少脂肪摄入，使之低于30％总热量。

② 多吃富含维生素、矿物质和纤维素的新鲜蔬菜、水果、五谷杂粮和菌类食品，增加膳食纤维摄入量至每天20～30g，但不超过40g。

③ 避免肥胖。

④ 控制饮酒，不吸烟、少喝酒或不喝酒。

⑤ 少吃盐渍、盐腌和烟熏食物，不吃烧焦、发霉、腐烂变质的食物。

思 考 题

1. 孕妇有哪些营养需要？如何安排孕妇的合理膳食？

2. 乳母有哪些营养需要？如何安排她们的合理膳食？

3. 儿童和青少年的营养有哪些要求？如何合理安排他们的膳食？怎样防止青年人的不合理膳食习惯？

4. 特殊环境人群中高温作业，低温作业，接触苯、汞、铅，运动员的膳食调整分别应注意哪些方面？

5. 如何安排老年人的合理膳食？

6. 如何合理安排糖尿病人的膳食？

7. 动脉粥样硬化患者的膳食原则有哪些？高血压患者饮食有哪些注意事项？

8. 肥胖病人膳食调整的原则有哪些？

9. 肿瘤的发生与哪些营养因素有关？

第十一章 各类食品的营养价值

食品加工的原材料可大致分为三大类：动物性食品原料，如畜禽肉类、水产类、乳类等；植物性食品原料，如果蔬、谷类、豆类等；食品加工用的其他材料，如油脂类、调味品、食品添加剂等。

食品的营养价值是指某种食品中所含的热能和营养素能满足人体需要的程度。理想的高营养价值的食品要求各种营养素成分齐全、数量充足，其组成比例与人体的需要相近，且易被消化吸收和利用。食品种类很多，营养素组成千差万别，其营养价值也不同，除个别食品如母乳（针对4～5个月内的婴儿）、宇航员特殊食品等是营养较为全面的食品外，大部分食品的营养价值一般都是相对的。另外，即使是同一种食品由于其不同的品种、产地、种植条件、成熟度和不同的加工贮存方式等都会影响其中的营养价值。

第一节　食品营养价值的评价及意义

一、食品营养价值的评价

1. 营养素的种类和含量

在评价一种食品的营养价值时，首先应确定其所含营养素的种类和含量，这是评价其营养价值的基础。一般食品中所含营养素的种类和含量越接近人体需要，该食品的营养价值越高。对食物原料中营养素种类和含量的分析结果发表在食物成分表上，这是我国目前广为应用、非常重要的评定原料营养价值的工具书，它集中介绍了食物原料中营养素种类和含量的分析结果。

2. 营养素质量

对某种食品的营养价值进行评价时，既要考虑其含量又要重视其质量。营养素质量的评价主要是指它们实际被机体吸收利用的程度。如动物性食品中的铁比植物性食品所含的铁的生物有效性高。若食物中存在维生素C可促进铁的吸收；而若存在草酸盐、植酸盐等成分，则可与铁离子结合形成不溶的复合物，不利于铁的吸收。

此外，食品加工对营养价值也有一定影响。如谷物在加工中会损失一些水溶性维生素；大豆在加工成豆腐的过程中去除了纤维素和抗营养因子，提高了大豆蛋白质的营养价值。营养素的吸收利用还受生理因素等影响。

目前评价食品营养价值常用的指标是营养质量指数（INQ）。该值为营养素密度与热能密度之比。

$$INQ = \frac{某营养素密度}{热能密度} = \frac{某营养素含量/该营养素供给量}{所产生热能/热能供给量标准}$$

INQ≥1，表示该食物的营养价值的供给量高于热能的供给或与人的需要达到平衡，为营养价值高的食物。INQ<1，表示该食物的营养价值的供给量低于热能，为营养价值低的食物。

INQ值用于评价食物营养价值简单实用。现以成年男子轻体力劳动者营养素供给量标准为示例，根据食物成分表中的鸡蛋和牛奶的营养素含量计算出每100g鸡蛋和牛奶中主要营养素的INQ值，见表11-1。

表11-1 鸡蛋和牛奶中几种营养素的INQ值

项　目	热能/kJ	视黄醇/mg	核黄素/mg	蛋白质/g	铁/mg	硫胺素/mg	钙/mg	尼克酸/mg	抗坏血酸/mg
供给量标准	10868	800	1.3	80.0	15.0	1.3	800	13	60
100g鸡蛋	710.6	432	0.31	14.7	2.7	0.16	55	0.1	—
标准/%	6.54	54.0	23.85	18.4	18.0	12.3	6.88	0.77	0
INQ		8.26	3.65	2.81	2.75	1.88	1.05	0.12	0
100g牛奶	288	42	0.13	3.5	0.2	0.04	120	0.2	1.0
标准/%	2.65	5.25	10	4.38	1.33	3.08	15	1.54	1.67
INQ		1.98	3.77	1.65	0.50	1.16	5.66	0.58	0.63

从表11-1可以看出，鸡蛋的几种营养素除尼克酸和抗坏血酸外，INQ均大于1；牛奶中的几种主要营养素除了铁、尼克酸和抗坏血酸外，INQ也均大于1，说明鸡蛋和牛奶都是营养价值高的食物。

3. 酸性食品与碱性食品

根据食物在体内代谢后对机体的影响，可将食物分为酸性食品和碱性食品。

（1）酸性食品　凡食物中硫、磷、氯等非金属元素的含量较高，在体内代谢生成酸根，称为酸性食品。通常高蛋白食品是酸性食品，常见的有蛋黄、肉类、鱼、虾、谷类、啤酒、干紫菜、芦笋，以及硬果中的花生、核桃、榛子和水果中的李子、梅等。

（2）碱性食品　凡食物中钾、钠、钙、镁等金属元素含量较多，在体内代谢中氧化成碱性氧化物，称为碱性食品。通常海带、蔬菜和水果中成碱元素较多。常见的有海带、豆类、西瓜、萝卜、梨、苹果、柿子、南瓜、土豆、黄瓜、藕、洋葱、牛奶，以及硬果中的杏仁、栗子、椰子等。

酸性食品和碱性食品可以影响机体的酸碱平衡和尿液酸度。人体的体液应保持中性（pH7.3～7.4），若摄入酸性食物过多，会对人体产生不良影响。因此食物中酸性食品和碱性食品最好有一定的比例，以保持机体适宜的酸碱度。

二、评价食品营养价值的意义

食品营养价值评价的意义在于以下几个方面。

① 全面了解各种食品中营养素的组成和含量的特点，充分利用食品资源；

② 了解食品营养素在加工贮存等过程中的变化和损失，从而对其质量进行控制，提高食品营养价值。

③ 指导平衡膳食，使人们对食品的选择更为合理。

第二节　谷类食品的结构、营养价值及食品 加工对营养价值的影响

谷类食品主要包括小麦、大米、高粱、玉米、小米、薯类等。中国居民膳食结构中以小麦、大米为主食，是主要的食物来源之一。在整个膳食中粮食提供了人体所需的80％的热能和70％～80％的蛋白质，也是一些无机盐和B族维生素的重要来源。通常将小麦、大米以外的谷物如高粱、玉米、小米及薯类等称为杂粮。谷类食品的营养特点基本相似。

一、谷类的结构

谷类的基本结构大致相似，主要由谷皮、胚乳和胚芽三部分组成。结构如图11-1所示。

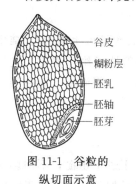

谷皮为谷类的外壳，占谷粒质量的13％～15％，主要由纤维素、半纤维素和木质素组成，含有少量的脂肪和无机盐，食用价值不高。在谷皮和胚芽之间有一层糊粉层，其中含有较多的维生素和无机盐，但在谷类碾磨去壳时一部分无机盐和维生素受到损失，碾磨越精则损失越大。

胚乳是谷类的主要部分，占谷粒质量的83％～87％，主要含有大量的淀粉和比较多的蛋白质，其他的营养素含量较低。

胚芽在谷粒的一端，占谷粒质量的2％～3％，含有丰富的脂肪、蛋白质、无机盐、B族维生素和维生素E。

图11-1　谷粒的 纵切面示意

由于谷类结构的特点，其所含各种营养素的分布是不均匀的，所含的无机盐、维生素、蛋白质、脂肪多分布在谷粒的周围和胚芽中，越向胚乳中心，含量越低。

（图中标注：谷皮、糊粉层、胚乳、胚轴、胚芽）

二、谷类食品的营养价值

1. 蛋白质

谷类蛋白质含量一般在8％～15％，小麦的蛋白质含量在11％～19％，大米约8％。谷类蛋白根据溶解度不同可分为四种：清蛋白、球蛋白、醇溶蛋白和谷蛋白。谷类的蛋白质主要为醇溶蛋白和谷蛋白，主要集中在胚乳中，胚芽和谷皮中没有。小麦中醇溶蛋白和谷蛋白含量几乎相等，它能形成具有强韧性的面筋，其他谷物蛋白质则没有这种面团成形特性。醇溶蛋白和谷蛋白中的几种必需氨基酸如赖氨酸、苯丙氨酸和蛋氨酸都偏低。谷物中的清蛋白和球蛋白主要存在于糊粉层和胚芽中，其营养价值较高，含有比较丰富的赖氨酸。因此精米、白面的蛋白质的营养价值低于糙米和面。谷类作为主食，是膳食蛋白质的重要来源。但是一般来说，谷类蛋白质利用率不高，第一限制氨基酸为赖氨酸，苯丙氨酸和蛋氨酸含量也偏低。谷类的合理食用应利用蛋白质的互补作用，提倡谷类和豆类混食，多种谷类混用，或在面粉或米粉中加赖氨酸等营养强化剂以达到提高其营养价值的目的。

2. 糖类

谷类糖类约占谷物总量的70％～80％，主要是淀粉，还有少量糊精、戊聚糖、葡萄糖和果糖等，主要集中在胚乳中。淀粉是供给人类能量最经济、最理想的来源。谷类中的淀粉含有两种形式：直链淀粉和支链淀粉，一般直链淀粉与支链淀粉的比例为15％～25％和75％～85％，它们的比例随着谷类的品种和成熟度的不同而不同。籼米中含直链淀粉多，米饭涨性大而黏性差，较易消化吸收。糯米中绝大部分是支链淀粉，涨性小而黏性强，幼儿及

老人不宜多食。粳米居二者之间。

3. 脂肪

谷类脂肪量很低，仅占 1％～3％，玉米可达 4.6％。以甘油三酯为主，还含有少量植物固醇和卵磷脂，主要存在于胚芽及糊粉层中，在谷类加工时，大部分转入副产品中。小麦和玉米胚芽中的甘油三酯 80％为不饱和脂肪酸，其中亚油酸可达 60％，有防止动脉粥样硬化的作用，但随着贮藏期的延长，谷类所含的油脂会出现氧化酸败，影响谷类的口感和营养价值。

4. 无机盐

谷类无机盐大部分集中在谷皮和糊粉层里，含量约为 1.5％～3％，有钙、磷、铁、铜、钴、锌、锶、锰、钼、镍、铬等，其中主要是钙和磷。由于多以不溶性的植酸盐形式存在，几乎不能被机体吸收利用。谷类胚芽和谷皮中含有植酸酶，当米面经过蒸煮时植酸酶可分解植酸盐释放出游离的钙和磷，提高其吸收利用率。

5. 维生素

谷类是膳食 B 族维生素的重要来源。以维生素 B_1、烟酸较多，其次是维生素 B_2、维生素 B_3、维生素 E 等。黄色玉米和小米中还含有一些类胡萝卜素，一般缺乏维生素 C、维生素 A 和维生素 D。B 族维生素大部分分布在胚芽和谷皮中，胚乳中很少。因而米、面在加工过程中维生素损失较多。

三、食品加工对谷物营养价值的影响

谷类加工的目的是因为糙米或全麦含食物纤维和植酸较多，若加工过于粗糙，不但影响消化，口感也差，为提高其消化率，改善感官性质，糙米或全麦要经过加工。谷类加工既要保持较高的消化率和较好的感官性状，又要最大限度地保留所含营养成分。谷类营养素的保留程度与加工方法和加工精度有密切关系（见表 11-2、表 11-3）。

表 11-2　不同出米率大米和不同出粉率小麦的营养素组成　　　%（质量分数）

营养素	出 米 率			出 粉 率		
	92％	94％	96％	72％	80％	85％
粗蛋白	6.2	6.6	6.9	8～13	9～14	9～14
粗脂肪	0.8	1.1	1.5	0.8～1.5	1.0～1.6	1.5～2.0
无机盐	0.6	0.8	1.0	0.3～0.6	0.6～0.8	0.7～0.9
纤维素	0.3	0.4	0.6	微量～0.2	0.2～0.4	0.4～0.9

表 11-3　不同出粉率面粉中三种 B 族维生素的含量变化　　　mg/100g

营 养 素	出 粉 率				
	50％	72％	80％	85％	95％～100％
维生素 B_1	0.08	0.11	0.26	0.31	0.40
维生素 B_2	0.03	0.04	0.05	0.07	0.12
尼克酸	0.70	0.72	1.20	1.60	6.00

由表 11-2 和表 11-3 可以看出小麦在碾磨加工过程中，随着出粉率的降低，糊粉层和胚芽损失越多，营养素损失越大，赖氨酸、B 族维生素和无机盐受到严重损失。同样大米的碾磨程度越高，粗纤维的含量越低，口感越好，但粗蛋白、粗脂肪、无机盐等损失也越多。近年来，随着社会经济的快速发展，对精米、精面的需求不断增长，可通过采取在米面中强化氨基酸、维生素 B_1、维生素 B_2、尼克酸、钙、铁等营养强化措施；改良谷

类加工工艺、提倡粗细粮混食等方法提高精米、精面的营养价值。

淘米时由于 B 族维生素及无机盐类易溶于水，可发生营养素的损失，有资料报道淘米时维生素 B_1 会损失 30％～60％、维生素 B_2 和尼克酸损失 20％～25％、无机盐损失 70％。营养素损失的程度与淘洗的次数、用水量、浸泡时间和水温有关，所以在米的淘洗过程中应避免过分搓揉，最好推广清洁米。

米、面在蒸煮过程中营养素会因受热损失，主要是对水溶性 B 族维生素的影响。蒸饭比去掉米汤的捞饭损失的营养素少。制作油条时，因为加碱和高温，会使维生素 B_1 全部损失，维生素 B_2 和烟酸破坏高达 50％左右。面食在焙烤时，氨基酸（尤其是赖氨酸）和还原糖发生美拉德反应，使赖氨酸的含量下降，降低蛋白质的营养价值。

谷类应贮存于避光、通风、干燥和阴凉的环境下，以保持其原有的营养价值。在正常的贮存条件下，谷类的呼吸作用很慢，营养素基本无损失。当环境条件改变，如水分含量增高、温度升高时，呼吸作用增强，引起蛋白质、脂肪、糖类的分解，促进霉菌生长，发生霉变，失去食用价值。

第三节　豆类及其制品的营养价值

一、豆类的营养价值

豆类品种较多，按营养价值可分为两类：一类是大豆类，包括黄豆、青豆、黑豆等；另一类为其他豆类，包括豌豆、蚕豆、绿豆、赤豆等。豆类蛋白中含有 8 种必需氨基酸，氨基酸组成比较合理，是中国居民膳食中优质蛋白质的重要来源。

1. 大豆的营养价值

大豆含有约 40％的蛋白质，其氨基酸组成接近人体需要，除蛋氨酸略低外，其余与动物性蛋白质相似。含有丰富的赖氨酸，豆类和谷类蛋白质互补可改进谷类蛋白质的质量（见表 11-4）。

表 11-4　大豆、绿豆蛋白质的氨基酸组成　　　　　　　　　　g/100g 蛋白质

项　　目	异亮氨酸	亮氨酸	赖氨酸	蛋氨酸＋胱氨酸	苯丙氨酸＋酪氨酸	苏氨酸	色氨酸	缬氨酸
WHO 建议氨基酸构成比	4.0	7.0	5.5	3.5	6.0	4.0	1.0	5.0
大豆蛋白	5.3	8.1	6.4	5.3	8.6	4.1	1.4	4.9
绿豆蛋白	4.5	8.1	7.5	2.3	9.7	3.6	1.1	5.5

大豆含有 20％左右的脂肪，其中 80.7％为不饱和脂肪酸，亚油酸含量为 50.8％，亚油酸为人体必需脂肪酸，还有丰富的磷脂，具有较强抗氧化能力的维生素 E、固醇类物质、类胡萝卜素和叶绿素，所以豆油具有较高的营养价值。大豆油脂中的主要脂肪酸的构成见表11-5。

表 11-5　大豆油脂中的主要脂肪酸的构成　　　　　　　　　　　　　%

脂　肪　酸　种　类		含量	平均值
饱和脂肪酸	棕榈酸	7～12	10.7
	硬脂酸	2～5.5	3.9
不饱和脂肪酸	油酸	20～50	22.8
	亚油酸	35～60	50.8
	亚麻油酸	2～13	6.8

大豆中几乎不含淀粉，约含 10% 的可溶性碳水化合物，其中一半是蔗糖，另一半是棉籽糖、水苏糖等。棉籽糖、水苏糖在人体消化道不被分解利用，但在肠道能被细菌发酵，产生二氧化碳和氨，可引起腹胀，但也是双歧杆菌生长的促进因子。此外，大豆中约含 24% 的不溶性碳水化合物，因而是膳食纤维的良好来源。大豆的维生素含量较少，而且种类不全，以水溶性维生素为主，受热处理时，大豆中的维生素大部分被破坏，残留在制品中的维生素量很少；大豆富含无机盐，钾的含量最高，其次是磷和钙，还含有微量元素铁、钠、镁、锰、锌、铜和铝等，但由于豆类中的抗营养因子如植酸等存在，钙和铁的生物利用率不高，有人认为还会影响膳食中其他食物来源铁的生物利用率。

2. 其他干豆

其他干豆有赤豆、豇豆、芸豆、绿豆、豌豆和蚕豆等。蛋白质含量为 20%～25%，其质和量均不及大豆；脂肪较低，在 0.5%～2%；碳水化合物高达 55%～60%；干豆中不含胡萝卜素和维生素 C。

3. 大豆中的抗营养因子

大豆中的抗营养因子主要包括胰蛋白酶抑制素、血细胞凝聚素、胀气因子、植酸、致甲状腺肿素及抗维生素因子等。在这些抗营养因子中，胰蛋白酶抑制素对豆制品的营养价值影响最大。一般认为，要提高大豆中的蛋白质的生理价值，至少要钝化 80% 以上的胰蛋白酶抑制素。植酸可与钙、镁、铁、锌等螯合成复合盐，因此植酸的存在会影响人体对这些物质的吸收。绝大部分抗营养因子都是热不稳定性的，加热可破坏大豆中的胰蛋白酶抑制素、血细胞凝聚素和其他有害物质。大豆在 1.4kgf/cm² （137.29kPa）蒸气压下经 10min 的处理即可使天然毒物失活。豆类及豆制品充分加热处理对其营养价值有积极作用。

二、豆制品的营养价值

豆制品不仅是以大豆为原料，还包括其他豆类原料生产的豆制品，有非发酵豆制品和发酵豆制品两类。

非发酵豆制品如豆浆、豆乳粉、豆腐、豆腐干、内酯豆腐等均由大豆制成，制作中经各种处理，降低了食物纤维，提取大豆蛋白质，提高了消化率，但部分可溶性固形物由于溶于水而损失。

发酵豆制品有豆瓣酱、豆豉、黄酱、腐乳等，其蛋白质在霉菌的作用下被分解为肽和氨基酸，易消化和吸收，并使氨基酸游离，味道鲜美，豆类发酵对营养价值的最大贡献是提高了维生素 B_{12} 量，促进人体造血和神经营养作用。

食物加工通常可提高大豆的营养价值，不仅除去了大豆的有害成分，而且使大豆蛋白质的消化率提高，从而提高了大豆的营养价值。如炒熟大豆的蛋白质消化率仅 60%，但制成豆腐及豆浆时，蛋白质消化率可达 92%～96%。

第四节　蔬菜、水果的营养价值及食品
加工对营养价值的影响

一、蔬菜、水果的营养价值

蔬菜、水果在中国居民膳食结构中分别占 33.7% 和 8.4%，摄入量占每日进食量的一半左右，所以在膳食中具有重要位置。新鲜蔬菜、水果含水分多在 90% 以上，糖类含量不高，蛋白质和脂肪含量很少，所以不能作为热能和蛋白质来源。但它们富含人体所需的多种维生素、无机盐及膳食纤维，还含有各种有机酸、芳香物质和色素等成分，能刺激胃肠蠕动和消化液的分泌，对增进食欲、促进消化有很好的帮助作用。

1. 碳水化合物

蔬菜、水果所含的碳水化合物包括可溶性糖、淀粉、纤维素和果胶物质。水果含量比蔬菜多。成熟水果可溶性糖升高，甜味增加。根茎类蔬菜如芋头、藕、土豆等淀粉含量高。蔬菜、水果所含的纤维素和果胶物质是人们膳食纤维的主要来源，具有促进肠道蠕动利于通便、预防肥胖、调节血糖水平、降低血脂和预防结肠癌等生理功效。

一般膳食纤维含量少的蔬菜、水果，肉质柔软，反之则肉质粗、皮厚多筋。

2. 维生素

新鲜蔬菜、水果含丰富的维生素 C、维生素 B_2、维生素 B_{11} 和胡萝卜素等（见表 11-6）。胡萝卜素含量与蔬菜颜色有关，凡绿叶菜、黄色或红色菜都有较多的胡萝卜素。各种新鲜蔬菜均含维生素 C，一般深绿色蔬菜含量比浅色蔬菜高。蔬菜中的辣椒含丰富的维生素 C、烟酸及大量的胡萝卜素。一般瓜茄类维生素 C 含量低，但苦瓜中维生素 C 含量高。含维生素 C 丰富的水果有鲜枣、草莓、猕猴桃、山楂、柑橘等。含胡萝卜素丰富的水果有芒果、柑橘和杏等。蔬菜中维生素 B_2 含量不算丰富，但却是中国居民维生素 B_2 的重要来源。

表 11-6　每 100g 常见果蔬（可食部分）中四种维生素的含量

果蔬名称	胡萝卜素含量/μg	硫胺素含量/mg	核黄素含量/mg	维生素 C/mg
橙	160	0.05	0.04	33
柑橘	890	0.08	0.04	28
苹果	20	0.06	0.02	4
梨	33	0.03	0.06	6
桃	20	0.01	0.03	7
鲜枣	240	0.06	0.09	243
葡萄	50	0.04	0.02	25
姜（黄姜）	170	0.02	0.03	4
大葱	60	0.03	0.03	8
大白菜	80	0.03	0.04	47
芹菜（白茎）	60	0.01	0.08	12
冬瓜	80	0.01	0.01	18
韭菜	1410	0.02	0.09	24
苋菜（紫）	1490	0.03	0.1	30
菠菜	2920	0.04	0.11	32

3. 无机盐

蔬菜、水果是膳食中无机盐的主要来源，含丰富的钙、磷、钾、铁、钠、镁、铜等（见表 11-7）。碱性元素对维持体内酸碱平衡起重要作用。各种蔬菜中，绿叶菜含无机盐较多。这些无机盐大部分与酸结合成盐类（如硫酸盐、磷酸盐、有机酸盐），小部分与大分子结合参与有机体的构成（如蛋白质中的硫和磷，叶绿素中的镁等）。由于蔬菜中含有草酸，不仅降低蔬菜本身所含的钙、铁等无机盐的吸收率，而且还影响其他食物中钙和铁的吸收。草酸溶于水，所以食用含草酸多的蔬菜时，可先在开水中焯一下，去除部分草酸，以利钙、铁的吸收。

表 11-7 常见果蔬（可食部分）中钙、磷、铁的含量　　mg/100g

果蔬名称	钙	磷	铁	果蔬名称	钙	磷	铁
橙	20	22	0.4	大葱	24	39	0.6
柑橘	35	18	0.2	大白菜	69	30	0.5
苹果	4	12	0.6	芹菜（白茎）	48	50	0.8
梨	9	14	0.5	冬瓜	19	12	0.2
桃	6	20	0.8	韭菜	42	38	1.6
鲜枣	22	23	1.2	苋菜（紫）	178	63	2.9
葡萄	5	13	0.4	菠菜	66	47	2.9
姜（黄姜）	27	25	1.4				

4. 蛋白质

果实中除坚果外蛋白质含量极低。蔬菜中的含量相对于水果较多，含氮物质一般在 0.6%～9%。果蔬蛋白质的质量不如动物蛋白质好，主要是其中赖氨酸、蛋氨酸含量不足。果蔬蛋白质有提高谷物蛋白质在人体中的吸收率的作用。

5. 其他

（1）芳香物质、色素　果蔬中天然色素如叶绿素、类胡萝卜素、花青素、花黄素等和芳香物质使食品具有鲜艳的色泽和香味，可增进食欲。

（2）果酸　水果中有机酸以柠檬酸、酒石酸、苹果酸为主，含独特果酸味，可增强消化液分泌，以利食物消化，同时对维生素 C 稳定性具有保护作用。

（3）酶　某些蔬菜含有促进消化的酶如萝卜中的淀粉酶、无花果中的蛋白酶。

（4）具有特殊功能的生理活性成分　大蒜含二烯丙基硫有助于降低血清胆固醇。黄瓜含丙醇二酸有抑制糖类转化为脂肪的作用。南瓜能促进胰岛素的分泌，有降低血糖的作用。番茄中的生物类黄酮可维持微血管的正常功能。萝卜所含的淀粉酶，生食时可增进食欲、帮助消化。白菜中有吲哚三甲醇能帮助分解同乳腺癌有关的致癌雌激素。菠菜中含大量抗氧化剂，具有延缓衰老、减缓老年人记忆力减退的作用。花茎甘蓝中含大量抗生素。苹果及果皮富含多酚类，这些多酚萃取物除具有抗氧化作用外，还具有防龋齿、降血清及肝脏中胆固醇、抗过敏等作用。

二、食品加工对蔬菜、水果营养价值的影响

水果、蔬菜在洗涤、修整、热烫和漂洗加工处理中，水溶性维生素及无机盐易损失和破坏。加工对蔬菜、水果维生素的影响与加工过程中洗涤方式、切碎程度、用水量、pH、加热温度和时间有关。为防止无机盐和维生素的损失，应注意尽量减少用水浸泡及弃掉汤汁的做法；蔬菜先漂洗后切碎比先切碎后漂洗保留维生素多；烹调加热时间不宜过长，叶菜类宜快火急炒；新鲜蔬菜不要放置过久及在日光下暴晒；烹制后的蔬菜尽快吃掉；适当加醋烹调可降维生素 B_1、维生素 C 损失，加芡汁也可降低维生素 C 损失；用铜锅加工维生素 C 损失最多，铁锅次之。

脱水加工时果蔬中维生素受热而损失，以维生素 B_1 损失最大；脂溶性维生素在空气中易氧化损失，如胡萝卜素在空气中干燥加工损失达 26%。

大多数果蔬在冷藏、隔氧、降低 pH 条件下可降低维生素 C 的损失。如绿色蔬菜在室温下贮存数天则维生素 C 损失殆尽，在 0℃下贮存则可保存一半。柑橘冷藏半年维生素 C 损失 5%～10%，浓缩橘汁在 -22℃保存 1 年，维生素 C 仅损失 2.5%。

第五节 畜、禽肉类及水产品的营养价值

膳食中常用的肉类包括畜肉、禽类及其脏器，鱼、虾和蟹等水产品及其制品。肉类食品主要提供优质的蛋白质、脂肪、无机盐、维生素及浸出物等营养成分，不但营养价值极高，消化吸收率高，而且可以烹调成各种美味佳肴。

一、畜肉类的营养价值

1. 蛋白质

畜肉类蛋白质含量一般为 $10\%\sim20\%$，其蛋白质含量多少与动物种类、年龄及脂肪和瘦肉的相对数量有关。肥度高，蛋白质的含量就较少。常见肉类中蛋白质含量：中等脂肪、瘦牛肉分别为 17.5% 和 20.2%，羊肉分别为 15.7% 和 19%，猪肉分别为 11.9% 和 20.3%。肉类蛋白质为完全蛋白质，营养价值高，富含各种必需氨基酸，且氨基酸的种类和比例接近人体需要，消化吸收率高。内脏比一般肉类有较多的蛋白质、无机盐和维生素，脂肪含量少，营养价值高于一般肉类。但内脏中含有较高的胆固醇，应引起注意（表 11-8）。

表 11-8 每 100g 猪肉、牛肉、羊肉及内脏中的主要营养素含量

食品种类	蛋白质/g	脂肪/g	钙/g	铁/g	视黄醇当量/μg	硫胺素/mg	核黄素/mg	胆固醇/mg
猪肉（瘦）	20.3	6.2	6	3.0	44	0.54	0.10	81
猪肝	19.3	3.8	6	22.6	4972	0.21	2.08	288
猪肾	15.4	3.2	12	6.1	41	0.31	1.14	354
牛肉（瘦）	20.2	2.3	9	2.8	6	0.07	0.13	58
羊肉（肥瘦）	19	14.1	6	2.3	22	0.05	0.14	92

2. 脂肪

畜肉中脂肪含量多少与动物种类、不同部位、肥瘦程度等因素有关。如瘦猪肉约为 6.2%，肥猪肉达 90%，瘦牛肉为 2.3%，牛五花肉约为 5.4%。畜肉中脂肪主要成分是甘油三酯，以饱和脂肪酸为主，有少量卵磷脂、胆固醇和游离脂肪酸。胆固醇多存在于动物内脏，如瘦猪肉含胆固醇约 81mg/100g，而猪脑中胆固醇约含 2571mg/100g，猪肾中含胆固醇约 354mg/100g，高胆固醇血症患者不宜过量摄取（表 11-8）。

3. 维生素

瘦肉是 B 族维生素良好来源，如维生素 B_1、维生素 B_2、烟酸，尤以维生素 B_1 含量高。瘦肉中基本不含维生素 A 和维生素 C。动物内脏和瘦肉相比，含有丰富的维生素 A 和核黄素，各种脏器都富含 B 族维生素，尤以肝脏是各种维生素最丰富的器官。猪肉、牛肉和羊肉三者比较，猪肉的维生素 B_1 含量最高，牛肉中叶酸含量最高。猪肉中维生素 B_1 含量受饲料的影响，牛肉和羊肉的维生素含量不受饲料的影响。

4. 无机盐

畜肉无机盐含量为 $0.8\%\sim1.2\%$，与肉的肥瘦程度有关，瘦肉含无机盐较多，有磷、铁、钾、钠、镁、氯及微量元素锰、铜、锌、镍等，铁以血色素铁的形式存在，吸收率高。肉类的钙含量较低。畜肉无机盐消化率高于植物性食品。含硫、磷、氯较多，是酸性食品。

5. 含氮浸出物

煮肉时溶出的成分即为浸出物，以含氮化合物最多。肉的浸出物成分中含有的主要有机物为：核苷酸、胍类化合物（肌酸、肌酐等）、嘌呤碱、氨基酸、肽和有机酸等。肉中含浸

出物成分与肉的风味、滋味和气味有密切关系，浸出物越多，肉味越鲜美。浸出物含量虽然不多，但能促进胃液分泌，对蛋白质和脂肪的消化起到很好的作用。

二、禽肉的营养价值

1. 蛋白质

禽肉中蛋白质含量为20%左右。常见禽肉的蛋白质含量每100g可食部分鸡19.3g，鹅17.9g，鸭15.5g（表11-9）。禽肉蛋白质能提供各种必需氨基酸，氨基酸的组成接近人体需要。禽肉和畜肉相比，含有较多的柔软结缔组织，并均匀地分布于肌肉组织内，因此，禽肉比畜肉质地更细嫩，而且含氮浸出物多，炖汤味道更鲜美，更易消化。

表11-9　每100g鸡、鸭、鹅及内脏中的主要营养素含量

食品种类	蛋白质/g	脂肪/g	视黄醇当量/μg	硫胺素/mg	核黄素/mg	钙/g	铁/g	胆固醇/mg
鸡	19.3	9.4	48	0.05	0.09	9	1.4	106
鸡肝	16.6	4.8	10410	0.33	1.10	7	12.0	356
鸭	15.5	19.7	52	0.08	0.22	6	2.2	94
鹅	17.9	19.9	42	0.07	0.23	4	3.8	74
炸鸡（肯德基）	20.3	17.3	23	0.03	0.17	109	2.2	198
北京烤鸭	16.6	38.4	36	0.04	0.32	35	2.4	—
盐水鸭（熟）	16.6	26.1	35	0.07	0.21	10	0.7	81

2. 脂肪

禽肉的营养价值与畜肉相似，不同在于脂肪含量少，而且熔点低，含20%左右的亚油酸，易于消化吸收，营养价值高于畜肉脂肪。禽肉中脂肪含量很不一致，每100g可食部分为鸡肉约9.4g，而肥鸭、肥鹅可达19.7%或更高（表11-9）。

3. 维生素

禽肉中维生素丰富，B族维生素含量与畜肉接近，此外烟酸含量也较高，并含丰富的维生素E。禽肉的内脏中富含维生素A和维生素B_2。

4. 无机盐

禽肉中钙、磷、铁等含量均高于猪、牛、羊等畜肉，禽肝中铁的含量为猪肝、牛肝的1～6倍。

5. 含氮浸出物

含氮浸出物与年龄有关，同一品种幼禽肉汤中含氮浸出物低于老禽，所以人们习惯用老母鸡煨汤而以仔鸡炒食。禽肉除一般烹调外，还加工成酱鸭、风鸡、板鸭等制品。

三、水产品的营养价值

水产品原料包括鱼、虾、蟹及部分软体动物等，根据来源可分为淡水类和海水类。水产品是营养价值较高的优质食品。其营养素的种类和含量与畜类、禽类有许多相似之处，但也有许多特点。有些珍贵水产品只因稀少而名贵，如鱼翅、海参等，但是所含氨基酸组成不平衡，缺乏色氨酸，蛋白质的营养价值不及一般鱼肉。

1. 蛋白质

鱼、虾、蟹、贝类含蛋白质一般为15%～25%，是膳食蛋白质的良好来源。氨基酸营养价值与畜、禽肉类似，色氨酸含量偏低。肌纤维细短，结缔组织较少，较畜、禽肉鲜嫩，更易消化。鱼类蛋白质中含丰富的赖氨酸，特别适合儿童。

2. 脂肪

鱼类含脂肪很少，一般为1%～3%（个别达10%），其中不饱和脂肪酸含量较多，可高达80%，消化吸收率达95%。鱼类，尤其是海洋鱼类脂肪中含有长链多不饱和脂肪酸如二十二碳六烯酸（DHA）和二十碳五烯酸（EPA），具有降低血中胆固醇、预防血栓形成以及预防动脉粥样硬化等心脑血管疾病，并有抗癌、防癌功效（表11-10）。

表11-10　四种鱼贝类的 DHA 和 EPA 含量　　　　　　%（质量分数）

名　称	DHA	EPA	名　称	DHA	EPA
太平洋鲱鱼油	12.9	2.3	南极磷虾	7.3	16.5
秋刀鱼油	11.4	5.1	墨鱼肝油	15.2	10.2

3. 维生素

水产品中维生素含量极为丰富，是维生素 B_2 的良好来源（表11-11）。鳝鱼、海蟹、河蟹含维生素 B_2 高；海鱼的内脏中富含维生素 A 和维生素 D。一些生鱼中含硫胺素酶，在生鱼存放时可破坏维生素 B_1，加热可破坏此酶。所以鲜鱼应尽快加工，以降低维生素 B_1 的损失。

表11-11　每100g部分水产品（可食部分）中的主要营养素含量

食品种类	蛋白质/g	脂肪/g	视黄醇当量/μg	硫胺素/mg	核黄素/mg	钙/g	铁/g	胆固醇/mg
黄鳝	18	1.4	50	0.06	0.98	42	2.5	126
青鱼	20.1	4.2	42	0.03	0.07	31	0.9	108
鲢鱼	17.8	3.6	20	0.03	0.07	53	1.4	99
鲫鱼	17.1	2.7	17	0.04	0.09	79	1.3	130
带鱼	17.7	4.9	29	0.02	0.06	28	1.2	76
黄鱼	17.7	2.5	10	0.03	0.1	53	0.7	86
鱼片干	46.1	3.4	Tr	0.11	0.39	106	4.4	3.7
海虾	16.8	0.6	—	0.01	0.05	146	3	117
基围虾	18.2	1.4	Tr	0.02	0.07	83	2	181
虾皮	30.7	2.2	19	0.02	0.14	991	6.7	428
虾米	43.7	2.6	21	0.01	0.12	555	11	525
鲜贝	15.7	0.5	—	Tr	0.21	28	0.7	116
蛤蜊	10.1	1.1	21	0.01	0.31	133	109	156
海参（水浸）	6	0.1	11	—	0.03	240	0.6	50
墨鱼	15.2	0.9	—	0.02	0.04	15	1	226

注：Tr表示微量；—表示未测定。

4. 无机盐

水产品中无机盐含量为1%～2%，其中磷、钾、钙、镁、铁、锌含量丰富，钙的含量高于畜、禽肉，为钙的良好来源；海产鱼类还含有丰富的碘。牡蛎是含锌、铜高的海产品。

5. 含氮浸出物

存在于鱼类结缔组织和软骨中的含氮浸出物主要是胶原和黏蛋白，是鱼汤冷却后形成凝胶的主要物质。水产品鲜味的核心成分是谷氨酸、肌苷酸等。海鱼中广泛分布氧化三甲胺，淡水鱼类组织中几乎没有。氧化三甲胺为淡甜味，在细菌的氧化和三甲胺还原酶的作用下生成三甲胺，使海鱼带有腥味。

6. 其他成分

据报告表明，水产品中含有多种生物活性物质，如鲨鱼软骨中含有 6-硫酸软骨素、姥鲨肝中含有角鲨烯，它们具有抗肿瘤和预防心血管疾病的生理功能，作为功能性食品基料，具有重要意义。

四、食品加工对畜、禽肉类及水产品营养价值的影响

动物屠宰后发生一系列生物化学变化和物理化学变化，肉经历了僵直、解僵、自溶三阶段，僵直状态的肉持水性低，风味低劣，肉质较差。成熟后肉的香味增加，肉持水性回升，营养价值得到提高，但如果继续在常温下贮存，则肉发生腐败，蛋白质、氨基酸分解，如组氨酸、酪氨酸和色氨酸分别形成组胺、酪胺和色胺等有毒物质，脂肪发生酸败，糖发酵造成有机酸积累，产生酸败气味和腐败臭味，营养价值降低。

一般的加热对畜、禽肉类中蛋白质含量变化影响不大，而且蛋白质因加热适度变性更有利于消化吸收。无机盐在水煮加热过程中损失较多，如猪肉中无机盐损失达 34.2％。受高温处理时，B 族维生素损失较大。

大多数动物性食品在冷冻状态下贮存可降低营养素的损失，但冻结可使蛋白质发生不可逆变性，而且在解冻时汁液流失，带走食品中 10％的可溶性营养素。速冻的制品质量要比缓冻的好。

第六节　乳及乳制品的营养价值

一、乳的营养价值

乳类含有丰富的蛋白质、脂肪、无机盐、维生素等各种人体所需营养素，其营养价值高又易于消化吸收，最适合病人、幼儿、老人食用。乳制品加工常用的是牛奶，其次是山羊乳（表 11-12）。本节主要介绍牛奶。

表 11-12　人乳、牛奶与山羊乳中的主要成分及其含量　　　　　　　　　　％（质量分数）

种类	水分	总乳固体	脂肪	蛋白质	乳糖	灰分	非脂乳固体
人乳	88.23	11.77	3.16	1.48	7.11	0.19	8.61
牛奶	87.67	12.32	3.73	3.18	4.66	0.72	8.7
山羊乳	82.58	17.42	6.24	4.55	5.35	1.00	11.18

正常乳的成分大体上是稳定的，但因牛的品种、个体、泌乳期、畜龄、饲料、季节等因素的影响而变化，其中变化最大的是脂肪，其次是蛋白质。乳类主要提供优质蛋白质、维生素 A、核黄素和钙。

1. 蛋白质

牛奶中蛋白质含量平均约为 3.7％。由 85％的酪蛋白和 15％的清蛋白（含球蛋白）组成，二者均为完全蛋白质。牛奶中蛋白质的消化率为 87％～89％，生物价为 85，仅次于鸡蛋，属优质蛋白。

2. 脂肪

牛奶中脂肪约 3.8％，与母乳大致相同。牛奶脂肪以微粒状的脂肪球形式分散在乳浆中，熔点较低，易消化，吸收率达 97％。静置时聚集成奶油浮于上层，奶脂中含一定量的水溶性挥发性脂肪酸（如丁酸、己酸和辛酸）、必需脂肪酸、卵磷脂以及脂溶性维生素，营养价值较高。

3. 碳水化合物

牛奶中碳水化合物主要是乳糖，含量为 4.6％左右，乳糖在肠中经消化酶作用分解为葡萄糖和半乳糖，有助于肠道乳酸杆菌的繁殖，抑制腐败菌的生长，还能促进钙的吸收。有些成人因缺少乳糖酶，不能分解乳糖而造成腹泻。

4. 无机盐

牛奶中无机盐含量平均为 0.8%，富含钙、磷、钾，是钙的良好来源。但牛奶中铁含量极少，用牛奶喂养婴儿时，应注意铁的补充。

5. 维生素

牛奶中几乎含有所有已知的维生素。其含量受泌乳期和饲料的影响。鲜奶仅含极少量维生素 C，消毒处理后所剩无几。生产奶粉时造成维生素的损失。喷雾干燥法生产奶粉，维生素 A、维生素 B_1 损失达 10%，如用传统滚筒干燥法，损失可高达 15%。

二、乳制品的营养价值

1. 炼乳

炼乳是鲜牛奶经真空浓缩去除大部分水分制成的产品，分为甜炼乳、淡炼乳、全脂炼乳、脱脂炼乳、半脱脂炼乳、强化炼乳和婴儿配方炼乳等。炼乳脂肪经均质处理，表面积变大，增加了脂肪球与酪蛋白的吸附，高温处理后形成的软凝块经均质处理脂肪球微细化，所以比牛奶更易消化。经高温处理后，维生素 B_1 受到损失，若给予增补，加适量水复原后其营养价值与鲜奶几乎相同。

2. 全脂奶粉

全脂奶粉是鲜奶去除乳中几乎全部水分后制成的粉末状产品。采用喷雾干燥法生产的奶粉复原性好，脂肪、蛋白质、色香味和其他营养成分影响很小。

3. 脱脂奶粉

脱脂奶粉是以脂肪含量不超过 0.1% 脱脂奶为原料脱水制成的奶粉。脱脂奶粉由于脱去了奶油，失去了脂溶性维生素。含有全奶的大部分蛋白质，近于全部的钙、B 族维生素。

4. 酸奶

酸奶是以全（脱）脂鲜奶为原料，添加适量的砂糖，经巴氏杀菌后冷却，再加入乳酸菌发酵剂经保温发酵而制成的产品。酸奶营养丰富，易消化，乳酸菌中的乳酸杆菌和双歧杆菌为肠道益生菌，在肠道生长繁殖，能阻止肠内有害菌的繁殖，酸奶对消化功能不良的婴幼儿、乳糖不耐症患者或老年人更为有益。

第七节　蛋类及蛋制品的营养价值

一、蛋类的营养价值

蛋类主要指鸡、鸭、鹅、鹌鹑和鸽等的蛋。各种禽蛋在营养成分上大致相同，食用较普遍的有鸡蛋。其营养价值几乎完美，适合于各种人群，包括成人、儿童、孕妇、乳母及病人等（见表 11-13）。蛋制品有松花蛋、咸蛋、冰蛋和干全蛋粉等（表 11-14）。

表 11-13　鸡蛋的主要成分和含量　　　　　　　% （质量分数）

部位	比例	水	蛋白质	脂肪	灰分
全蛋	100	65.5	11.8	11.0	11.7
蛋白	58	88.0	11.0	0.2	0.8
蛋黄	31	48.0	17.5	32.5	2.0
蛋壳	11	碳酸钙	碳酸镁	磷酸钙	有机质
		94.0	1.0	1.0	4.0

表 11-14　每 100g 部分蛋类及制品（可食部分）中的主要营养素含量

食品种类	蛋白质/g	脂肪/g	视黄醇当量/μg	硫胺素/mg	核黄素/mg	钙/g	铁/g	胆固醇/mg
鸡蛋（白皮）	12.7	9	310	0.09	0.31	176	2	585
鸭蛋	12.6	13	261	0.17	0.35	226	2.9	565
咸鸭蛋	12.7	12.7	134	0.16	0.33	231	3.6	647
松花蛋（鸭）	14.2	10.7	215	0.06	0.18	165	3.3	608

　　蛋的组成大部分是水，其中 12% 的固体是高质量蛋白质。从营养学的角度看，鸡蛋是脂肪、蛋白质、维生素和矿物质尤其是铁的良好来源。

　　（1）蛋白质　蛋类是天然食品中最优良的蛋白质来源，是高营养价值食品。蛋黄、蛋清生理价值都极高，含人体所需的各种氨基酸，氨基酸组成适宜，易消化吸收，生物学价值达95。在评价食物蛋白质营养质量时，常以鸡蛋蛋白质作为参考蛋白。

　　（2）脂肪　蛋类脂肪大都集中在蛋黄中，蛋清中几乎不含脂肪。蛋黄中的脂肪为乳融状，以中性脂肪为主，还有大量卵磷脂和较高胆固醇。脂肪以微小颗粒形式存在，易于消化吸收。

　　（3）无机盐　蛋类无机盐主要存在于蛋黄中，有磷、钙、铁等。蛋类中钙的含量不及牛奶多。蛋黄中含铁高于牛奶，但因与磷蛋白结合而吸收率不高。

　　（4）维生素　蛋类维生素大部分集中于蛋黄，含有丰富的维生素 A、维生素 D、维生素 B1、维生素 B2 等。因此蛋黄比蛋白含有较多的营养成分。

二、食品加工对蛋类营养价值的影响

　　蛋类加热后可提高其蛋白质的消化吸收率。一是生蛋清中含有抗生物素和抗胰蛋白酶，加热能使抗生物素和抗胰蛋白酶被破坏；二是蛋类未经消毒不卫生，加热具有杀菌作用，还能使蛋白质变性，使肽键展开，蛋白质的消化吸收率更完全。因此，不宜生吃鲜蛋。

　　一般加工方法，除硫胺素少量损失外，对其他营养成分影响不大。长期贮存中以苏氨酸和维生素 A 损失最多。松花蛋在制作中加碱处理，B 族维生素被破坏，而维生素 A、维生素 D 与鲜蛋接近。咸蛋是用 10% 盐腌渍，成分与鲜蛋基本相同。

　　随着食品工业的迅速发展，新的食品类型不断出现，如方便食品、模拟食品、婴儿食品、疗效食品等不断问世。而食品在加工贮藏中由于营养成分的稳定性等不同，营养价值有升有降，只有全面系统地掌握各种食品的营养学知识，才能降低食品营养素的破坏和损失，并较大程度地提高食品的营养价值。

思 考 题

　　1. 评价食品原料营养价值的意义是什么？营养质量指数的含义是什么？

　　2. 谷类原料的营养价值有什么特点？

　　3. 大豆和豆制品的营养价值各有什么特点？

　　4. 蔬菜和水果的营养价值主要表现在哪几个方面？抗营养因子有哪些？它们对蔬菜和水果的营养价值会产生什么影响？

　　5. 畜类、禽类、水产类原料的营养价值各有什么特点？

第十二章　功能性食品

学习目标

1. 掌握功能性食品的科学概念。
2. 理解常见功能性食品的种类及其生理功效。
3. 了解国内外功能性食品的发展概况。

第一节　功能性食品的科学概念

一、功能性食品的概念

食品除了第一功能即营养功能、第二功能即感觉功能外，还具有特定的调节和改善人体生理活动的第三功能，如免疫调节、延缓衰老、增智益脑、促进生长发育、抗疲劳、保护心血管系统等。所谓功能性食品即为上述三项功能的完美体现和科学结合的食品。

1987年日本文部省在《食品功能的系统性解释与展开》报告中最先使用"功能性食品"这一概念，1989年4月厚生省进一步明确了功能性食品的定义："其成分对人体能充分显示身体防御功能、调节生理节律以及预防疾病和促进康复等有关身体调节功能的工程化食品。"

欧美国家称为健康食品或营养食品，即"具有生理功能而设计加工的，有保护机体的功能、调节生物节律、可预防和治疗疾病的食品"。

在中国也有"功能性食品"或"保健食品"的不同说法，但含义基本相同。为了规范，中国国家技术监督局在1997年颁布的《保健（功能）食品通用标准》（GB 16740）中将这一概念统一为保健（功能）食品，并给出了明确的定义：保健（功能）食品是食品的一个种类，能调节人体机能，适于特定人群食用，但不以治疗疾病为目的。2005年颁布的《保健食品注册管理办法》指出，功能性食品是指声称具有特定保健功能或者以补充维生素、矿物质为目的的食品，即适宜特定人群食用，具有调节机体功能，不以治疗疾病为目的，并且对人体不产生任何急性、亚急性或慢性危害的食品。在学术与科研上，"功能性食品"的叫法更科学些。

二、功能性食品与一般食品、药品的区别

1. 功能性食品与一般食品的区别

功能性食品与一般食品都能提供人体生存必需的基本营养物质，都具有色、香、味、形等感官功能，这是它们的共同点。二者的区别在于：第一，功能性食品含有一定量的功效成分，具有调节人体机能的功能，而一般食品不强调其特定的生理功能；第二，功能性食品有特定的食用人群，而一般食品没有特定的食用人群。

2. 功能性食品与药品的区别

药品是治疗疾病的物质，必须在医生的指导下使用，允许一定程度的毒副作用存在；功能性食品的本质仍然是食品，它具有调节人体某种机能的作用，但它不能取代药物用于治疗

疾病。对于生理机能正常，想要维护健康或预防某种疾病的人来说，功能性食品是一种营养补充剂，必须达到现代毒理学上的基本无毒或无毒水平，无需医生的处方，在正常摄入范围内不能带来任何的毒副作用。

三、功能性食品的发展概况

纵观世界功能性食品的发展历史，大体经历了三个阶段：第一代功能性食品，包括各类强化食品，其配方根据特殊需求添加营养素，依据营养素或有效成分推断其功能，加工方法粗糙，其功能不稳定。第二代功能性食品经过动物或人体实验证明具有某种生理调节功能，具有一定的科学性和真实性。第三代功能性食品不仅经过动物或人体实验证明其具有某种生理调节功能，还需检测其中起作用的功效因子的含量、化学组成、存在状态及结构性质，第三代功能性食品被誉为 21 世纪的食品。一些发达国家的功能性食品大多属于第三代功能性食品。

1. 国内功能性食品发展现状

中国功能性食品起步较晚，主要出现在 20 世纪 80 年代，随着国民经济的快速发展，人们在满足温饱与口感风味的基础上对食品又提出了更高层次的要求，人们希望某些食品的摄入不仅要满足一般热能的需求，而且具有特定的保健功能。所以在进入 20 世纪 90 年代后，中国的功能性食品以令人吃惊的速度飞快发展，数据显示，截至 2010 年年底中国约有 2000 家保健食品企业，投资总额在 1 亿元以上的大型企业占 1.45%，投资总额在 5000 万元至 1 亿元的中型企业占 38%，投资在 100 万元至 5000 万元的企业占 6.66%，投资在 10 万元至 100 万元的小型企业占 41.39%，投资不足 10 万元的作坊式企业占 12.5%，大中型企业所占比例在逐年提高。随着企业数量增多，企业规模快速增大，保健品的产品数量也日益增多，种类愈加丰富，截至 2010 年 8 月 31 日，原国家食品药品监督管理局共批准 10606 个保健食品，其中国产保健食品为 9971 个，进口保健食品为 635 个。在中国保健品原料中主要有植物类、动物类、真菌类、益生菌类、生物活性物质类几种，保健品种类相对丰富。

由于缺乏统一的管理，中国的功能性食品曾一度混乱，使效益与流弊并存，赞扬与指责之声同在。直到 1996 年 6 月中国正式实施了《保健食品管理办法》，以及随后政府出台的一系列的监管、规范措施，才使得功能性食品卫生监督机构的审批、监督工作日渐规范，相关法律法规也日臻完善，2005 年 7 月 1 日起，国家在全国范围内推行《保健食品注册管理办法》（试行）和《保健食品广告暂行规定》，加强了注册过程中对保健食品名称的审核，并将鼓励生产企业申报新功能、使用新原料，对保健食品的安全性设立了定期监控机制等。此两项规定的实施，企业开始以诚信自律的态度谋求发展，消费者也变得更加理性、成熟。目前中国功能性食品已进入正规、有序、健康、迅猛的发展时期。

2. 中国功能性食品的发展方向

根据中国功能性食品发展的现状和特点，为使中国功能性食品的研制和生产走向系列化、合理化和稳定的发展，同时具有中国特色，研究和开发的重点应放在以下几个方面。

（1）科学地继承、发扬中医特点，开创中国的保健食品　中国的功能性食品的原料多采用药食同源的中草药，配方结合中医中药理论，以食疗为基础，这是中国的功能性食品的独特之处，也是参与国际竞争最有利之处。加强应用基础研究，充分利用中国的中药资源和中医中药理论，开发新产品、加快新工艺和新设备的研究，提高产品的技术含量、进一步规范相应的法规、重视检测工作，提高检测水平。使中国的功能性食品工业走上一条健康发展的具有中国特色的道路，增强国际竞争能力。

（2）加强对功能性食品功效成分的研究 功能性食品具有生理调节功能是因为它们含有多种生理活性物质，称为功能因子。加大对功能因子的结构、作用机理的研究，以推动产品升级换代。同时，产品向多元化方向发展，除了目前流行的口服液、胶囊、饮料、冲剂、粉剂外，一些新形式的食品，如烘焙、膨化、挤压等多种形式的功能性食品也已上市，产品多元化，发展第三代功能性食品，以缩短中国同国际先进水平的差距。

（3）加强高新技术在功能性食品生产中的应用 采用现代高新技术，如膜分离技术、微胶囊技术、超临界流体萃取技术、生物技术、分子蒸馏技术、无菌包装技术、干燥技术（冷冻干燥、喷雾干燥和升华干燥）等，从原料中提取有效成分，剔除有害成分。再以各种有效成分为原料，根据不同的科学配方和产品要求，确定合理的加工工艺，进行科学配制、重组、调味等加工处理，生产出一系列名副其实的具有科学、营养、健康、方便的功能性食品。

（4）健全功能性食品的评价体系和加强执法力度 依据医学心理学、生物化学、营养学和中医药学等多种学科的基本理论，建立一系列为国内外公认的评价体系，如抗衰老、抗疲劳、抗肿瘤等功能评价体系，以此来评价功能性食品。同时，加强功能性食品生产企业的标准化管理，加强监管力度，以确保生产、销售的功能性食品的安全性和特定保健功能的真实可靠性。

3. 国外功能性食品发展现状

国外功能性食品的研究与生产日益迅速，其中发展较快的有日本、美国和欧洲的一些国家。

日本是世界上功能性食品的生产和消费大国，也是第一个将保健食品进行行政管理的国家。早在 20 世纪 80 年代早期，日本政府就资助了 86 个关于"食品功能的系统分析和发展"的特别项目。以后教育部又发起了对"食品的生理学调节功能分析"和"功能性食品的分析和分子设计"的研究。到 90 年代初提出"特定保健用食品"的概念，其定义为："凡附有特殊标志说明，属于特殊用途的，在饮食生活中为达到某种特定保健目的而摄取本品的人，可望达到该保健目的的食品"，它属于特别用途食品的一个种类。

此外，还规定了特定功能性食品的主要功能，包括具有调节胃肠功能的食品，适合于高胆固醇人群食用的食品，适合于高血压人群食用的食品，有助于矿物质吸收的食品，除去过敏成分的食品，防龋齿的食品等六类。

日本功能性食品的发展速度逐步加快，在 20 世纪 70 年代其保健食品的年产值约 1 亿美元，到 80 年代年产值达到 10 亿美元，90 年代发展到 36 亿美元，到现在其年营业额可达 50 亿美元。日本各类功能性食品的品种、类别及人均消费量均居世界第一位。

近年来日本功能性食品销售额名列前几位的主要有小球藻、蜂王浆、蜂胶等含维生素 C、维生素 E 和钙营养素的制品，其他的还有大豆磷脂、银杏叶、香菇、灵芝、乳酸菌、花粉、大蒜油、茴香果提取物等。此外，各种功能性低聚糖已经广泛地应用在运动饮料、老年食品和儿童食品中。在日本最流行的减肥食品是从小豆中提取的小豆皂角苷；用萝卜叶加工成的食品可以促进皮肤代谢，改善皮肤疾病。

美国的功能性食品大多为膳食补充剂和各种强化食品。其中，膳食补充剂销售最大的是各种维生素、矿物质。重点发展婴幼儿食品、抗癌食品、老年食品和传统食品。根据美国国家统计局统计表明，有半数以上的美国人经常食用膳食补充剂以增强体质、维护健康。

近几年美国的功能性食品发展速度很快，1993 年美国功能性食品的年销售额仅为 30 亿美元，而到了 2003 年，美国的功能性食品市场总销售额达到 400 亿美元，已连续 3 年保持超过 8％的增长率。1994 年美国通过了《膳食补充剂与健康教育法案》(DSHEA)。该法所指膳食补充剂除维生素、矿物质等营养物质外，又扩充了人参、大蒜、蜂王浆、鲨鱼软骨、银杏叶、鱼油、车前草、酶等。

1998 年欧盟学术界对功能性食品的概念是"一种食品如果具有一种或多种与保持人体健康或减少致病危险有关的功能，能产生适当的良性影响，它就是功能性食品"。并主张功能性食品应开发七个方面的保健功能，包括有益于生长发育与分化、有益于基础代谢、能抵御反应性氧化产物、有益于心血管系统、有益于胃肠道的健康、有益于行为和有益于心理、智力功能等。欧洲的保健品市场具有巨大的增长潜力，1997 年英国、法国、德国、西班牙、比利时、挪威、丹麦、芬兰和瑞典九国的功能性食品总产值为 13.7 亿美元。其中功能性奶制品占 65％（其中大部分为健康酸奶），其余如高纤维饼干、早餐涂抹食品、谷物食品和饮料等占 35％。到 2000 年欧洲功能性食品产值突破 25 亿美元。

第二节　功能性食品常见基料

目前，从天然物质中分离提取，国内外保健食品中已使用或准备使用的功效成分有下列几类。

一、膳食纤维

膳食纤维是一类不能被人体消化吸收利用的多糖类物质，这类多糖主要来自于植物细胞壁的复合碳水化合物，也称非淀粉多糖。主要包括纤维素、半纤维素、果胶及亲水胶体物质。目前开发利用的有小麦纤维、燕麦纤维、玉米纤维、黑麦纤维以及树胶和海藻多糖等。膳食纤维具有多方面的功能，详见第三章碳水化合物膳食纤维部分。

二、活性多糖

一些活性多糖具有明显抑制肿瘤细胞和癌细胞的活性，并能提高人体的免疫能力。活性多糖类包括植物多糖、动物多糖及微生物多糖。目前的研究多集中于食用菌的活性多糖上，已经详细研究了虫草多糖、灵芝多糖、香菇多糖、猴头菌多糖的化学组成及功能特性，并广泛应用于功能性食品中。此外，某些食物原料，如大枣、薏苡仁、枸杞子、紫菜、甘蔗也含有较多的活性多糖，其作用有待进一步研究。活性多糖的生理功能主要有提高机体的免疫力、降血糖、延缓衰老等。

还有一些多糖类物质还具有促进蛋白质与核酸的合成、抗辐射、降血脂、抗血栓、保护肝脏、抗艾滋病病毒和抗疲劳等作用。

三、功能性低聚糖

低聚糖是由 3～9 个单糖通过糖苷键连接而成的低聚糖。人体肠道内没有水解低聚糖的酶系统，所以低聚糖不被人体消化吸收，直接进入大肠，被双歧杆菌利用，是双歧杆菌的增殖因子。功能性低聚糖包括大豆低聚糖、乳酮糖、低聚果糖、低聚木糖、低聚异麦芽糖、低聚半乳糖、帕拉金糖等。

功能性低聚糖的主要生理功效表现在如下几方面。

1. 低聚糖是双歧杆菌增殖因子，调节人体肠道菌群

双歧杆菌能发酵低聚糖，产生短链脂肪酸和一些抗生素物质，抑制外源致病菌和肠内固

有腐败菌的生长繁殖，维持肠道健康。双歧杆菌发酵低聚糖产生的短链脂肪酸还能刺激肠道蠕动，增加粪便湿润度并保持一定的渗透压，防止便秘。

2. 防止龋齿

龋齿是由于口腔中的微生物发酵口腔中残留的糖类产酸，进而侵蚀牙齿引起的，功能性低聚糖不能被口腔微生物发酵，因而不会引起龋齿，有利于保持牙齿的健康。

3. 含能量低或不含能量

可作为肥胖者、糖尿病患者的甜味剂，功能性低聚糖几乎不被人体消化吸收，它所提供的能量值很低或者根本不能提供能量，但却有一定的甜度，所以可以提供给糖尿病患者、肥胖患者食用，也可以满足喜爱甜食又担心发胖者的要求。

4. 促进钙的消化吸收

大鼠任意摄取 2% 的低聚木糖水溶液后，对钙的消化吸收率提高了 23%，体内钙的保留率提高了 21%。

低聚糖还具有膳食纤维的部分生理功能，可降低血清胆固醇。

四、多不饱和脂肪酸

在营养学上重要的多不饱和脂肪酸主要是 n-3 和 n-6 系列的不饱和脂肪酸，包括二十碳五烯酸（EPA）、二十二碳六烯酸（DHA）、α-亚麻酸、亚油酸、花生四烯酸（AA）等。它们都具有很好的保健作用。

α-亚麻酸存在于许多植物中，它是人体不可缺少的一种必需脂肪酸，具有防治心血管疾病、延缓衰老、增强机体免疫力、增强视力等方面的作用，同时 α-亚麻酸在体内代谢可生成 EPA 和 DHA。EPA 和 DHA 在深海鱼和海藻类中含量较高，世界各国都在对 EPA 和 DHA 进行深入地研究，认为 DHA 有健脑增智的作用，可预防老年性痴呆、心血管疾病、视网膜疾病的发生。EPA 有降低血液中总甘油三酯和抗血小板聚集作用，可以延缓血栓形成，起到保护心、脑血管的作用，另外还发现 EPA 有增强性功能的作用，所以婴幼儿不宜食用。

亚油酸和 γ-亚麻酸都属于必需脂肪酸，它们除具有必需脂肪酸所具有的功能外，另外还具有一定的保健功能，亚油酸有助于降低血清胆固醇和抑制动脉血栓的形成，因此可以预防心血管疾病。但摄入过多可能增加诱发一些癌症的概率。

五、维生素和维生素类似物

所有维生素均具有重要的生理功能，但目前主要有三类维生素作为功能性食品的功效因子进行进一步的研究开发，它们是维生素 A、维生素 E 和维生素 C。这三类维生素除了自身所具有的生理功能外，还都是自由基清除剂，并可提高机体免疫力，对预防或治疗肿瘤及心血管疾病有着不同的功效。

维生素类似物是一类具有维生素的某些特性的物质，但它们不具备必需性，所以不符合维生素的定义。大多数维生素类似物能够在体内合成，其合成数量以是否能满足机体需要以及随机体的健康状况而定。通过体外补充这些物质，能观察到明显的生理功效。下面列举一些维生素类似物及其主要功效。

1. 肌醇

肌醇对脂肪有亲和性，可促进机体产生卵磷脂，有助于将肝脏脂肪转运到细胞中，减少脂肪肝的发病率，预防动脉硬化，保护心脏；肌醇还是机体组织中磷酸肌醇的前体物质，也是肝脏和骨髓细胞生长所必需的物质。

2. 肉碱（维生素 BT）

肉碱又称肉毒碱，可促进脂肪酸的运输与氧化，加速精子的成熟并提高其活力，提高机体的耐受力，减轻疲劳。良好的食物来源有动物瘦肉、肝、心、酵母、牛奶和乳清等。

3. 潘氨酸（维生素 B_5）

它的生理功能主要有：激发甲基的转移，促进氧吸收，消除疲劳，增强活力，抑制脂肪肝形成，增强机体的适应性和耐力。

4. 生物黄酮（维生素 P）

某些黄酮类化合物能够提供活性很强的羟基氢与自由基反应，阻止细胞膜脂质过氧化；能够调节毛细血管的脆性与渗透性，保护心血管系统；具有清除自由基，抑制肿瘤、抗肝脏毒及抗病毒等作用。黄酮类含量丰富的原料有山楂、芸香叶、橙皮、银杏叶、绿茶等。

5. 辅酶 Q_{10}

辅酶 Q_{10} 是一种重要的抗氧化剂和非特异性免疫增强剂。

六、自由基清除类

自由基清除剂主要是酶和抗氧化剂。属于酶类的自由基清除类包括超氧化物歧化酶（SOD）、谷胱甘肽过氧化物酶（GSH-Px）和过氧化氢酶（CAT）等；人体内的抗氧化剂主要是维生素 C、维生素 A、维生素 E，它们都具有清除自由基的作用。

自由基是人体自身的代谢产物，正常情况下，人体内自由基处于不断产生与清除的动态平衡之中，它是机体有效的防御系统。但如果体内自由基积累过多，可攻击生命大分子物质（如核酸、蛋白质、糖类、脂质等）及各种细胞器，造成机体的损伤，加速机体的衰老并可诱发各种疾病。随着年龄的增长机体清除自由基的能力逐渐下降，为了防御自由基的损害，可以通过科学地调整膳食营养素的摄入，将自由基的损害降低到最低水平。

SOD、GSH-Px 和 CAT 具有这样的作用。SOD 能清除 O_2^- 同时生成 H_2O_2，H_2O_2 被 CAT 清除生成 H_2O 和 O_2，GSH-Px 除可清除 H_2O_2 外，还可以清除脂类过氧化自由基 ROO· 与 ROOH。而维生素 C、维生素 A、维生素 E 是膜和脂蛋白最重要的自由基清除剂。

七、活性多肽与活性蛋白质类

活性多肽与活性蛋白质是指具有清除自由基、提高机体免疫力、延缓衰老、降低血压等特殊功能的多肽与蛋白质。

1. 活性多肽

活性多肽是一类重要的生理活性物质，主要包括谷胱甘肽、降压肽、促进钙吸收肽、大豆肽等。

（1）谷胱甘肽（GSH）　存在于几乎所有的动植物中，主要有以面包酵母为主的酵母类、家畜脏器、蔬菜、薯类。谷胱甘肽是由谷氨酸、半胱氨酸和甘氨酸组成的三肽，它的生理功能有：清除自由基，保护细胞膜的完整性，起到延缓衰老的作用；对于放射线、放射性药物或由于抑制肿瘤药物所引起的白细胞减少等症状，能起到强有力的保护作用；还有解毒作用，参与体内有机化合物与重金属元素的结合，促进其排出体外。

（2）降压肽　是一些小分子短肽，能抑制血管紧张素转换酶（ACE）的活性而使血压下降，对血压正常的人无降压的作用。主要有来自乳酪蛋白的肽、来自鱼虾类的肽和来自植物的如大豆降压肽、玉米降压肽、无花果降压肽等。

（3）酪蛋白磷酸肽（CPP） CPP主要是促进钙吸收肽，促使小肠下部的可溶性钙增加，从而促进小肠对钙的吸收，起到促进骨骼生长、改善贫血等作用。

（4）大豆肽 是大豆蛋白的酶水解产物，易于消化吸收，它可以不经降解直接由肠道吸收，并且从胃到小肠的移动速率比较快，小肠的吸收率也比较高，还可促进脂肪代谢和增强肌肉运动力，促进运动后机体的恢复和消除运动后肌肉疲劳。

2. 活性蛋白质

活性蛋白质主要有免疫球蛋白、乳铁蛋白、金属硫蛋白、大豆球蛋白等。

（1）免疫球蛋白（Ig） 抗体是人体内能与抗原物质发生特异结合反应功能的球蛋白，免疫球蛋白则是具有抗体活性或化学结构与抗体相似的球蛋白，是存在于人体中构成体液免疫系统的主要物质，可以提高机体的免疫功能。医药上用的免疫球蛋白由免疫血清中提取，成本高，无法在保健食品中应用，现有人已从牛奶、蛋黄中提取这类蛋白，主要用于儿童和老年食品中。

（2）乳铁蛋白 是一种天然蛋白质的降解物，存在于母乳和牛奶中。乳铁蛋白的主要功能有：刺激肠道中铁的吸收，调节吞噬细胞的功能，抑制感染部位发炎，抑制Fe^{2+}引起的脂氧化等。

（3）金属硫蛋白 是一种含大量钙和锌、富含半胱氨酸的低相对分子质量蛋白质。它的生理功效体现在：参与微量元素的贮存、运输和代谢；清除自由基，抗电离辐射；对重金属的解毒作用；参与激素和发育过程的调节，增强机体对各种应激的反应；参与细胞DNA的复制和转录、蛋白质的合成与分解及能量代谢的调节过程。

（4）大豆球蛋白 是存在于大豆籽粒中的贮藏性蛋白的总称，约占大豆总量的30%。其功能主要体现在具有优质蛋白质的营养价值，其整体营养价值与牛肉相近，还可降低血浆中胆固醇的含量。

八、乳酸菌类

乳酸菌类主要指乳酸杆菌、乳酸球菌和双歧杆菌。其中双歧杆菌的作用人们尤为关注，胡萝卜、洋葱、大蒜、大豆、玉米等食物中存在对双歧杆菌有特殊增殖作用的物质，称为双歧增殖因子。乳酸菌类的主要生理功能如下。

1. 维持肠道正常细菌的平衡，改善肠道菌群分布

乳酸菌能抑制病原菌和腐败菌的生长繁殖，从而抑制了肠道中毒素的产生，保护机体不受这些毒素的损害，延缓机体的衰老，又可起到防治肿瘤的作用，对保持肠道健康起积极的作用。

2. 促进钙及一些营养素的吸收，并能生成一些营养物质

经乳酸菌发酵后可提高食物中钙、磷、铁的利用率，促进铁和维生素D的吸收。还可增加一些维生素的含量，并提高维生素在食品中的稳定性。

另外，乳酸菌及其代谢产物能促进消化酶的分泌和肠道蠕动，促进食物消化吸收，预防便秘；还具有降低血清胆固醇和抗感染的作用。

利用乳酸菌类经生物工程技术加工研制而成的活菌制品被称为微生态食品，如各种活菌口服液和活菌发酵乳，以及各种片剂、粉剂及胶囊等，现在已经成为一类能调节人体微生态的特殊功效的功能性食品。

九、矿物质与微量元素类

矿物质与微量元素对人体健康有重要作用，其中以钙、铁、铜、硒、铬、有机锗等多用于功能性食品中。具体内容参见第七章。

十、其他活性物质

1. 植物甾醇

可以起到预防心血管系统疾病、阻断癌细胞的形成、消炎、退热及维持皮肤柔软、保水和润滑的作用，还具有促进机体蛋白质合成、促进机体生长等功能。

2. 皂苷

皂苷是中国保健食品中常用的功效成分，也是中国研究比较多的功效成分之一。主要有人参皂苷、大豆皂苷、杜仲皂苷、红景天皂苷、西洋参皂苷、绞股蓝皂苷等。皂苷是许多中草药的有效成分，它可抑制胆固醇在肠道的吸收，降低血浆胆固醇。许多皂苷还有抗菌和抗病毒的活性。人参皂苷、大豆皂苷等有保护心血管系统、抗疲劳、调节免疫功能、抑制或直接杀死肿瘤细胞的作用；酸枣皂苷具有镇静、安定的功效；桔梗皂苷有镇咳、镇痛、解热和防治消化性溃疡的作用。

3. 褪黑素

褪黑素是松果体分泌的一种激素，属于色氨酸衍生物，近年来才被重视并成为研究的热点。褪黑素是调节生物钟的活性物质，人类松果体内褪黑素的含量呈昼夜周期性变化。当黑暗刺激视网膜时，会促进大脑松果体内褪黑素增加。反之，白天会抑制褪黑素分泌。正是由于人体生物钟可以通过褪黑素发挥报时效应，所以褪黑素有明显的助睡眠作用。关于褪黑素在增强免疫力和延缓衰老方面的研究也比较深入并取得了一定的成就。

4. 茶多酚

茶多酚具有延缓衰老、抗氧化、抗辐射、抗病菌、降血脂、预防动脉粥样硬化等多种特殊的生理功能，还具有抗过敏、抑口臭、护齿、固齿的功效，可从各种茶饮料中获得，如红茶、绿茶、乌龙茶等。

第三节 功能性食品开发

目前，功能性食品已成为当今世界最具活力的食品加工领域，全球功能性食品的市场份额正以较快速度增长。2005年全球保健品食品市场的销售额为620亿美元，全球对保健品的消费逐年攀升，2010年约1000亿美元。近年来，保健食品市场的年增速加快，年均增加12%以上。目前已有安利、宝洁、健美生、生命力等20多家知名保健品跨国公司入驻中国市场。国内一些巨头食品企业也进军保健食品市场。因此，开发受消费者欢迎的功能性食品，必然会有良好的市场前景和经济效益。

一、功能性食品加工高新技术

1. 生物技术

现代生物技术包括基因工程、细胞工程、酶工程和发酵工程等。借助于生物技术，人们获得了多种用于保健食品的基料，并将其成功地用于保健食品的生产。目前开发的有酶法生产活性低聚糖，基因工程生产乳酸菌类，发酵法生产细菌多糖、真菌多糖等，细胞工程中采用动植物细胞大量培养生产保健食品的有效成分，如免疫球蛋白、促细胞生长素、黄酮类等。

2. 分离纯化技术

（1）超临界流体萃取技术　是以超临界状态下的流体（通常是 CO_2）作为溶剂，利用该状态下流体所具有的高渗透能力和高溶解能力萃取分离混合物的技术。其广泛应用于精油、色素、天然芳香物质制备。

（2）分子蒸馏技术　分子蒸馏作为一种温和、高效、清洁的分离技术，其应用已经渗透到诸如天然产物、化妆品和油脂工业等众多领域中。特别适用于高沸点、热敏性、易分解的物质分离、浓缩、除杂等。如维生素、功能色素、抗氧化成分的提取、分离与精制。

3. 微胶囊技术

微胶囊技术可将固态、液态或气体物质包埋，使包埋物料与外界环境隔绝，最大限度地保持功能性食品的色、香、味、性能和生物活性，防止活性成分在加工贮藏中发挥、氧化和变质；还可以掩盖某些物料的异味或使原来不易加工贮存的气味、液态转化为较为稳定的固态形态，从而防止和延缓劣变的发生。如利用微胶囊技术使得功能性脂肪酸被成功添加到谷类和奶类食品中。

4. 超微粉碎技术

在功能性食品生产上，某些微量活性物质的添加量很少，如果颗粒过大，很难进行有效的均匀混合操作，也影响机体对活性成分的吸收利用，使活性成分无法更好地发挥作用。因此，超微粉碎技术已成为功能性食品加工的重要新技术之一。目前，该项技术在脂肪替代品、膳食纤维等的加工方面的应用具有较大潜力。

5. 冷冻干燥技术

冷冻干燥技术是将物料中水分冻结成冰后在真空下使冰不经过液化直接汽化的一种方法。该技术用于人参粉、鳖粉、山药粉、保健茶、蘑菇、黄花菜等保健品、咖啡、果珍等饮品、天然调味品、色素、香料、蛋粉、肉片粉等保健食品工业用原料的加工。

6. 喷雾干燥技术

喷雾干燥技术是指将原料液用雾化器分散成雾滴，并用热空气与雾滴直接接触，在瞬间将大部分水分除去，获得粉粒状产品的一种干燥过程。该技术干燥速度快、时间短、温度较低、操作简单，而且产品又具有良好的分散性和溶解性，能较好地保护活性成分免受损失，因此，此技术也成为功能性食品常用的加工技术之一。

二、功能性食品研发思路

① 与生活方式相关的慢性病将成为今后功能性食品研发的主要目标。如减肥、降血糖、降血压、预防老年记忆障碍与老年痴呆症等功能性食品。这些疾病大都与膳食结构和饮食方式不合理有关。

② 寻找具有中华民族特色的食物资源，包括中草药尤其是药食兼用的食物资源。研究其有效成分，建立检测方法，特别是建立一套与体内功能评价一致的体外功能检测方法。

③ 进行体内和体外相结合的生物活性成分的构效、量效和作用机理的研究。主要有两种创新途径：老活性成分，研究新的功能和作用机理；新活性成分，分离纯化获得有效成分，研究其活性及作用机理。

④ 活性成分检测方法的研究，特别是快速鉴伪技术的研究。

⑤ 活性成分的有效剂量和安全剂量范围的研究。

⑥ 新功能、新原料的研究。

⑦ 新工艺、新技术的研究。

第四节 中国功能性食品的法制化管理

一、中国对保健（功能）食品的基本要求

根据中国《保健食品管理办法》的规定，保健食品必须符合以下要求。

① 经动物、人体实验证明有明确、稳定的调节机能的作用。

② 各种原料及产品必须符合有关食品卫生要求，应保证对人体不产生任何急性、亚急性或慢性危害。

③ 配方组成及用量、生产工艺应有科学依据，有明确的功效成分。

④ 标签、说明书及广告等不得宣传其疗效作用。

⑤ 生产保健（功能）食品的企业应符合 GB 14881 的规定，并逐步健全质量保证体系。

二、中国功能性食品已走向法制化管理轨道

从 1996 年 6 月中国正式实施《保健食品管理办法》开始，中国保健食品已逐步走向法制化，并逐步趋于完善。而且几乎每年都有有关保健食品的法律、法规和标准出台，具体如下。

① 1996 年 3 月 15 日，中华人民共和国卫生部第 46 号令发布了《保健食品管理办法》。它是一个专项的保健食品法规，共七章三十五条。其中对保健食品的定义、要求、审批程序、生产经营、标签与标志、说明书、广告、监督管理与处罚等作了详细全面的规定。

② 为全面清理整顿保健食品市场，卫生部签发了（1996）第 24 号文件《关于认真贯彻〈保健食品管理办法〉的通知》。

③ 1996 年 7 月 18 日卫监发（1996）第 38 号文发布以下文件。

《保健食品功能学评价程序和检验方法》规定了 12 类保健功能，即免疫调节、延缓衰老、改善记忆、促进生长发育、抗疲劳、减肥、耐缺氧、抗辐射、抗突变、抑制肿瘤、调节血脂、改善性功能的评价程序与检验方法。规定了评价保健食品功能作用的人体实验规程。同时发布的还有《保健食品评审技术规程》《保健食品通用卫生要求》和《保健食品标识规定》。

④ 1997 年 2 月 28 日国家技术监督局发布《保健（功能）食品通用标准》（GB 16740），规定了保健（功能）食品的定义、产品分类、基本原则、技术要求、试验方法和标签要求等内容。

⑤ 1997 年 6 月 19 日《关于保健食品管理中若干问题的通知》。

⑥ 1998 年 5 月 5 日原卫生部颁布了《保健食品良好生产规范》，本标准规定了对生产具有特定保健功能性食品企业的人员、设计与设施、生产过程、成品贮存与运输以及品质和卫生管理方面的基本技术要求。

⑦ 从 1999 年到 2003 年初原卫生部先后发布了《保健食品申报与受理的规定》（1999 年 4 月 1 日）、《卫生部关于印发核酸类保健食品评审规定的通知》（2002 年 1 月 30 日）、《卫生部关于规范保健食品技术转让问题的通知》（2001 年 3 月 8 日）、《保健食品说明书

的规范要求》(2001年9月16日)、《卫生部关于进一步规范保健食品原料管理的通知》(2002年2月28日)、《卫生部关于印发以酶制剂等为原料的保健食品评审规定的通知》(2003年1月1日)等一系列有关保健食品的法律、法规。使中国保健食品行业的法律、法规逐步完善。

⑧ 从2003年10月10日起中国保健食品申报受理审批工作改由国家食品药品监管总局开展，并发布了《保健食品检验与评价技术规范》(2003年版)。在原有内容基础上做了进一步的细化，并增加了保健食品功效成分及卫生指标检验规范，更具科学性及可操作性。

⑨ 中华人民共和国食品药品监督管理局局令第19号，2005年7月1日开始实施《保健食品注册管理办法（试行）》。该办法自颁布以来一直沿用至今，有些规定已经不适合我国功能性食品发展的新形势。同年原国食药监局颁布《关于做好保健食品广告审查工作的通知》对进一步规范媒体宣传审查工作做出了相关规定。

⑩ 为贯彻落实《食品安全法》及其实施条例对保健食品实施严格监督的要求，严把保健食品准入关，2010年，原国食药监局先后做出《关于进一步加强保健食品注册有关工作的通知》《关于保健食品再注册工作有关问题的通知》和《关于印发保健食品产品技术要求规范的通知》。

⑪ 国家食品药品监督管理总局在2016年11月28日发布《关于印发保健食品生产许可审查细则的通知》，并于自2017年1月1日起施行。细则主要从总则，受理，技术审查，行政审批，变更、延续、注销、补办、附则等六大部分来详细制定。

随着保健食品相关法律法规的逐渐完善，我国保健品市场将会有一个更加广阔的发展前景。《保健食品监督管理条例》的发布，必将带动保健食品行业内相关法规标准的变动，而保健食品注册审批中最重要的功能审批部分，也将能够在科学上更加严谨，在操作上更加灵活。可能调整的内容包括对产品研发过程给予规范，对功能的表述更趋于严谨，对新功能给予更明确的申报细则，对成熟的品种实施备案管理，审批程序更加简洁透明，以及明确再注册细则等。

图12-1　保健食品的标志图

凡获得《保健食品批准证书》的保健食品的包装上应有保健食品标志，如图12-1所示。整个图形及字体均为天蓝色。

附录：卫计委公布的既是食品又是药品的中药名单：

丁香、八角茴香、刀豆、小茴香、小蓟、山药、山楂、马齿苋、乌梢蛇、乌梅、木瓜、火麻仁、代代花、玉竹、甘草、白芷、白果、白扁豆、白扁豆花、龙眼肉（桂圆）、决明子、百合、肉豆蔻、肉桂、余甘子、佛手、杏仁（甜、苦）、沙棘、牡蛎、芡实、花椒、红小豆、阿胶、鸡内金、麦芽、昆布、枣（大枣、黑枣、酸枣）、罗汉果、郁李仁、金银花、青果、鱼腥草、姜（生姜、干姜）、枳椇子、枸杞子、栀子、砂仁、胖大海、茯苓、香橼、香薷、桃仁、桑叶、桑葚、橘红、桔梗、益智仁、荷叶、莱菔子、莲子、高良姜、淡竹叶、淡豆豉、菊花、菊苣、黄芥子、黄精、紫苏、紫苏籽、葛根、黑芝麻、黑胡椒、槐米、槐花、蒲公英、蜂蜜、榧子、酸枣仁、鲜白茅根、鲜芦根、蝮蛇、橘皮、薄荷、薏苡仁、薤白、覆盆子、藿香（以上为2012年公示的名单）。

2014年新增15种中药材物质：人参、山银花、芫荽、玫瑰花、松花粉、粉葛、布渣叶、夏枯草、当归、山奈、西红花、草果、姜黄、荜茇，在限定使用范围和剂量内作为药食两用。

思 考 题

1. 什么是功能性食品？功能性食品的发展经历了哪三个阶段？
2. 功能性食品与一般食品和药品的区别有哪些？
3. 中国应从哪些方面大力发展功能性食品？
4. 膳食纤维有哪些重要的生理功效？
5. 常见的自由基清除剂有哪些？它们对人体有哪些重要的生理功能？

第十三章　食品营养强化及食品新资源的开发与利用

学习目标

1. 掌握食品营养强化的概念、意义以及强化食品的方法和种类。
2. 理解开发新资源食品的种类和途径。
3. 了解中国对强化食品及新资源食品的政策和管理。

第一节　强化食品

食品营养强化直接关系到广大群众的身体健康，关系到中华民族的整体素质和国际竞争力，为改善中国居民某些营养素缺乏的状况，必须根据政府的规划、开发，生产符合中国公众营养改善要求的高质量的营养强化食用产品，同时，在全国推广食物营养强化的健康观念。

一、食品强化的目的和意义

根据营养需要向食品中添加一种或多种营养素，或者天然食品，以增强食品营养价值的过程称为食品的营养强化。制成的食品称为强化食品，添加的这些营养成分或含有这些营养成分的物质（包括天然的或人工合成的）称为食品强化剂。

不同的年龄、性别、工作性质以及不同病理的人们对营养素的需要各不相同，用单纯的天然食物不能满足各自的需要，而强化食品则可根据不同的需要予以增补配制，既可达到多种不同的要求，又可简化繁杂的膳食处理手续，给食用者带来极大的方便。进行食品强化有以下意义。

1. 弥补天然食物的缺陷

人类的天然食物，几乎没有一种单纯食物可以满足人体的全部营养，由于各个国家、地区的食品收获品种以及生活习惯的不同，很难从日常饮食中获取全能的营养素，如以米、面为主食的地区，除了可能有多种维生素含量缺乏外，人们对其蛋白质的质和量均感不足，特别是赖氨酸等必需氨基酸的不足更加严重，影响其营养价值；又如含有丰富蛋白质的肉、蛋、奶等食物，其维生素含量相对不足，尤其是维生素 C 缺乏。

另外，很多居民受居住环境的限制，导致由于营养素不足带来的种种疾病，如缺碘导致的粗脖子病、缺维生素 B_1 导致的脚气病、缺硒带来的克山病等。通过食品的强化，可以减少这些地方性疾病的发生，增强人们的身体健康。

2. 补充食品在加工贮藏及运输中的损失

食品在加工、贮藏及运输中往往造成某些营养素的损失。如米面加工得过于精细，存在于谷皮中的维生素 B_1 损失就大；水果蔬菜富含维生素 C，但维生素 C 是一种水溶性维生素，在果蔬的洗涤、烫漂、加热以及贮藏过程中都会造成大量的流失。因此，为了补充营养素在食品加工贮藏过程中的损失，一方面，需要减少加工过程的损失量；另一方面，可以在加工后的产品中添加一些营养素进行强化。

3. 适应特殊职业和病理的需要

对于特殊职业工作者，如从事军队、矿井、高温、低温作业及易引起职业病的工作人员，由于劳动条件的特殊，均需要高能量、高营养的特殊食品。而每一种工作又对某些特定营养素有特殊的需求。因而这类强化食品极为重要，已逐渐被广泛采用。

4. 获得营养平衡，提高营养价值

由于天然的单一食物仅含人体所需部分营养素，人们为了获得全面的营养就必须同时进食多种食物，食谱比较广泛，膳食处理也就比较复杂。采用强化食品，可以大大简化膳食处理，提高营养价值。如在全脂豆粉中强化 1.5％蛋氨酸，可使蛋白质的生物效价由 1.95 提高至 2.65，利用率可提高 40％。

二、强化食品的基本要求

1. 有明确的针对性

进行食品营养素强化之前，首先要对食用对象的营养状况、摄食食品的种类和饮食习惯等进行全面细致的调查研究，从中分析哪些营养素缺乏？为什么会缺乏？并在此基础上选择适当的强化剂进行强化，如目前中国城市居民中由于长期食用精米精面导致脚气病，应考虑在精米精面中强化维生素 B_1；而婴幼儿、乳母食品要考虑强化钙和维生素 D；老年人食品也要强化钙等营养素。

2. 符合营养学的需要

食品强化的目的主要就是改善天然食物存在的营养不平衡的问题，因此食品营养强化剂应尽量选用那些易被机体吸收利用的物质，使强化后食品所含各营养素的比例平衡，如氨基酸平衡、产热营养平衡、微量元素和维生素平衡，食品营养强化后应不影响人体对各种营养素的吸收和利用。

3. 卫生及毒理上可靠

食品营养强化剂应有自己的卫生和质量标准，也应严格进行卫生管理，切忌滥用。使用时应符合中华人民共和国国家卫生标准《食品营养强化剂使用卫生标准》（GB 14880）和《食品安全国家标准 食品添加剂使用标准》（GB 2760）以及在 1997～2002 年增补内容中规定的营养强化剂种类、品种、使用范围、最大使用量等。

4. 稳定性高、经济上合理

食品强化剂同其他食品成分一样，容易受温度、光照、氧气等的影响而发生变化，一部分强化剂被破坏，降低强化效果，因而要注意改进加工工艺来确保强化剂的稳定性。

强化的目的是增强人体素质和提高健康水平，其对象是广大消费者，因而强化食品的价格不宜太高，否则不易推广应用，起不到应有的作用。

5. 保持原有的食品风味

强化剂往往具有本身的色、香、味，如鱼肝油有一股腥臭味，维生素 B_2 显黄颜色，维生素 C 酸味很强等。在选择强化剂时，应根据强化剂的特点，选择好食品载体，来提高食品的营养价值和感官特点，例如用 β-胡萝卜素对奶油、人造奶油、干酪、冰激凌等进行着色时，既可改善食品色泽，又能提高感官质量；铁盐显黑色，当用铁盐强化酱油时，不会产生不愉快的感觉。所以添加强化剂时应考虑到尽量不影响其原有食物的色、香、味，否则会降低其食用价值和商品价值。

我国规定：生产强化食品，必须经省、自治区、直辖市食品卫生监督检验机械批准才能进行销售，并于该类食品标签上标注强化剂的名称和含量，在保存期内不低于标志含量（强化剂标志应明确，与内容物含量相差不超过 10%）。

三、常见的食品强化剂种类

1. 维生素类强化剂

（1）维生素 A　维生素 A 普遍存在于鱼肝油中，其含量为 600IU/g，而浓缩鱼肝油为 5000～500000IU/g。因为鱼肝油有特殊的臭味，因此强化食品中很少直接作配料。目前大多数是由人工合成的维生素 A 棕榈酸酯和维生素 A 醋酸酯，且稳定性好，也可用胡萝卜素提取物。

（2）维生素 D　维生素 D 主要包括维生素 D_2 和维生素 D_3，维生素 D_2 是低等植物，如酵母及真菌内麦角固醇经紫外线照射转变的，维生素 D_3 是人体内 7-脱氢胆固醇经日光或紫外线照射转变的，目前药用规格的维生素 D_2 及维生素 D_3 均有生产，酱油渣、酒糟以及青霉菌菌膜中均能提取出麦角甾醇。

（3）维生素 C　维生素 C 除人工合成的制剂外，也可用某些野果的抽提液浓缩成直接烘干的粉末添加。如野蔷薇果干燥后每 100g 制品中含维生素 C 1200～1500mg。

（4）维生素 B_1　维生素 B_1 是用于治疗地区性脚气病的强化剂。常用硫胺素盐酸盐和硫胺素硝酸盐，前者易溶于水，故不适用于加工前需水洗、浸渍和水煮的强化食品；后者较稳定，但也溶于水。近年来改用苯酰硫胺素及萘-2,6-二磺酸盐添加到米和面中，因为它难溶于水，并在加工贮存中较稳定。

（5）维生素 B_2　它是中国营养中缺乏的维生素。目前，国内用液体培养法大规模生产核黄素，用于强化人造奶油、花生酱等。也可使用液状食品的强化剂核黄素磷酸钠。

（6）维生素 PP　用于食品强化剂的有烟酰胺，性质较稳定。

2. 矿物质强化剂

中国现已批准钙、铁、锌、碘、硒、氟六种矿物质作为食品营养强化剂来使用，其他微量元素如镁、铜、锰、钾、钠、氯等可按照需要添加。

（1）钙　食物中的钙最易缺乏，钙的吸收利用受多种因素影响，如维生素 D 可促进钙的吸收，草酸使钙变成不溶性。常用的强化剂有碳酸钙、磷酸钙、乳酸钙、葡萄糖酸钙、柠檬酸钙等，也有用骨粉、蛋壳钙、活性钙离子（牡蛎等蚌类经水解处理制得）等。

（2）铁　铁在国内外膳食中都存在缺乏或不足的问题，再加上影响铁的吸收的原因很多，常出现铁的营养不良。由于铁盐本身有一定颜色，作为强化剂使用时，要尽量减少其对原有食物色、香、味的影响。常用的强化剂有柠檬酸铁铵、乳酸亚铁、硫酸亚铁等。加入适量的维生素 C 作为抗氧化剂，可以减少氧化，并有助于铁的吸收。

（3）锌　锌是机体生长发育、性成熟、智力发育、机体免疫等不可缺少的微量元素之一，对儿童尤为重要。在中国约有 40% 的儿童处于临界性缺锌状况。一般用作锌的强化剂有硫酸锌、氯化锌、乳酸锌、醋酸锌等。

（4）碘　碘是中国最早用于强化剂的无机盐，加碘盐是目前真正纳入政府行为强制推广的强化食品，在预防地方性甲状腺肿中取得了明显的效果。

（5）硒　硒多采用有机硒化合物，其中常用富硒酵母、硒化卡拉胶等作为强化剂。

（6）氟　氟可保持牙齿的洁白、健康。常用的强化剂有氟化钠、氟硅化钠等。

3. 氨基酸类强化剂

鉴于谷类食物仍是中国目前膳食蛋白质的主要来源，为解决其氨基酸的不足，使膳食蛋白质氨基酸平衡，提高蛋白质的利用率，谷类食物中主要强化赖氨酸和蛋氨酸，此外，其他几种必需氨基酸也可适量添加。

用牛奶制成的婴儿配方食品中几乎不含牛磺酸，但牛磺酸在人乳及其他哺乳动物乳汁中是主要的游离氨基酸，对人类脑神经细胞的增殖、分化及存活有过程有明显的作用。因此，要适当补充，强化剂量为 300～500mg/kg。

4. 蛋白质强化剂

（1）大豆蛋白　大豆蛋白的营养价值比任何其他植物蛋白更接近动物蛋白，特别是赖氨酸含量高于一般的谷类作物。把大豆蛋白添加到小麦制品中，可提高其蛋白质效价，如小麦粉中添加 10％的大豆蛋白，其蛋白质效价可提高两倍以上；另外大豆蛋白还可改善谷类在加工中的功能特性，如增强吸水性和保水性，改进面团的揉制性能，延长食品的新鲜保持时间，使焙烤食品有良好的色泽等。大豆蛋白常用于主食，特别是儿童食品中可生产各种强化面包、饼干、挂面、快餐等。

（2）乳清粉及脱脂奶粉　乳清粉及脱脂奶粉大多是制造奶油和干酪的副产品，价格低廉，富含蛋白质、乳糖等，在国外普遍用作蛋白质强化剂，可用于调制奶粉的生产，增补谷类作物的蛋白质不足，还可添加到肉类制品中，不但提高其营养价值，还可增加肉制品的胶着性和弹性。

（3）酵母　酵母是酵母菌经培养杀灭后所得的干燥菌体，酵母含蛋白质 40％～60％，并富含 B 族维生素和赖氨酸，因而适宜作谷类食品的蛋白质补充剂。一般添加量在 3％以下，不会影响食品的口味。

（4）鱼粉　把鲜鱼经过干燥、脱脂、去腥后加工成较为纯净的食用鱼粉，蛋白质含量达 80％，赖氨酸达 6.98％，相当于猪肉的 4 倍多。干燥的鱼粉易于贮藏，运输方便，且价格便宜。

（5）其他　随蛋白质资源的不断开发，单细胞蛋白、藻类蛋白、叶蛋白等都可作为新型的蛋白质强化剂。

四、食品的强化方法

选择强化的方法，以所加入食品强化剂的保存最合适、最有利的方式为原则。强化食品因强化的目的、内容以及食品本身的性质等的不同，其强化方法也各异。

1. 原料或必需食品中添加

凡国家法令强制规定添加的强化食品，以及具有公共卫生的强化内容均属于这一类。有些国家将制成的强化米按一定比例混入一般米中出售。西方国家一般将需补充的营养素预先添加在面粉中，可保证制成的面包中含有这些强化剂。

2. 在加工过程中添加

由于食品加工无法避免光、热、氧气和金属的接触，这就使某些强化剂受到损失，如赖氨酸、维生素 C 等对光热比较敏感，面包在焙烤中赖氨酸的损失率为 9％～24％，一般维生素经高温加热后损失达一半以上，因此应予注意。

3. 在成品中混入

对调制奶粉、母乳化奶粉等婴幼儿食品，大多数强化剂均是用喷雾法混入成品的，应注意混入的强化剂是均匀的。

4. 物理化学强化方法

物理化学强化方法是将存在于食品中的某些物质转化成所需营养素的方法。如将牛奶经紫外线照射，维生素 D 骤然增加。此外，食物蛋白质经过初步水解后有利于机体的消化吸收。

5. 生物强化方法

生物强化方法是利用生物的作用将食品中原有成分转变成人体所需的营养成分。如大豆经发酵后，不但其中蛋白质受微生物作用分解，而且还产生一定量的 B 族维生素，尤其是产生植物性食物中所缺少的维生素 B_{12}，因而大大提高其营养价值。

五、常见的强化食品

1. 主食品强化

我国居民食用最多的主食是小麦面粉和大米，在小麦磨粉和大米碾制过程中，维生素和矿物质大多进入麸皮和米糠中，尤其出粉率高的精米、精面损失更多，此外赖氨酸是谷类第一限制氨基酸，故对主食谷类强化较多的有维生素 B_1、维生素 B_2、烟酸、铁、钙、赖氨酸、蛋氨酸等。

2. 副食品强化

副食品种类繁多，如酱油是中国人民的主要调味品，所用的强化剂有维生素 B_1、维生素 B_2 和铁等；西方国家奶油的消费量很大，80% 以上的奶油都添加了维生素 A 和维生素 D；水果罐头和果汁、果酱由于在加工过程中维生素 C 的大量损耗，通常在其成品里添加一定剂量的维生素 C；食盐中添加碘化钾来补充碘元素，中国规定在地方性甲状腺肿病区，食盐中碘化钾添加量为 1kg 添加 20～50mg。碘虽是人体不可缺少的微量元素，但多了有害。2000 年 10 月 1 日实施的食用盐新标准将加碘浓度由每千克 40mg 调整为每千克 35mg。

3. 强化婴幼儿食品

目前国内外开发较多的婴幼儿食品是母乳化奶粉，主要以牛奶为基础，对牛奶所含成分进行调整和强化，增加乳清蛋白的量，改变乳清蛋白和酪蛋白的比例，调整乳糖比例，强化亚油酸比例，适度调整维生素、矿物质以及其他活性成分的比例，使其营养成分的质和量都接近于母乳，有利于婴儿的生长发育。

4. 混合型食品强化

这是将具有不同营养特点的天然食物混合配制成一类食品，其意义在于各种食物中营养素的互补作用。大多是在主食中混入一定量的其他食品以弥补主食中营养素的不足，或增补某些氨基酸、维生素、矿物质等。如中国北方地区的"杂和面"，以及各地的谷豆混食等。

5. 其他强化食品

对于一些从事特殊职业的工作人员以及特殊体质的人群，进行食品强化，可大大改善这类人群的营养状况。

如军粮的特点是既要携带方便还要营养全面，主食由压缩饼干、压缩米糕、高油脂酥糖的部分组成，副食包括压缩肉松、肉干、调味菜干粉以及奶粉、炼乳、各种果蔬罐头等。这些食物要强化蛋白质、维生素、矿物质以保证战士作战时充沛的精力和健康的身体。能够御寒纳凉，提高免疫力。

特殊人群的食物配制，要根据其特点进行强化，为了防治职业病的需要，如高寒地区工作人员要供给高能量、高营养食品，以增强其抗寒冷，增加免疫力的功能；接触铅的作业人员应提供大量维生素 C 的强化食品，可以减少铅中毒的情况；接触苯的作业人员通过供应维生素 C 和铁的强化食品，以减轻苯中毒和防止贫血。孕妇、老人甚至长期慢性病患者，都要根据其特点配制不同的强化食品。

六、食品营养强化中要注意的一些问题

1. 强化载体的合理选择

适合于食品强化的载体是那些人们食用量大、食用普遍而且易于加工保存的食品,世界上各国均以粮食、乳制品、饮料和副食品为主。载体的选择应根据所确立的强化目的及食用对象的饮食习惯进行。如中国人民的主食以谷物为主,谷物中常添加赖氨酸来强化,但是把赖氨酸添加到饮料、乳品等食品中时,不但起不到应有的强化效果,甚至会造成新的营养不平衡。因为赖氨酸是谷类食物的第一限制氨基酸,它应和其他必需氨基酸或蛋白质同时食用方才有效。

2. 强化剂剂量的科学性

营养素在人体内都有一定的含量和比例,如果超出正常的数值,就会出现一些副作用。如维生素 A、维生素 D 食用过量,可引起毒性反应;氨基酸长期不平衡,会降低人的抵抗力。因此,食品强化剂的使用剂量必须根据食品的营养成分与人体必需营养素的合理构成来决定。食用者应具有食用强化食品的适应证,通过医学鉴定确认某种营养缺乏,并确定选用食品强化剂的种类和剂量。另外,食用强化食品还有时间限制,如已解除某种营养素的缺乏,即应及时停用,否则会造成某种营养素过多而导致中毒症。

3. 科学的强化工艺

根据强化剂的特性,在强化食品的加工过程中,通过采用科学的加工工艺条件,避免一些不利因素的危害。

首先,对于加工用水,可通过离子交换树脂去除里边的一些 Cu^{2+}、Fe^{3+} 等,尽量减小对强化剂的氧化因素。

其次,通过烫漂工艺,即在较高的温度下 70～80℃ 或更高的温度下滞留几十秒,破坏食品中的多种酶类,以减少营养成分的破坏。

热加工在食品生产中应用最为普遍,但它却可使许多营养素受到破坏。因此,在食品强化时应尽量避免由此引起的营养素的损失。通常,营养素的强化应尽量在食品加工的后期添加,并尽量避免加工损失。

另外,可通过改善包装,来延长强化食品的贮藏时间,目前倡导的抽气充氮包装,尽量降低氧含量,对营养素的保存极有利。此外降低贮存温度可减缓营养素的分解速率,如维生素 C 在 20℃ 下的分解速率比 6～8℃ 快 2 倍。

4. 强化效果的科学评价

强化效果要进行科学合理的评价,才能为正确引导消费、积极宣传提供科学的依据。该评价包括一些营养素指标的测定和营养效应的测试,前者指食品在加工贮藏过程中强化剂的保存率、残留量及该种营养素在食品中的全部含量,一般当强化剂在食品中的保存率达到50％以上时认为比较理想;进行营养效应的测试时,要根据不同人群的生理特点对所强化的营养素进行化学的分析,并进一步通过人体观察、动物实验等做出切合实际的评价,切不可夸大宣传,误导消费者。

5. 正确食用强化食品

从营养学上来讲,并不是所有人都需要吃强化食品。对于健康的成年人,还是提倡平衡膳食,从天然食品的合理搭配中获得营养。因为,天然食品中还含有很多人们所不知道的营养成分,这些营养成分联合作用,才能对健康更加有利。但是,现代社会生活节奏很快,很多人没有时间和精力认真地搭配自己和家人的日常食物;此外,有些微量营养素也难以从天

然食物中获得完全满足。所以，普通人还是可以选择一些每天必需的主食和调味品类强化食品，但没有必要大量食用，更没必要吃太多特殊的强化食品。尤其是富裕地区人群，平时就常吃维生素等营养补充剂和保健品，如果再大量食用强化食品，很容易造成营养素摄入过量，危害健康。

第二节　食物资源的开发和利用

一、充分利用现有的食物资源

食物资源是人类生存的物质基础。随着地球上人类的激增，人均占有可利用的土地面积日益减少，人类面临着食物资源匮乏的严重危机。对现有食物资源的合理开发利用，是目前全人类的生存大计。

1. 减少食品的腐败变质

中国和世界上许多发展中国家一样，一方面食物资源严重缺乏，蛋白质供给量数量不足、质量较低；另一方面由于食品加工技术落后，使本来不足的食物资源不能充分利用；再加上食品运输、贮藏手段的简陋更是造成各种食品腐败变质的直接原因。例如由于保鲜技术不当，每年都导致大量农产品采后价值的巨大损失：粮食总产的损失率为5％左右，果蔬的损失率则达到了20％以上。通过大力改进食品加工技术，可使现有的食物资源最大限度地发挥作用。

另外，随着人们生活质量的提高，中国城镇居民食品消费结构的变化趋势主要是品种追求多样化、产品富于营养化、食用更加方便化等特点。因此，要求加工食品在数量增加的情况下，尽快实现农产品的工业化加工，提高资源综合利用程度，农产品的加工程度决定着食品业的规模和竞争力。目前发达国家农产品加工产值与农业产值之比是3：1，中国仅为0.5：1；发达国家深加工用粮占粮食总产量的比重在70％以上，而中国只有8％；发达国家农产品加工程度在80％以上，而中国不足50％。这一比例关系与发达国家有很大的差距，但也说明食品工业作为一个大的产业有着巨大的潜力。

2. 充分利用土地资源，应用生物技术培育良种

食物资源的开发利用应密切结合国情，并针对存在的问题制定对策。中国的国情是人多而可耕地少，人均粮食占有量不足每年400kg。食物资源，尤其蛋白质资源严重短缺，因此，食物资源的开发利用必须以营养科学为指导原则。

目前中国尚有不少可供开垦的宜农荒地、浅海滩涂、内陆水面，也还有许多草地、山坡、零散荒地可供利用。在资源开发的深度上大有潜力。此外还可提高耕地复种指数，发展庭院经济，并在此基础上发展养殖业、增加生产。充分利用食物资源，特别是对食品加工后下脚料和废弃物的处理、开发新食品方面也大有潜力。

改良农作物的目的在于增加作物的产量，获得具有更高营养价值的食品，选择出对不良气候、病虫害具有更大抗性的品种以及培育出适应于特殊气候与土壤条件的品种。采用现代生物技术，如遗传工程、无性繁殖、基因重组等技术，培育出动植物新品种，产量高、营养价值高，对解决人类的营养问题有很大意义。

二、开发食物新资源

由于人口增长，传统的食物资源已逐渐不能满足需要，因此，各种有前途的食物新资源

将会得到开发和利用，如蛋白质资源、野生植物、动物性食物、粮油新资源以及海洋资源，都将成为食品新资源开发和应用方面的热门课题。

1. 单细胞蛋白

单细胞蛋白是一类单细胞或多细胞生物蛋白质的统称，是指用各种基质大规模培养的某些酵母、细菌、真菌等食用微生物和藻类物质。它是食品工业和饲料工业蛋白质的重要来源。单细胞蛋白是人类蛋白质来源的重要补充。

单细胞蛋白所含的营养物质极为丰富。其中，蛋白质含量高达 40%～80%，比大豆高 10%～20%，比肉、鱼、奶酪高 20% 以上；氨基酸的组成较为齐全，含有人体必需的 8 种氨基酸，尤其是谷物中含量较少的赖氨酸含量较高。一般成年人每天食用 10～15g 干酵母，就能满足对氨基酸的需要量。单细胞蛋白中还含有多种维生素、碳水化合物、脂类、矿物质以及丰富的酶类和生物活性物质，如辅酶 A、辅酶 Q、谷胱甘肽、麦角固醇等。

用于生产单细胞蛋白的微生物种类很多，包括细菌、放线菌、酵母菌、霉菌以及某些原生生物。这些微生物通常要具备下列条件：所生产的蛋白质等营养物质含量高，对人体无致病作用，味道好并且易消化吸收，对培养条件要求简单，生长繁殖迅速等。单细胞蛋白的生产过程也比较简单：在培养液配制及灭菌完成以后，将它们和菌种投放到发酵罐中，控制好发酵条件，菌种就会迅速繁殖，发酵完毕，用离心、沉淀等方法收集菌体，最后经过干燥处理，就制成了单细胞蛋白成品。

利用单细胞蛋白生产比农业生产更优越，除了不受地理条件、季节和气候条件的制约，还具有以下优点。第一，生产效率高，比动植物高成千上万倍，这主要是因为微生物的生长繁殖速率快。第二，生产原料来源广，一般有以下几类：①农业废物、废水，如秸秆、蔗渣、甜菜渣、木屑等含纤维素的废料及农林产品的加工废水；②工业废物、废水，如食品、发酵工业中排出的含糖有机废水、亚硫酸纸浆废液等；③石油、天然气及相关产品，如原油、柴油、甲烷、乙醇等；④H_2、CO_2 等废气。第三，可以工业化连续生产，它不仅需要的劳动力少，生产周期短，而且产量高，质量好。

利用单细胞蛋白能够生产"人造肉"，供人们直接食用，还常作为食品添加剂，用以补充蛋白质或维生素、矿物质等。由于某些单细胞蛋白具有抗氧化能力，使食物不容易变质，因而常用于婴儿奶粉及汤料中。干酵母的含热量低，又可作为减肥食品的添加剂。此外，单细胞蛋白还能提高食品的某些物理性能，如意大利烘饼中加入活性酵母，可以提高饼的延展性能。酵母的浓缩蛋白具有显著的鲜味，是汤料、肉汁及焙烤食品的增鲜剂和增香剂。单细胞蛋白作为饲料蛋白，也在世界范围内得到了广泛应用。

任何一种新型食品原料的问世，都会产生可接受性、安全性等问题。单细胞蛋白也不例外。例如，单细胞蛋白的核酸含量在 4%～18%，食用过多的核酸可能会引起痛风症等疾病。此外，单细胞蛋白作为一种食物，人们在习惯上一时也难以接受。但经过微生物学家的努力，这些问题终会得到圆满解决。

2. 昆虫食品

自古以来，昆虫就是人类和许多动物的美食，中国民间食用昆虫的历史悠久，品种繁多；欧洲、北美人很早就把昆虫作为食用佳品。随着现在蛋白质资源的缺乏，人们更加认识到昆虫类食品是一类规模大、分布广、营养丰富、最易开发而又未充分开发的食品资源。据统计，世界上约有 500 种昆虫可食用，昆虫食品的发展潜力非常大。

常见的昆虫食品种类有全形的昆虫食品，以昆虫为辅料的昆虫制品如黄粉虫可制成酱粉点心，蜜蜂蛹加工成蜂胎蜜酒、虫蛹饼干等；提取昆虫蛋白质和氨基酸；提取昆虫体内的生理活性成分等。

昆虫食品加工效益很高,具有以下特点。

(1)饲料来源广泛、价格价廉 昆虫属低等动物,大都只食用绿叶和腐败有机物两种食物,如蝗虫、蟋蟀、蚕等只食绿叶;苍蝇、蚯蚓等腐食性昆虫只需畜禽粪便喂养即可。

(2)繁殖迅速 一头雌虫可产成千上万粒卵,26~29℃时,39d左右就生产一代。据美国迈阿密"苍蝇农场"实践证明,4个月内加工生产600t蛋白质,相当于67hm²(670000m²)良田的大豆产量。还能同时生产出脂肪、抗生素等多种产品。

(3)营养丰富,具有一定的保健作用 在昆虫的肌肉与血液中含有丰富的蛋白质和脂肪,蛋白质含量在30%以上,并且人体所必需的8种氨基酸齐全。据统计,各类昆虫蛋白质含量为黄蜂81%、蟋蟀75%、蝉72%、蚯蚓65%、蝗虫60%、蜜蜂43%,蚂蚁的蛋白质含量与牛肉不相上下。大部分昆虫干体脂类含量在10%~30%,且脂肪酸组成合理,不饱和脂肪酸含量比较高。人体必需的锌、钙、锰、镁、铁、铜等微量元素含量丰富,维生素A、维生素E、维生素C含量都很高。

(4)富含活性物质 许多昆虫还含有一些酶、激素、磷脂等特有的生理活性物质,如蚂蚁含有核苷酸、蚁醛、蚁酸等生理活性物质,对提高机体免疫力、抗癌、延缓衰老都有一定的作用。苍蝇的幼虫(蛆)里含有62%左右的各种蛋白质和氨基酸,从蛆壳中还提取出纯度很高的几丁质,为人类提供高蛋白质和壳聚糖等物质,国内外对苍蝇的工业化开发产生浓厚的兴趣,用于研制医药产品。利用昆虫虫体提取和制备这些活性物质用作药品、保健品,具有巨大的经济效益和社会效益。

(5)工厂化生产 昆虫养殖加工可在室内工厂化生产,产品附加值高。生产过程不加化学药物、添加剂等,是最纯净的绿色食品。

3. 海藻食品

人类食用海藻已有很久的历史,常见的海藻类食品包括:发菜、紫菜、海带、海白菜、裙带菜以及以海藻为原料做成的保健食品如海藻酒、海藻茶、海藻豆腐、海藻罐头等。

海藻含有极高的营养保健作用,如碳水化合物(藻胶、海藻胶、甘露醇等)、矿物质(钙、铁、钠、镁、磷、碘等)、维生素(类胡萝卜素、B族维生素等)、蛋白质和膳食纤维。现代科学认为,常食海藻食品可有效地调节血液酸碱度,避免体内碱性元素因酸性中和而被过多消耗。

女性由于生理原因,往往造成缺铁性贫血,多食海藻可有效补铁。当人体缺碘时可引起甲状腺肿大,还会诱发甲状腺癌、乳腺癌、卵巢癌、子宫颈癌、子宫肌瘤等,因此建议妇女要适时补碘,多吃些海藻食品。

海藻类食品中食用纤维含量较高,在胃内可降低营养素的消化吸收,尤其是降低胆固醇的吸收量,因而常作为减肥食品。常食海藻食品还可使干性皮肤光泽,油性皮肤改善油脂分泌。海藻中维生素丰富,可维护上皮组织健康生长,减少色素斑点;能选择性地清除汞、镉、铅等重金属致癌物。

另外,海藻提取物具有多方面的生理功能,它能有效地降低血脂和血液凝固性,抗血小板凝集,改善血液流变学指标,提高血中高密度脂蛋白水平,从多方面起着预防冠心病及心肌梗死的作用。如褐藻淀粉硫酸酯能显著降低血脂,并且有提高高密度脂蛋白的作用。藻酸双酯钠则有抗凝、抗血小板的作用,可防止微血栓形成。海藻类食品可广泛应用于冠心病心肌梗死的防治,并具有良好的效果。

螺旋藻内含有10%~20%的藻蓝素,具有多种酶和激素的功能,是一种新型的抗癌药,人们还发现螺旋藻中含有 SOD、类胰岛素、多种维生素。螺旋藻正以其营养价值成分齐全、营养价值高的特点成为新型的食物资源。联合国粮农组织已将螺旋藻正式列为 21 世纪人类食品资源开发计划,中国也将螺旋藻的研发作为工作重点。目前中国的养殖条件为每平方米水面每天可产 10～20g 螺旋藻,已位居世界的先进水平。

海洋是人类赖以生存的新领域,蕴藏着极为丰富的海洋生物资源,海藻类是海洋资源中种类数量极多的一种生物,从海藻类中分离提纯一些具有抑制肿瘤、降血压和抗凝血等的生理、药理活性物质已经得到广泛临床应用。

4. 发展食用菌

食用菌在中国历史悠久,资源极为丰富。食用菌不仅具有鲜美的风味、脆嫩的质地、丰富的营养、还具有较高的药用价值,成为动植物之外的第三类食品,即"菜中之肉、素中之荤"。

首先食用菌富含蛋白质、脂肪含量低,干菇中,蛋白质含量高达 30%～40%,氨基酸种类齐全,如猴头菌含有 16 种氨基酸,其中人体必需的氨基酸总量为每 100g 样品高达 19.69mg。在必需氨基酸中赖氨酸的含量较高,对儿童的生长发育有利,还可对植物蛋白起增补作用。此外,还含有丰富的维生素和矿物质,尤其 B 族维生素含量最为丰富。有些菌类还产生萜类、甾类等风味物质,使食用菌味道鲜美。

食用菌还有较高的药用价值,大部分食用菌含有一些特定的酶类、多糖蛋白、甾类、生物碱、有机酸等多种药理作用的物质,而被应用于临床。猴头菇可用于治疗多种消化性疾病,如消化道溃疡、炎症甚至癌症;香菇富含香菇多糖,对抑制肿瘤有一定的作用,含有维生素 D 原可增强人体的抗病和防感冒能力;木耳有润肺、清肺和消除纤维的作用,是纺织工人的保健食品,还有通便、治痔等作用。金针菇俗称"小儿增智菇",对儿童身高和智力发育有一定的作用。

食用菌栽培设备简单,易于推广,是一种成本低、生产周期短、见效快的新产业,也是山区人民脱贫致富的好门路。培养基来源丰富,可充分利用工、农、林业下脚料,如农业中的秸秆、棉籽壳、玉米芯、麸皮等;林业中的木屑、树皮、树枝、树桩;工业中的各种废糟,酒糟、醋糟等。

5. 转基因食品

以转基因生物为直接食品或为原料加工生产的食品就是转基因食品。转基因生物是利用生物技术,将某些生物的基因转移到其他物种中去,改造生物的遗传物质,使其在性状、营养品质、消费品质等方面向人类所需要的目标转变。

利用基因工程、细胞工程改造动植物、微生物资源,向人类提供各种转基因食品和食品添加剂,如转基因番茄、大豆、玉米等食物及甜味剂、酶制剂、色素等食品添加剂。

通过转基因技术制造有益于人类健康的食品或有效因子,如低胆固醇肉猪、低胆固醇蛋或高特种微量元素蛋、人类血液代用品、高黄酮大豆、高胡萝卜素稻米等。

我国的转基因工程研究居世界先进国家行列,专家预言,21 世纪人们进医院不再是为了治病,而是检查身体上哪组基因出现了"故障"从而进行修复,由此可见,将人类需要的功能基因导入到保健食品中,例如将适用于癌症、糖尿病、高血压、冠心病等病人的功能因子导入到保健食品中,用基因技术制造出诸如诱导癌细胞自杀的制剂,不使人发胖的脂肪,不含糖的甜饮、甜点等,都将被列入 21 世纪保健食品科研开发、生产、消费的议事日程。

对于转基因食品的安全性,目前国际上没有统一说法,争论的重点在转基因食物是否会产生毒素、是否可通过 DNA 蛋白质过敏反应、是否影响抗生素耐性等方面。

三、科学的食品加工

食品加工除了通常选取适当的食物原料、去除其不可食和有害的部分之外，最重要的就是要保证卫生、安全，并尽可能减少食品营养成分在加工过程中的损失，必要时适当添加某些营养成分以提高食品的营养价值。与此同时还应大力增加花色、品种，提高食品的色、香、味、形态、质地等感官性状，满足人们的不同需要。有关糖类、脂肪、蛋白质、维生素和矿物质等在食品加工中的某些问题已如前述，现在就当前发展食品营养和食品加工中的发展方向简述如下。

近年来，消费者越来越重视具有多种营养功能的保健食品。专家认为，酸奶、饮料、牛奶、面条等都有进一步提高营养成分的潜力，可在加工贮藏时尽量减少其营养素的损失或人为进行营养素的强化。此外，在开发油料种子蛋白时，进行适当的加工处理，如经过去除豆腥味、钝化蛋白质抑制剂、消除胀气因子、消除棉酚等措施，可以充分利用油料种子蛋白，开发蛋白质资源。

在对非传统食品资源进行开发、应用时，更要注意科学的食品加工。例如自然界广泛存在的叶蛋白，尚需进一步研究去除其不良的气味和颜色。日益为人们重视的单细胞蛋白，除了保证安全、卫生外，还需将部分核酸去除，以减少痛风症的发病。

在追求营养价值时，常与保持食品美味发生矛盾。如无糖食品曾风靡一时，但终因口味问题难以扩大市场。一些既富含营养，又具有美味的食品相继问世，如有的厂家用植物脂肪代替动物脂肪，并开发研制出用黄豆制成的"无肉牛排"，用黄豆和鸡蛋制成的"无肉肉馅"，用植物脂肪代替鸡蛋脂肪制成的"无鸡蛋蛋饼"和"无鸡蛋色拉酱"等。

以无公害农产品、绿色食品、有机食品构成了"安全食品"。这三类食品像一个金字塔，塔基是无公害农产品，中间是绿色食品，塔尖是有机食品，越往上要求越严格。这类食品的共同点是安全、优质、营养。追求安全食品是人民群众营养健康的保障，安全食品也就成为当前食品发展的一个重要方向。

随着人们生活节奏的加快，生活质量的提高，方便食品市场前景更加广阔。如可用多种方法加热的"牛排蔬菜"、牙膏式果酱、喷管式食品为野外就餐提供了更多方便。半成品食品已进入饭店、餐馆和家庭，稍加处理即可成为美味菜肴。此外新型的快餐食品、婴幼儿食品、模拟食品、强化食品、疗效食品、延缓衰老食品、宇宙食品和新型的军用食品等，对科学的食品加工提出了更高的要求，而工程食品的出现又为食品的科学加工提供了新的范例。

思 考 题

1. 什么是强化食品？强化食品有何意义？
2. 常见的强化食品的种类和方法有哪些？
3. 人类在发掘和开发新型食物资源方面有哪些新的途径？
4. 科学的食品加工对食物资源的充分利用有何作用？

参 考 文 献

[1] 孙远明等编 . 食品营养学 . 北京：中国农业大学出版社，2002.

[2] 刘志皋主编 . 食品营养学 . 第 2 版 . 北京：中国轻工业出版社，2004.

[3] 王维群主编 . 营养学 . 北京：高等教育出版社，2001.

[4] 陈辉主编 . 现代营养学 . 北京：化学工业出版社，2005.

[5] 王尔茂主编 . 食品营养与卫生 . 北京：高等教育出版社，2002.

[6] 凌强等编 . 食品营养与卫生 . 大连：东北财经大学出版社，2002.

[7] 王尔茂主编 . 食品营养与卫生 . 北京：科学出版社，2004.

[8] 姜培珍主编 . 营养失衡与健康 . 北京：化学工业出版社，2004.

[9] 蔡东联主编 . 营养卫生学 . 上海：上海科学技术出版社，2005.

[10] 周先楷主编 . 食品营养学 . 北京：中央广播电视大学出版社，1998.

[11] 夏延斌主编 . 食品化学 . 北京：中国轻工业出版社，2001.

[12] 杜克生编著 . 食品生物化学 . 北京：化学工业出版社，2002.

[13] 王红梅编著 . 营养与食品卫生学 . 上海：上海交通大学出版社，2000.

[14] 金龙飞主编 . 食品与营养 . 北京：中国轻工业出版社，1999.

[15] 何志谦主编 . 疾病营养学 . 北京：人民卫生出版社，1999.

[16] 王尔茂主编 . 食品营养与卫生 . 北京：中国轻工业出版社，2004.

[17] 曹劲松等编 . 食品营养强化剂 . 北京：中国轻工业出版社，2002.

[18] 贾冬英等编 . 饮食营养与食疗 . 成都：四川大学出版社，2004.

[19] 霍军生主编 . 现代食品营养与安全 . 北京：中国轻工业出版社，2005.

[20] 郭红卫 . 医学营养学 . 上海：复旦大学出版社，2002.

[21] 中国营养学会编著 . 中国居民膳食营养素参考摄入量 . 北京：中国轻工业出版社，2000.

[22] 何志谦 . 人类营养学 . 第 2 版 . 北京：人民卫生出版社，2000.

[23] 姚汉亭主编 . 食品营养学 . 北京：中国农业出版社，2000.

[24] 王光慈主编 . 食品营养学 . 第 2 版 . 北京：中国农业出版社，2005.

[25] 魏新军主编 . 食品营养与卫生学 . 北京：中国农业科技出版社，2001.

[26] 陈炳卿主编 . 营养与食品卫生学 . 第 4 版 . 北京：人民卫生出版社，2000.

[27] 郑建仙编著 . 功能性食品学 . 北京：中国轻工业出版社，2003.

[28] 彭景主编 . 烹饪营养学 . 北京：中国轻工业出版社，2000.

[29] 食品化学与营养学教案 . 网址：食品课堂——食品专业精品课程（www. foodmate. net/lesson），2006.

[30] 营养与食品卫生学 . 网址：食品课堂——食品专业精品课程（www. foodmate. net/lesson），2006.

[31] 李凤林等 . 食品营养学 . 北京：化学工业出版社，2009.

[32] 薛建平 . 食物营养与健康 . 合肥：中国科学技术大学出版社，2006.

[33] 任顺成主编 . 食品营养与卫生 . 北京：中国轻工业出版社，2013.

[34] 石瑞主编 . 食品营养学 . 北京：化学工业出版社，2012.

[35] 孙远明主编 . 食品营养学 . 北京：科学出版社，2006.

[36] 中国就业培训技术指导中心 . 公共营养师 . 北京：中国劳动社会保障出版社，2014.

[37] 周才琼，周玉林主编 . 食品营养学 . 北京：中国质检出版社，2012.

[38] 李铎 . 食品营养学 . 北京：化学工业出版社，2011.

[39] 孙秀发，凌文华等主编 . 临床营养学 . 北京：科学出版社，2016.